3000만 원 아끼는 혼자 하는 집수리

3000만 원 아끼는 혼자 하는 집수리

3000만 원 아끼는 혼자 하는 집수리
작은 부품 교체부터 굵직한 부분 수리까지

초판 발행 2026년 2월 4일

지은이 윤창건(오늘의현장) / **펴낸이** 김태헌
기획·편집 총괄 임규근 / **팀장** 권형숙 / **책임편집** 김희정 / **교정교열** 박정수 / **디자인** 디박스
영업·마케팅 총괄 신우섭 / **영업** 문윤식, 김선아 / **마케팅** 손희정, 박수미, 송수현 / **제작** 박성우, 김정우

펴낸곳 한빛라이프 / **주소** 서울시 서대문구 연희로2길 62
전화 02-336-7129 / **팩스** 02-325-6300
등록 2013년 11월 14일 제25100-2017-000059호 / **ISBN** 979-11-94725-32-9 13590

한빛라이프는 한빛미디어(주)의 실용 브랜드로 우리의 일상을 환히 비추는 책을 펴냅니다.

이 책에 대한 의견이나 오탈자 및 잘못된 내용에 대한 수정 정보는 한빛미디어(주)의 홈페이지나 아래 이메일로 알려주십시오.
파본은 구매처에서 교환하실 수 있습니다. 책값은 뒤표지에 표시되어 있습니다.
홈페이지 www.hanbit.co.kr / **이메일** ask_life@hanbit.co.kr / **인스타그램** @hanbit.pub

지금 하지 않으면 할 수 없는 일이 있습니다.
책으로 펴내고 싶은 아이디어나 원고를 메일(writer@hanbit.co.kr)로 보내주세요.
한빛라이프는 여러분의 소중한 경험과 지식을 기다리고 있습니다.

3000만 원 아끼는 혼자 하는 집수리

작은 부품 교체부터 굵직한 부분 수리까지

오늘의현장 윤창건 지음

한빛라이프

오늘부터 내 집은 내 손으로

평생 하던 일을 접고 생판 초짜로 노가다 판에 뛰어들었다

2010년, 극단의 뇌수술로 몸이 회복되자마자였다. 대학 전공이고 뭐고 가릴 처지가 아니었다. 안 그래도 거친 노가다 판에서 가장 괴롭다는 형틀 목수로 입문한 첫날, 피 냄새를 입에 물고 집으로 돌아와 누워 멍하니 천장을 바라보는데 미래가 너무도 아득했다. 내 곁에는 뇌경색을 하늘의 선물로 받은 아버지와 어린 두 자식이 있었다. 나는 아버지의 연명 치료와 가족들의 생활비 조달을 위해 낮에는 건설 현장에서, 밤에는 대리 기사로 뛰며 우울증 약과 함께 7년을 버텨냈다.

내장 목수를 거쳐 금속 시공까지

건설 현장의 전 과정을 겪어 낸 12년 동안 가장 운이 좋았던 건 최고의 기술과 장인 정신을 지닌 선배들에게 '예쁨'을 받았다는 것이다. 비교적 빨리 기술자 대우를 받을 수 있었던 아주 중요한 이유였다. 선배들로부터 독립할 수 있게 되었을 즈음, 아버지는 돌아가셨고 아이들은 성인이 되었다.

'오늘의현장'을 만든 지 3년이 되었다

오늘의현장은 내가 오랜 시간 겪은 현장의 어려움과 경험과 비결이 예전 나와 비슷한 상황에 내몰린 누군가에게 분명히 도움이 될 거라 여기며 만들었다. 그 마음이 전해진 것인지 오늘의현장 채널은 개설 1년 만에 총 200,000 구독자를 넘기면서 말 그대로 대박이 났다.

물이 들어오길래 노를 저었다

패스트캠퍼스와 건축 교육 영상 관련 계약을 맺고, 혼자 하는 집수리에 관한 내용을 SNS에 게시하면서 자기 손으로 집을 짓거나 고치는 데 관심 있는 사람이 많다는 사실을 알게 되었다. 강의를 하다 보니 출판에도 관심이 갔다. 서점을 들락거리며 시중에 나온 집수리 책을 사들였다. 아쉽게도 국내 시장에 맞는 집수리 책은 흔치 않았고, 그나마 있는 책도 따라 하기가 쉽지 않았다.

또 알량한 욕심이 생기기 시작했다

집수리에 대해 아무것도 모르는 사람도 보고 따라 할 수 있는 정도를 목표로 이 책을 썼다. 단순히 고장 난 하드웨어를 고치는 방법을 알려 주기보다 건축 시공사로서 집수리 과정의 근본부터 이해시키고 각종 수리법을 알려야 한다는 생각을 기초로 삼았다. QR 코드를 스캔하면 연결되는 영상은 물론 오늘의현장 채널의 교육 영상에도 이 생각을 깊이 심어 놓았다.

집을 구성하는 대다수 하드웨어는 소모품이다

언젠가는 고장 난다는 뜻이다. 고로 언제 고장 날지 모르는 그 어떤 상황에 대비하여 이 책을 손에 쥔 독자의 행운에 축하를 드린다. 내 손으로 내 집을 고쳐 내는 희열이, 전문가를 부르지 않음으로써 생기는 수익에 덤이 되었으면 하는 바람으로 시작해 본다.

오늘의현장 윤창건

영상 보기

책 속에 들어 있는 QR 코드를 스캔하면 본문 내용과 연계된 영상을 확인할 수 있습니다. 영상을 미리 보고 책을 봐도 좋고, 책을 보다가 조금 헷갈리는 부분을 영상으로 찾아봐도 좋습니다. 특히 전기와 전동 공구는 영상을 미리 보고 책을 보면 이해하기가 더 쉽습니다.

적용 가능 범위

저자와 출판사는 많은 노력을 기울여 이 책을 만들었습니다. 하지만 가정마다 배선·배관·구조가 다르고 사용하는 공구와 제품도 제각각입니다. 책에서는 보편적인 배선·배관·구조와 대중적인 공구와 제품을 기준으로 설명하다 보니 가정마다 책에 나온 내용대로 따라 하기가 힘들 수 있습니다. 직접 수리할 때는 내 집의 배선·배관·구조, 내가 갖고 있는 공구와 제품이 우선입니다. 배선·배관·구조를 꼼꼼하게 확인한 다음 공구와 제품 설명서를 정확하게 읽고 숙지한 후 책에서 배운 내용을 응용하기 바랍니다.

책임과 보증의 제한

전기와 전동 공구를 다룰 때는 매우 조심해야 합니다. 숙련자도 방심하면 부상을 입는 분야입니다. 초보자라면 특히 더 주의해야 합니다. 배선이나 배관을 다룰 때도 신중해야 합니다. 배선과 배관의 상태가 좋지 않은 가정도 있습니다. 잘못 건드렸다가 부상을 입거나 대공사를 치르는 경우도 있습니다. 배선과 배관은 물론 수리하는 영역이 안전한 상태인지 반드시 확인하고 작업하기 바랍니다. 더불어 이 책에서 제시한 실습 결과로 발생하는 우발적이고 간접적인 문제에 관해서는 일절 책임지지 않습니다.

작은 부품 교체부터 굵직한 부분 수리까지  3000만 원 아끼는 혼자 하는 집수리

1장

기초 공구

유튜브에는 집수리 콘텐츠가 정말 많습니다. 당연히 손재주가 좋은 분이라면 그 유튜브 영상만 보고도 각종 문제를 해결할 수 있죠. 하지만 막상 보면 영상 품질도 높지 않거니와 손재주가 좋은 분도 생각만큼 많지 않습니다.

집수리 영상을 보면 시공 관련 배경지식이나 시공 전 필수 안전 지식을 다루지 않고 넘어가는 경우가 많고, 화질이나 오디오 상태가 열악한 경우도 많습니다. 영상을 볼 때는 할 수 있을 것 같은데 막상 해보면 따라 하기 어려운 이유입니다.

저는 책과 영상으로 집수리 기초 지식과 시공하기 전에 알아야 할 기본 정보를 미리 짚어주어 혼자서도 집수리를 할 수 있다는 자신감을 심어주고 싶었습니다. 더불어 쉽게 따라 해볼 수 있는 내용과 영상을 담아 누구라도 혼자 할 수 있도록 하는 데 집중했습니다. 그런 만큼 시공을 더 자세히 볼 수 있는 근접 사진이 많습니다.

생활하면서 생기는 문제는 대개 '고장' 난 그 무엇 때문이 아니라 '내가 직접 고칠 수 있다'라는 생각을 하지 않는 데서 시작합니다. 큰 공사라면 당연히 전문가를 불러야 하지만, 문손잡이를 교체하거나 싱크대 수전에서 물이 새는 문제 등을 해결하는 데 남의 손을 빌리면 생각보다 높은 출장비, 재료비, 시공비에 입이 떡 벌어지곤 하죠.

10년 전만 해도 '사람을 부르면 일단 10만 원'이라는 말을 했는데, 요즘은 20만 원부터 시작하고, 고칠 부분에 조금이라도 전문 기술이 추가되면 40~50만 원도 금방입니다. 이 책에서 다루는 부분이 집에서 고장 났을 때 모두 수리한다면 어느 정도 비용이 들까요? 대충 계산해도 3,000만 원이 훌쩍 넘습니다. 그런데 정말 3,000만 원만 들까요? 집수리를 내가 할 줄 알면 그냥 3,000만 원만 아끼는 걸까요? 비용 절약은 물론이고 무언가 고장 난 채로 사는 찝찝한 삶이 아닌 숨통 트이는 생활을 할 수 있습니다.

그러기 위해 가장 먼저 할 일은 '아무것도 모르고, 한 번도 고쳐본 적이 없어도 직접 도전해 보려는 마음'을 먹는 일입니다. 그동안 '내 일이 아니니까', '내 집이 아니니까', '괜히 손댔다가 문제가 더 커질까 봐', '무서우니까', '귀찮으니까' 등등의 이유로 사람을 불렀다가 청구비를 보고 헉하고 놀라는 일이 많았을 겁니다. 그래도 사람을 불러서 고치면 편하고, 돈은 좀 아까워도 당연히 내야 할 비용이라 여기며 지나가곤 합니다. 고장이 매일 있는 일이 아니니 그럴 수 있다고도 여깁니다.

하지만 집수리는 조금만 용기를 내면 누구나 할 수 있는 일입니다. 일단 집수리에 필요한 기본 공구를 사기를 권합니다. '평생 쓰는 물건'이자 '절약되는 인건비의 일부'라고 생각하면 공구를 구입하는 비용이 아깝지 않을 것입니다. 맨손으로는 이 책을 알차게 활용할 수가 없습니다. 집수리를 내 손으로 하겠다는 마음을 먹고 시간을 들여 책을 읽었는데 공구가 없어 중간에 포기하는 일이 생기지 않길 바랍니다.

물론 제가 가르치는 현장 상황이 여러분이 처한 상황과 똑같을 리 없습니다. 하지만 건축 현장의 기본은 모두 하나로 통하고, 쓰는 자재도 거의 비슷하니 조금만 응용해도 바로 적용할 수 있을 겁니다. 내 집을 내 손으로 고치는 맥가이버가 되면 가족들의 대우도 달라집니다. 당장 돈도 절약됩니다. 혼자 사는 분들도 자신감이 배가됩니다. 그러니 하나씩 배워보자고요.

내 집은 내 손으로!

집수리할 때 필요한 수공구를 간단히 살펴보겠습니다. 기본 수공구에는 줄자, 일자드라이버, 십자드라이버, 멍키스패너, 펜치, 니퍼, 수평대가 있습니다. 이외에도 많지만, 공통으로 쓰는 수공구는 이 정도입니다. 추가로 필요한 수공구는 그때그때 따로 알려드리겠습니다.

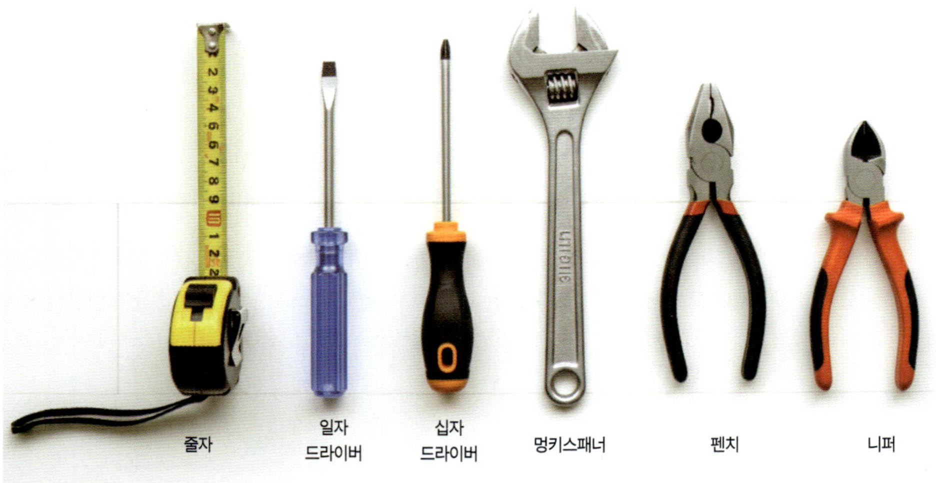

- **줄자**: 줄로 된 자로, 막대 자로 잴 수 있는 길이보다 긴 길이를 잴 때 씁니다.
- **스크루드라이버**: 피스(표준어는 나사못이지만 책에서는 피스라고 표기함)를 돌려서 죄거나 푸는 데 쓰는 공구로, 보통은 드라이버라고 부릅니다. 머리 모양에 따라 이름이 다른데 주로 쓰는 건 일자드라이버와 십자드라이버입니다.
- **멍키스패너**: 볼트를 풀 때 쓰는 공구로, 볼트를 잡는 부분의 지름을 자유롭게 조절할 수 있습니다.
- **펜치**: 전선이나 철사를 구부리거나 끊을 때 씁니다.
- **니퍼**: 펜치보다 더 정밀하게 절단하거나 전선 등의 피복을 벗길 때 사용합니다.
- **수평대**: 레이저 수평기가 없을 때 사용합니다. 수평이 맞는지 간단히 눈으로 보면서 측정합니다.

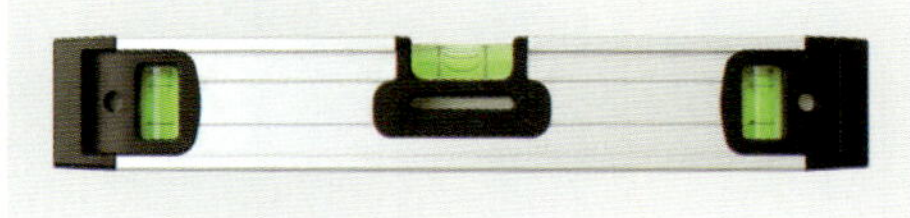

수평대

출자

줄자는 길이를 잴 때 쓰는 도구로, 긴 자가 스프링이 든 갑 안에 돌돌 감겨 있습니다. 워낙 널리 쓰이는 도구라 사용법이랄 게 있나 싶은데, 길이를 정확하게 재려면 사용법과 기초 지식을 제대로 알아야 합니다. 여기서 '정확하게'라는 의미부터 생각해야 합니다. '5mm의 오차 정도는 괜찮아' 같은 판단은 무언가를 설치하거나 길이를 재어 딱 맞는 크기로 물건을 사야 할 때 큰 낭패를 불러올 수 있습니다.

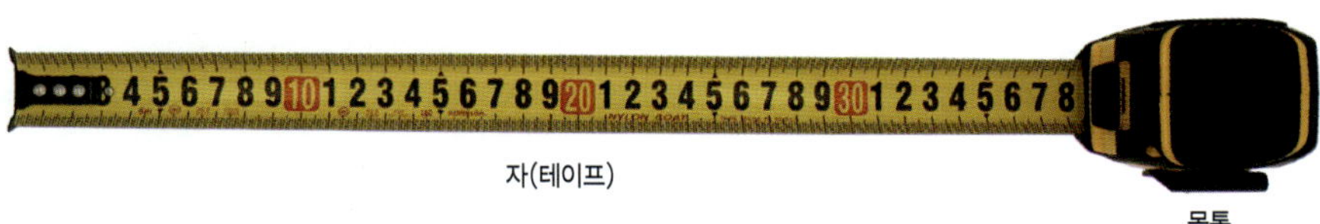

자(테이프)

몸통

- **자(테이프)**: 눈금과 숫자가 표시된 긴 자입니다. 유연한 금속 또는 유리섬유로 만들어져 있고 살짝 파인 U자 모양이라 수직으로 길게 뽑아도 구부러지지 않습니다. 그래서 줄자 모델 중 다른 줄자보다 더 길게 뽑힌다는 점을 장점으로 내세우는 모델도 있습니다.
- **몸통**: 자가 감겨 있는 본체입니다. 자를 보호하고 내장된 스프링으로 자를 자동으로 감아줍니다.
- **후크**: 자 맨 끝에 달린 금속입니다. 길이를 잴 물체의 모서리나 끝에 걸어서 길이를 정확하게 잴 수 있게 돕습니다. 철제 길이를 재야 할 일이 많다면 후크에 자석이 붙은 제품을 쓰면 훨씬 편합니다.
- **스토퍼**: 줄을 원하는 길이에서 고정하는 장치로, 측정하는 도중에 자가 감기지 않도록 잡아줍니다.
- **허리 걸쇠**: 자를 허리띠나 호주머니에 걸 수 있는 장치로, 분리할 수 있습니다. 줄자 걸이를 사용하면 더 쉽게 허리띠에 걸고 뽑을 수 있습니다.

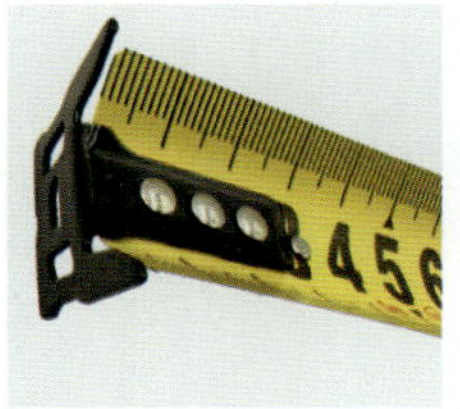

후크

스토퍼

허리 걸쇠

줄자 걸이

건축 현장에서는 10m 이상인 줄자도 쓰지만, 가정용으로 7.5m 정도면 충분합니다. 국내 브랜드 중에는 코메론 제품이 가장 널리 쓰이고 일본의 타지마, 독일의 스타빌라 제품도 많이 쓰입니다. 디월트, 밀워키 같은 유명 공구 제조사에서도 줄자를 생산합니다. 각각 강점은 다르지만 사용법은 동일하니, 브랜드 제품으로 1개 정도 사두면 두루두루 쓸 수 있습니다.

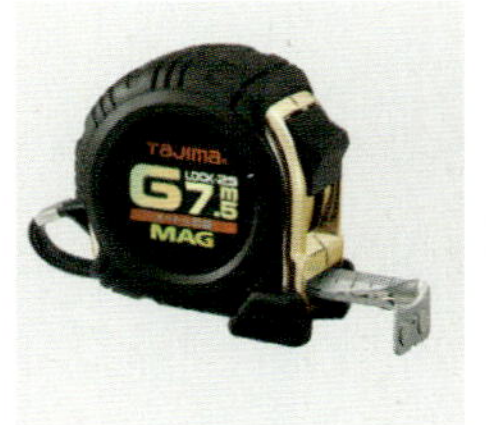
타지마

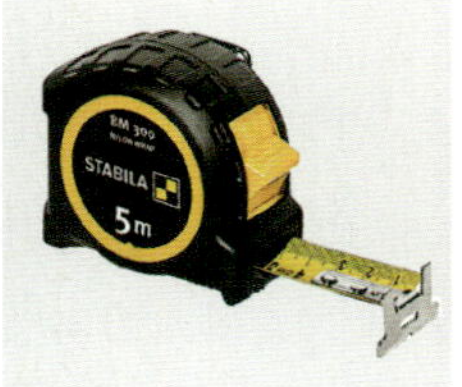
스타빌라

디월트

밀워키

일상에서 1mm는 매우 작은 수치라 크게 신경 쓰지 않지만, 건설 현장에서는 이 1mm가 일을 망치기도 합니다. 그러니 건설 현장에서 일하고 있다면 명심해야 합니다. 줄자 사용법을 정확히 익혀야 1mm까지 정확히 잴 수 있고, 그래야 다시 재고 또다시 절단하느라 반복하는 시간을 줄여 퇴근 시간을 앞당길 수 있습니다.

현장에서 길이를 재는 상황은 크게 다섯 가지로 나뉩니다. 작은 자재의 길이를 잴 때, 양쪽이 막힌 사이 공간의 거리나 폭을 잴 때, 바닥 폭을 잴 때, 천장 높이를 잴 때, 줄자보다 긴 길이를 잴 때입니다.

작은 물건의 길이를 잴 때

일정한 공간의 거리나 폭을 잴 때

바닥 폭을 잴 때

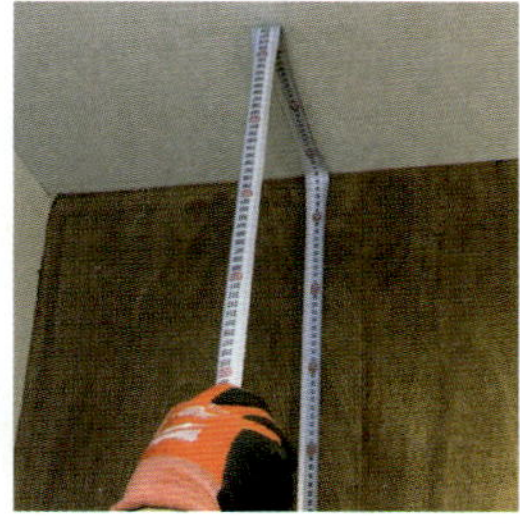
천장 높이를 잴 때

줄자보다 긴 길이를 잴 때

먼저 작은 목재의 길이를 재면서 줄자 사용법을 익혀보겠습니다.

목재 왼쪽에 후크를 걸고 수평으로 당겨서 오른쪽 가장자리와 맞닿는 부분의 수치를 잽니다. 목재의 길이는 215mm입니다. 이 때 후크 모양을 보면 살짝 당겨져 있습니다.

후크를 걸 수 없을 때도 있습니다. 그럴 때는 후크를 목재 모서리에 댄 상태에서 당겨 재야 하는데, 이렇게 재면 길이가 1~2mm 정도 짧게 재집니다. 이럴 때는 자를 후크 안쪽으로 밀어서 자의 모서리가 후크에 딱 붙은 상태로 재야 합니다. 자를 당겼다가 살짝 밀면 자가 후크 안쪽으로 들어가면서 앞에서 잰 것과 동일하게 215mm로 재집니다.

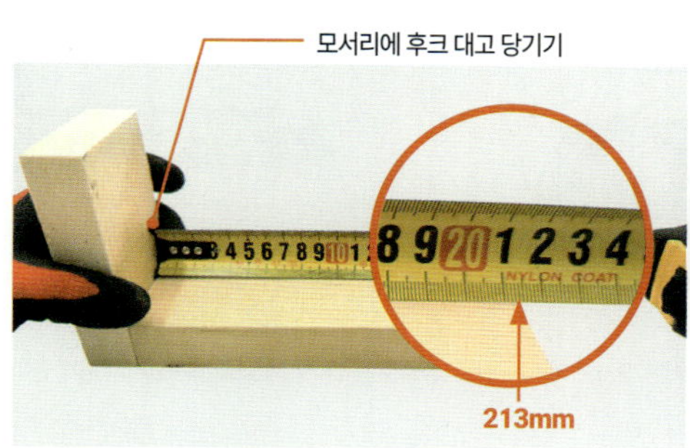

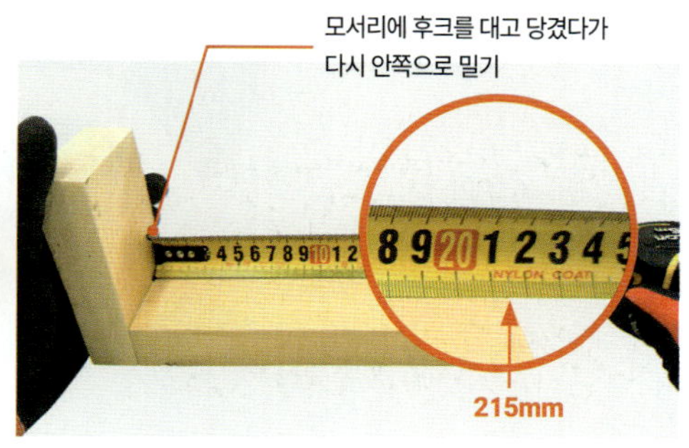

줄자를 뒤집어서 후크와 자가 연결된 부분을 보면 자가 후크 모서리에 딱 붙지 않고 0.9mm 정도 띄어진 상태임을 알 수 있습니다. 줄자마다 용도나 목적에 맞게 후크 굵기가 다르므로 그 굵기만큼 자의 길이를 조정해서 결합해야 정확한 길이가 나오기 때문입니다. 즉, 후크에 자가 완전히 고정되어 있다면 이런 식으로 밀어서 잴 때 정확한 길이가 나오는 대신, 후크를 걸어서 잴 때는 후크 굵기만큼 짧게 측정됩니다. 이런 오류를 없애기 위해 줄자 제조사가 발명한 게 후크 유격인 셈입니다. 이런 기초 지식이 있으면 후크가 움직이는 걸 보고 불량인가 보다 생각해서 철물점에 갔다가 창피당할 일은 없겠죠? 아래 오른쪽 그림은 다른 줄자를 분해한 것인데 자를 자세히 보면 후크 두께만큼 후크와 맞닿는 부분의 줄자 치수가 잘려 있습니다. 즉, 이 줄자의 후크 두께는 좀 더 두꺼운 1.8mm 정도임을 알 수 있습니다. 보통 자석이 장착된 줄자(금속 시공자용)는 자석 두께 때문에 일반 줄자보다 후크 두께가 굵은 편입니다.

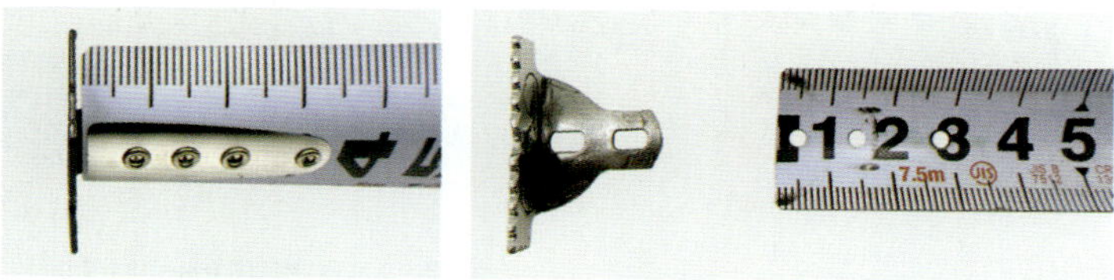

후크에서 살짝 띄어진 자(간격＝0.9mm)　　후크 두께가 굵은 자석이 장착된 줄자(간격＝1.8mm)

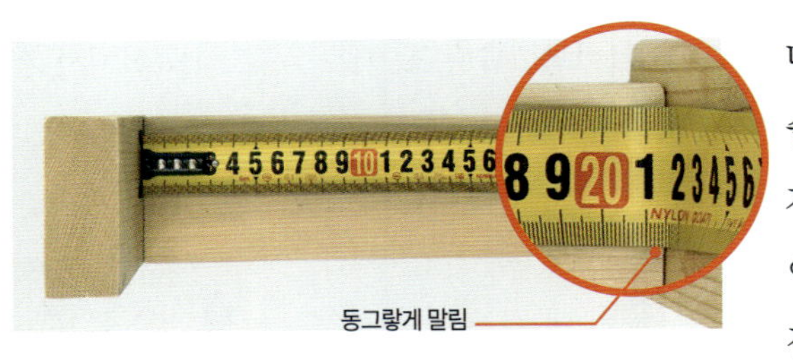

다음으로 사이 공간을 잴 때 주의할 점을 살펴보겠습니다. 양쪽이 막힌 사이 공간을 재면 그림과 같이 자가 동그랗게 말리는 문제가 생깁니다. 이럴 때 길이를 대충 읽는 경우가 많은데, 목재 사이의 공간에 같은 크기의 자재를 몇 개 잘라서 더 넣는 경우라면 1mm만 크게 잘라도 자재가 사이에 들어가지 않고, 1mm만 작게 잘라도 사이 공간이 들뜨는 문제가 생깁니다. 목재라면 1mm 정도 커도 망치로 치면 들어가지만, 철재는 구부러뜨리지 않고서야 들어가지 않습니다. 이럴 때 해결하는 방법을 살펴보겠습니다.

줄자의 몸체를 공간 끝에 바짝 붙인 다음, 줄자로 잰 길이(145mm)에 줄자의 몸체 크기(70mm)를 더합니다. 아래의 목재는 사이 공간이 총 215mm로 재집니다.

몸체에 표시된 줄자 크기

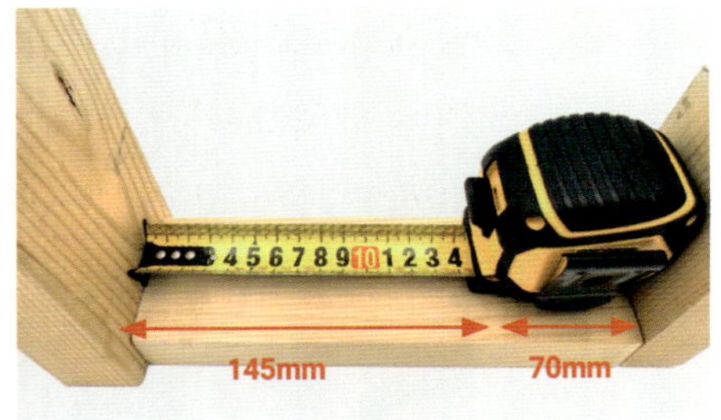

줄자로 잰 길이(145mm)+줄자의 몸체 길이(70mm)=215mm

줄자 몸체에 크기가 표기되어 있지 않을 수도 있습니다. 이럴 때는 자를 밀어서 읽기 편한 숫자까지 길이를 표시하고(100mm), 자 또는 물건을 반대로 돌린 다음 다시 밀어서 표시한 부분까지 길이(115mm)를 재서 더합니다. 마찬가지로 아래의 목재는 사이 공간이 총 215mm입니다.

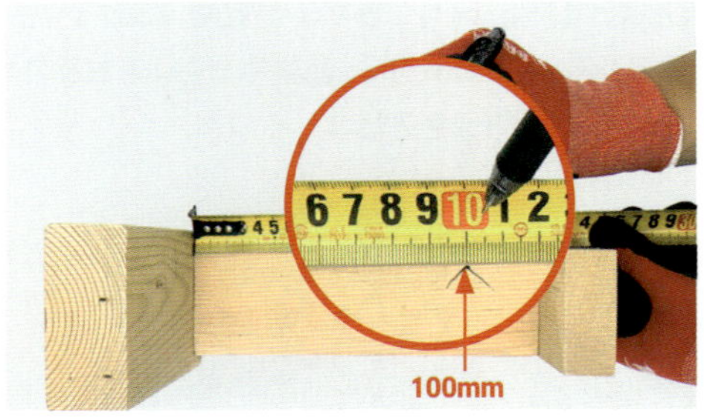

100mm 지점에 표시

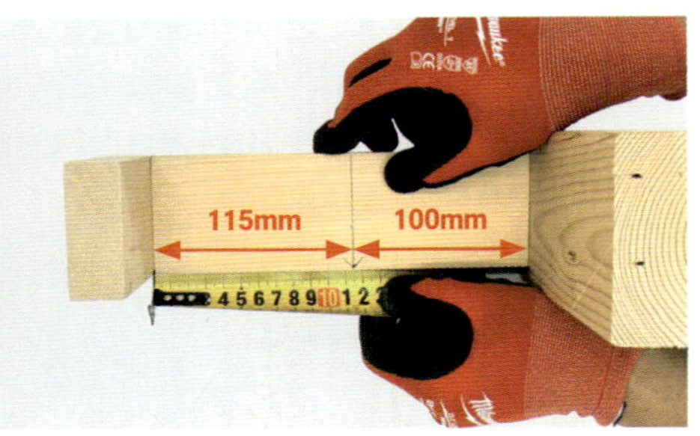

반대쪽에서 표시 지점(100mm)까지 길이(115mm) 더하기(215mm)

카드가 있다면 오른쪽 모서리에 카드 모서리가 일치하도록 두고, 카드 위로 자를 겹쳐서 잽니다. 카드와 자가 포개진 상태로 손으로 꽉 잡고 들어 올리면 동그랗게 말린 자가 수평으로 펼쳐집니다. 카드 모서리와 자가 겹치는 부분의 숫자를 읽으면 정확한 길이겠죠?

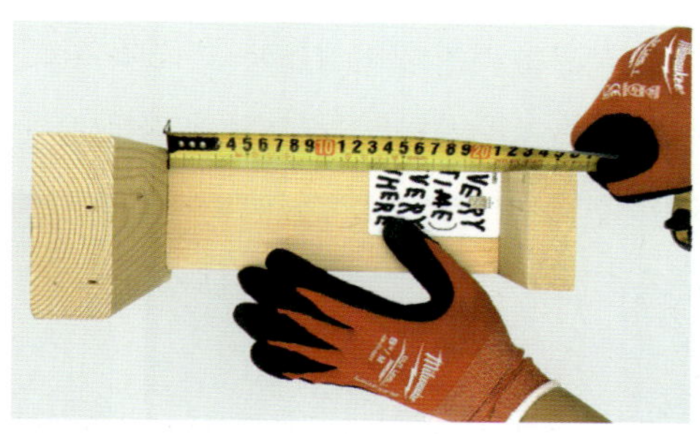
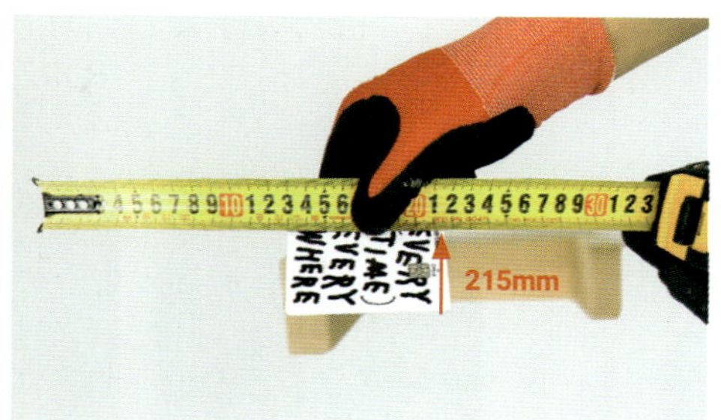

바닥 폭을 잴 때는 후크를 걸 수도 없고 그렇다고 밀 수도 없습니다. 시작점에 후크 끝부분을 대고 재도 정확하지 않습니다. 후크가 기울여지기도 하고 후크가 어느 정도로 열려 있는지 알 수 없기 때문입니다. 이럴 때는 시작점에 자의 100mm 지점을 눌러 고정하고, 다른 사람이 끝점까지 잡아당겨 길이를 재면 정확합니다. 여기서 잠깐, 100mm를 시작점에 뒀으니 최종 길이에 100mm를 더해야 한다는 사실도 잊지 마세요. 설마 놓칠까 싶은데 정말 자주 놓칩니다.

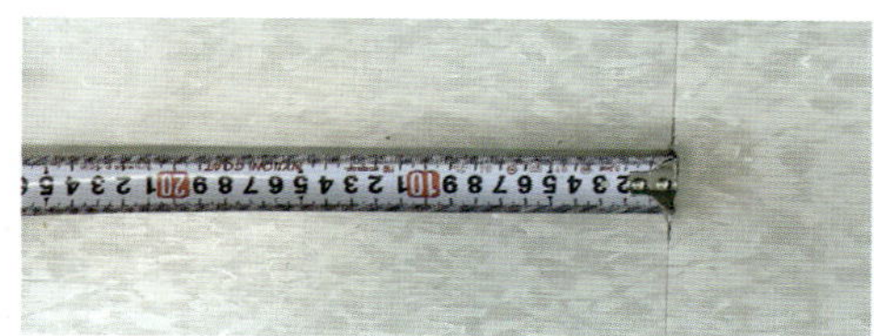
바닥 폭을 재는 잘못된 방법

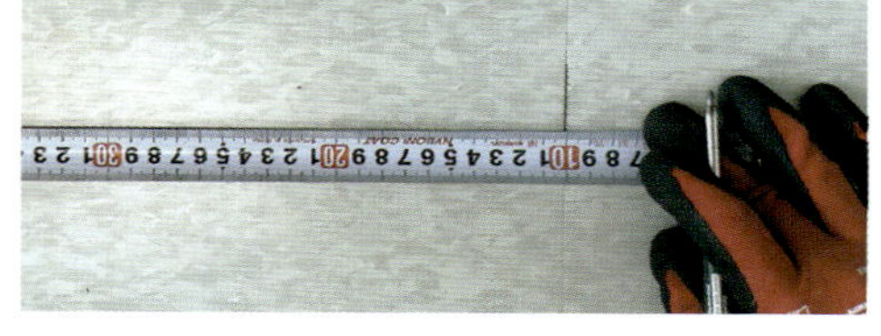
시작점에 자의 100mm 지점을 눌러 고정하여 재는 방법

벽면에서 바닥 폭을 잴 때는 앞서 사이 공간을 쟀을 때처럼 후크를 밀어서 재야 하겠죠?

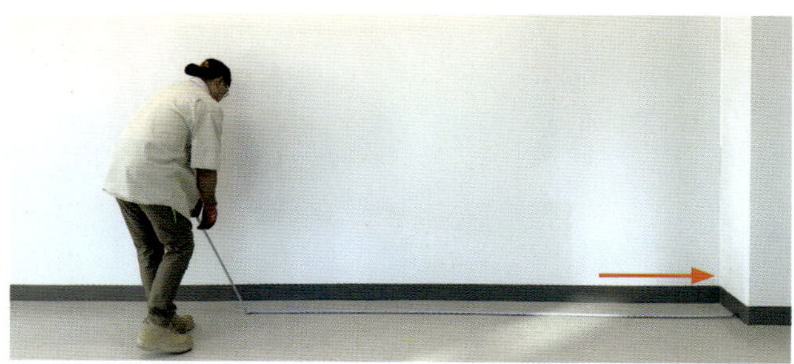

바닥에서 천장 높이를 잴 때는 후크를 바닥에 고정한 채로 자를 길게 뺀 다음 자가 천장에 닿는 지점을 읽습니다. 그런데 이때도 사이 공간을 잴 때처럼 자가 동그랗게 말려 길이를 정확히 재기 어렵습니다. 이럴 때는 ① 후크를 천장에 고정하고 자를 아래로 내린 후, ② 읽기 쉬운 길이의 지점에 표시하고, ③ 다시 바닥에서 ④ 표시한 지점까지 길이를 잰 다음 두 숫자를 더합니다.

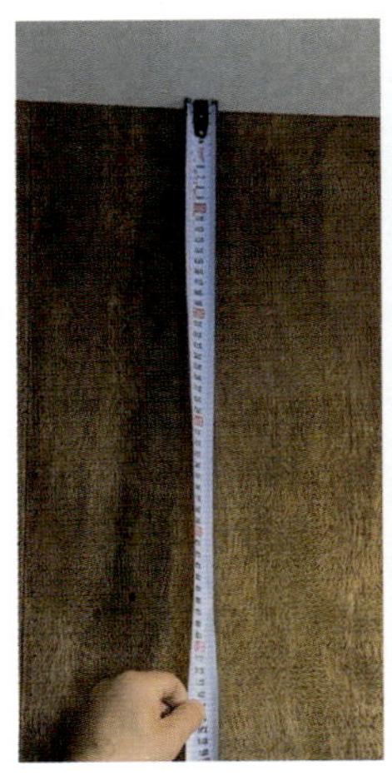

① 천장에 후크 걸기

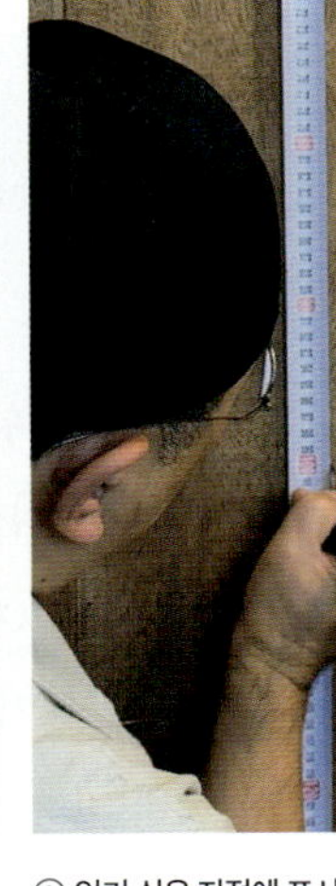

② 읽기 쉬운 지점에 표시하기

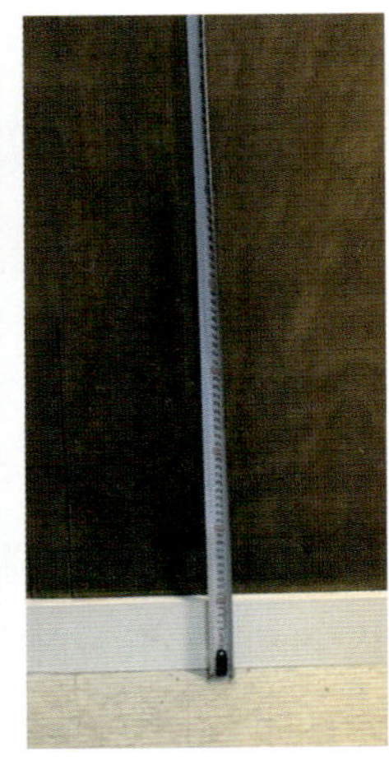

③ 바닥에 후크 걸기

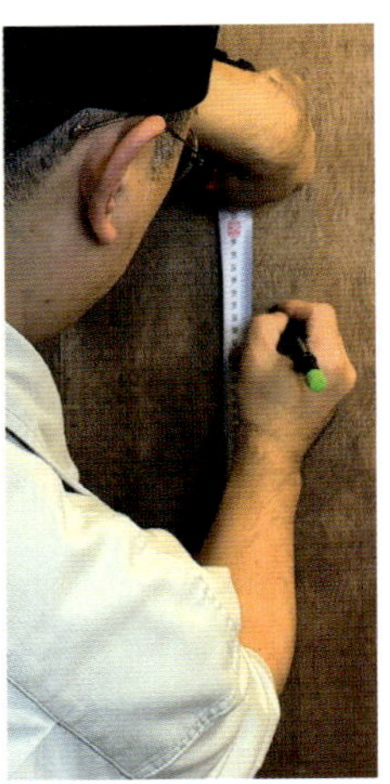

④ 표시한 지점까지 길이 재기

줄자보다 긴 길이를 재야 할 때는 후크를 밀어서 줄자의 최대 길이만큼 잰 다음 해당 지점에 표시해 둡니다. 8m 줄자라면 후크를 밀어서 7m 지점까지 재고 표시합니다. 자의 한계 길이만큼 뽑아 쓰면 내부의 스프링이 파손되거나 스프링과 결합된 부분이 빠지는 일이 있기 때문입니다. 반대쪽으로 다시 후크를 민 채 표시 지점까지 길이를 잰 다음 두 길이를 더합니다. 양쪽이 막힌 사이 공간의 길이를 재는 방식과 같습니다. 시작점을 100mm로 고정한 경우라면 최종 길이에 100mm를 더해주는 것도 잊지 마세요. 이보다 더 긴 길이를 잰다면 7m씩 계속 연장하면서 기록하면 되겠죠?

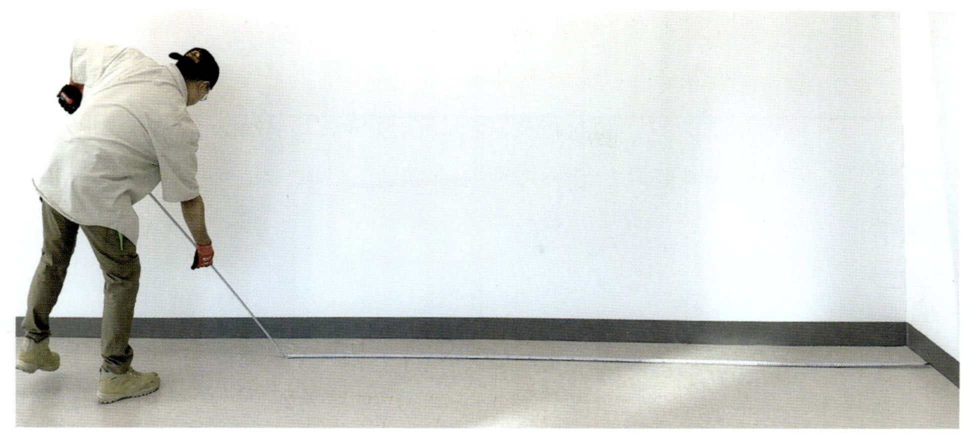

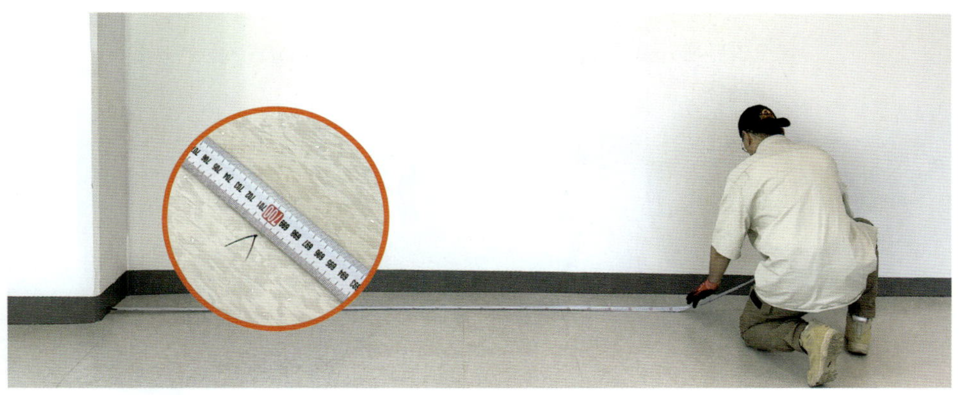

총 다섯 가지 상황을 배워봤습니다. 이렇게 배워도 손에 바로 익는 데까지는 시간이 걸립니다. 자꾸 틀리겠지만 몇 번이고 더 확인하며 익혀야 합니다. 1mm가 10개면 10mm이고, 10mm가 10개면 100mm입니다. 작은 치수로 보이지만 현장에서는 정말 큰 수치임을 명심하길 바랍니다.

피스

집수리에 필요한 기초 전동 공구에는 어떤 것들이 있을까요? 상황마다 필요한 공구가 다르지만 저는 피스를 박는 데 최적화된 임팩트 드라이버와 구멍 뚫는 데 최적화된 해머 드릴을 꼽습니다. 현장에서는 18볼트짜리와 20볼트짜리를 쓰지만, 가정에서는 비싸고 무거운데 쓸 일이 많지 않으므로 12볼트짜리를 추천합니다. 12볼트 해머 드릴로도 가장 단단한 재질인 콘크리트에 구멍을 뚫을 수 있으니 충분합니다(디월트 제품은 20볼트).

12볼트 해머 드릴과 임팩트 드라이버

20볼트 해머 드릴과 임팩트 드라이버(밀워키)

철물점에서 전문가처럼 보이는 방법

처음 철물점에 들어서서 어떻게 말해야 할지 모르겠다는 분을 자주 만납니다. 물론 대다수 철물점 운영자는 친절하게 응대하므로 걱정하지 않아도 됩니다. 물론 가끔은 불친절한 철물점 주인을 만날 수 있습니다. 드물지만 우물쭈물 말하는 사람을 초보자로 단정하고 바가지를 씌우려 드는 넋 나간 사람도 있습니다. 당장 우리 동네에도 있습니다. 철물점에 들어섰는데 주인의 눈빛이 묘하다 싶다면 머뭇거리지 말고 "현장에서 많이 쓰는 일본식 용어를 쓰세요"라고 조언합니다. 예를 들면 '쇠에 박는 나사못' 말고 "와셔 머리 직결 피스 35mm"라고 정확히 말하는 거죠. 피스는 나사못을 뜻하는 프랑스어 Vis를 일본식 발음으로 부른 이름입니다. 설마 그럴까 싶은데 "목공용 직결 피스"라는 말이 입에서 튀어나오는 순간 철물점 주인의 태도가 바뀔 겁니다.

보통 해머 드릴과 임팩트 드라이버 2개를 묶어서 파는데, 배터리를 포함한 가격이 50~60만 원대입니다. 가격이 부담된다면 해머 드릴을 사길 권하지만, 가정에서도 오랫동안 잘 쓸 수 있는 공구라 비용이 아깝지 않으니 둘 다 사길 권합니다. 지나치게 저렴한 제품만 아니면 어떤 브랜드의 공구를 쓰든 대체로 괜찮습니다. 그래도 추천해 달라고 하면, 밀워키와 디월트입니다. 여타 브랜드와 비교했을 때 내구성이 뛰어나며 토크(힘)가 세고 일정하여 정밀하게 조정하기 좋습니다.

기본 피스의 구조

임팩트 드라이버와 해머 드릴 사용법을 배우기 전에 피스부터 살펴보겠습니다. 피스는 용도에 따라 종류와 크기가 매우 다양해서 철물점에 가면 무엇을 달라고 할지 몰라 곤혹스러운 자재입니다. 저 역시 피스를 많이 가지고 있어 종류별로 정리해 두는데 수납 칸이 부족해 비닐째 보관하기도 합니다. 피스 전문점이라면 한쪽 벽면을 가득 메운 서랍장이 모자랄 정도입니다. 그러니 피스를 사러 가서 "그거 아시죠? 나무에 박는 그거"라고 하면 철물점 주인이 한숨부터 쉽니다. 공구의 세부 특징을 다 알 필요는 없지만 대화할 정도는 되어야 하므로 기본을 살펴보겠습니다.

피스의 구조는 크게 머리부와 나사부로 나뉩니다.

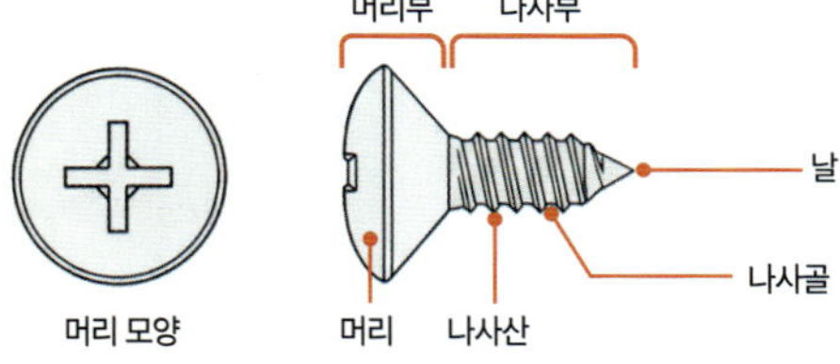

- **머리**: 드라이버나 렌치를 이용해 돌리는 부분입니다. 드라이버 형태는 십자, 일자, 사각, 육각 등 다양하지만 작은 피스는 대개 십자 형태입니다. 머리 모양에 따라 크게 와셔 붙임 머리, 접시 머리, 둥근 머리로 나뉩니다.
- **나사산**: 나사의 솟아 나온 부분으로, 피스가 재료에 잘 물려서 고정되도록 합니다.
- **나사골**: 나사의 고랑 진 부분입니다.
- **날**: 피스 끝에 붙은 뾰족한 부분으로, 피스가 재료를 찍거나 뚫을 수 있도록 합니다.

와셔 붙임 머리 피스

둥근 머리 아래쪽에 와셔(나사받이)를 붙인 형태입니다. 머리 위쪽이 둥글고 밑면이 평면이라 철판에 밀착되고, 머리 밑면이 다른 피스보다 넓어 평평한 부위에 힘을 많이 받도록 할 때 쓰기 좋습니다. 이런 이유로 철판에 박는 데 주로 씁니다. 현장에서는 샌드위치 패널이나 지붕재에 많이 씁니다. 재료 표면이 평평하고 피스 머리가 튀어나와도 되기 때문입니다.

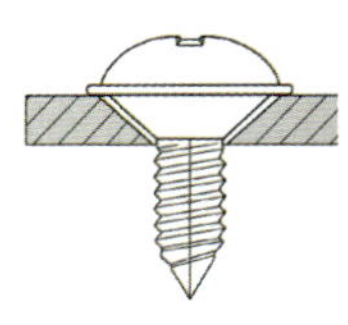

와셔 붙임 머리 피스

샌드위치 패널에 와셔 붙임 머리 피스를 박는 모습

접시 머리 피스

머리 위쪽은 평평하고 밑면은 역사다리꼴로 안쪽으로 좁아지는 모양입니다. 나사 머리가 튀어나오지 않도록 피스를 박아야 할 때 쓰기 좋습니다. 목재에 주로 쓰는데, 박고 나면 목재 표면과 피스의 머리가 평평하게 수평이 맞춰집니다.

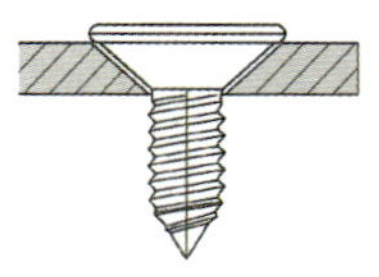

접시 머리 피스

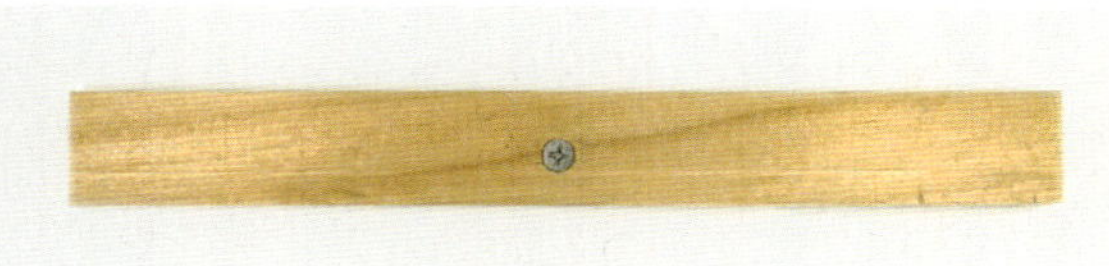

목재에 접시 머리 피스를 박은 모습

그렇다고 접시 머리 피스를 목재에만 쓰는 것은 아닙니다. 아래 그림을 보면 같은 접시 머리 피스라 해도 피스 끝부분이 다른 것을 알 수 있습니다. 목공용은 날이 뿔처럼 생겼는데 금속

용은 날에 홈이 파여 있습니다. 이렇게 홈이 파인 피스를 직결 피스라고 하는데, 임팩트 드라이버를 이용해서 철제에 박으면 구멍을 파고들면서 결속되는 구조입니다.

목공용 접시 머리 피스

금속용 접시 머리 피스

금속에 접시 머리 피스를 박는 모습

그런데 뭔가 좀 이상하죠? 접시 머리 피스는 접합 면과 수평을 이뤄야 하는데, 철재에 박으면 그림처럼 피스 머리가 튀어나옵니다. 박힌 면을 평평하게 하려면 어떻게 해야 할까요?

접시 머리 피스는 두꺼운 철판을 결합하는 데 주로 씁니다. 이럴 때는 ① 접시 머리 피스보다 크기가 조금 더 큰 금속용 드릴 비트를 해머 드릴에 끼우고(비트를 체결하는 방법은 36쪽에서 다룹니다) ② 접시 머리 피스가 들어갈 만큼만 구멍을 넓힌 후 ③ 구멍에 접시 머리 피스를 박으면 평평해집니다.

① 드릴 비트를 해머 드릴에 끼우기

② 구멍 뚫기

뚫린 구멍

③ 접시 머리 피스를 임팩트 드라이버에 끼우고 구멍에 박기

둥근 머리 피스

머리가 둥글고 피스 날이 대개 직결 형태라 금속 마감재에 주로 사용합
니다.

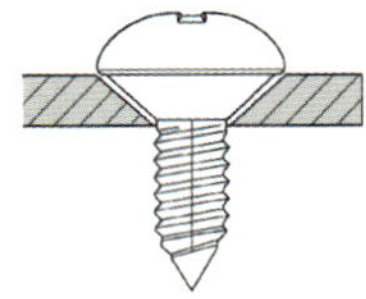
둥근 머리 피스

날개 피스

이쯤 되면 "철판과 목재를 동시에 박을 수 있는 피스는 없나요?"라는 질문이 꼭 나옵니다.
그래서 나온 피스가 윙 스크루라고 부르는 날개 피스입니다.

목재와 금속에 날개 피스를 박는 모습

날개 피스를 보면 끝은 직결인데 바로 위쪽에 양쪽 날개가 붙어 있습니다. 바로 이 날개가 목재를 갈면서 파고들어 깨짐을 막는 역할을 합니다. 그러다 철판 부분까지 들어가면 날개가 똑 하고 떨어져 나가면서 그다음 타자인 양날 부분이 철판을 뚫도록 하는 구조입니다. 박았던 피스를 빼서 보면 나사산 아래쪽에 붙어 있던 날개가 떨어진 것을 알 수 있습니다.

날개 피스

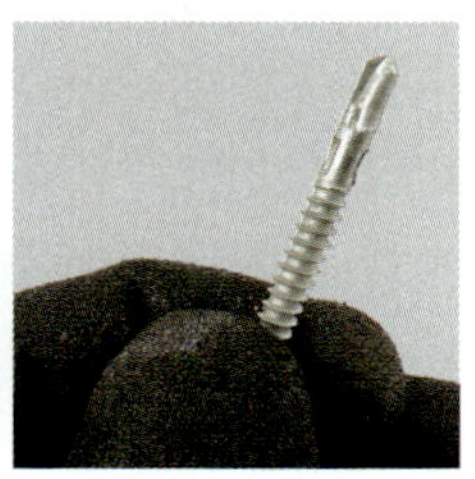

날개가 떨어진 날개 피스

간혹 직결 피스를 목재에 박는 사람도 있습니다. 직결 피스는 날개 두께가 나사산 두께보다 넓은 경우가 많은데, 이런 ==직결 피스를 목재에 박으면 나사산이 목재를 뚫고 들어가 목재를 잡아주는 힘이 약해집니다.== 꼭 용도에 맞게 쓰길 권합니다.

피스를 봉지째로 사면 앞면에 '#6×32'처럼 숫자가 표시되어 있습니다. 여기서 #6은 이 피스의 고유번호이므로 신경 쓰지 않아도 됩니다. 32는 길이가 32mm라는 뜻입니다. 피스에 대해서는 이 정도만 알아도 철물점 주인 수준입니다. 오늘 당장 철물점에 가서 "32mm 와셔 스테인리스 직결 피스로 주세요!" 하면 적어도 바가지는 안 쓸 겁니다.

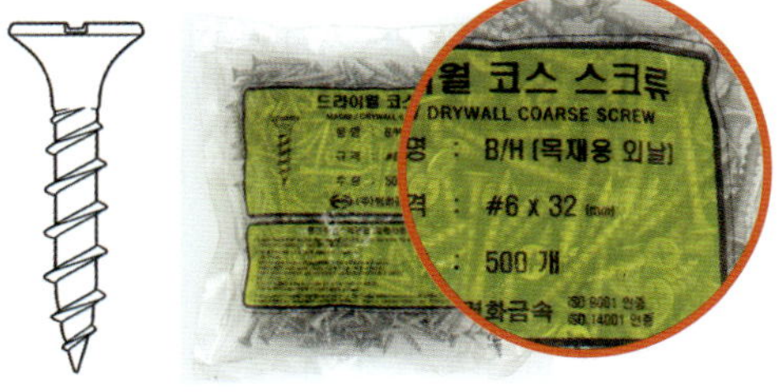

방수용 피스

피스 중에는 물이 많이 들어가는 장소에 쓰면 좋은 방수용 피스도 있습니다. 지붕이나 벽면 작업을 할 때 주로 쓰는데, 완전히 방수되지는 않습니다. 시간이 흘러 결속력이 떨어지면 여지없이 물이 새므로 꼭 실리콘으로 마감하길 권합니다. 책에서 소개한 피스는 대부분 스테인리스 재질이므로 조금 비싸지만 녹슬면 안 되는 외부 작업에 사용하면 좋습니다.

가끔 "석고(벽 또는 천장)에 칼브럭을 박아도 되나요?"라는 질문을 받는데, 그건 곤란합니다. 칼브럭과 앵커볼트는 모두 벽이나 천장에 물건을 고정하는 데 사용하지만 견딜 수 있는 하중의 범위가 다릅니다. 칼브럭은 가벼운 물건, 앵커볼트는 상대적으로 더 무거운 물건을 고정할 수 있습니다(칼브럭은 월 플러그, 스크류 앵커, 롤 플러그로 불러야 하지만 현장에서는 일본 회사의 상표명인 칼 플러그를 가져와 칼브럭이라고 부릅니다). 콘크리트처럼 단단한 벽에는 칼브럭을 써도 되지만, 공간이 떠 있는 석고 벽이나 천장은 칼브럭을 단단히 고정하지 못하므로 앵커볼트를 시공해야 합니다.

칼브럭

벽이 석고보드 벽인지 콘크리트 벽인지 헷갈릴 수 있습니다. 이럴 때는 손등으로 벽을 두드려보세요. 소리가 통통 하고 울리는 느낌이면 석고보드 벽이거나 합판 벽입니다. 벽을 뾰족한 것으로 박았을 때 하얀 가루가 묻어 나오면 석고보드 벽이고 아니면 합판 벽입니다.

앵커볼트도 종류가 매우 많은데, 석고에 쓸 수 있는 대표적인 앵커볼트 네 가지를 살펴보겠습니다. 철 석고 앵커볼트, 일체형 토글 앵커볼트, 플라스틱 토글 앵커볼트, 자체 드릴링 토글 앵커볼트입니다.

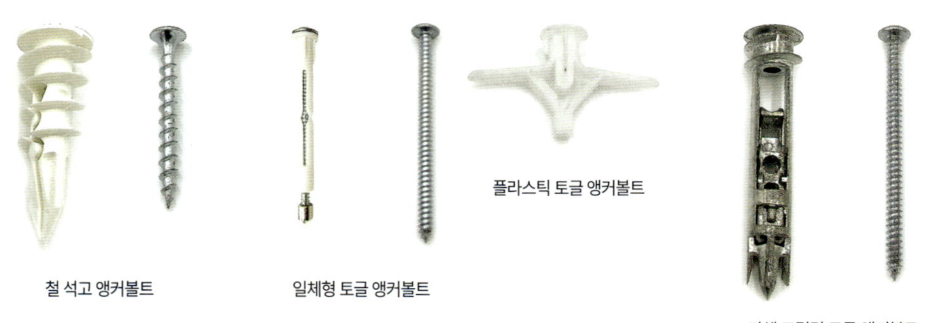

플라스틱 토글 앵커볼트

철 석고 앵커볼트   일체형 토글 앵커볼트

자체 드릴링 토글 앵커볼트

철 석고 앵커볼트

석고보드처럼 속이 빈 벽에 무거운 물건을 고정할 때 가장 많이 쓰는 앵커볼트입니다. ① 타공을 따로 하지 않고 석고에 바로 골뱅이 모양 앵커볼트를 박습니다. ② 고정할 물건을 고려하면서 피스를 박습니다. ③ 플라스틱 앵커볼트에 비해 높은 하중을 견디지만, 뒤쪽 면을 보면 알 수 있듯이 고정력이 강하지 않습니다. 무거운 물건보다는 액자나 시계 정도를 거는 용도로 적합합니다.

① 앵커볼트 박기

② 피스 넣고 조이기

③ 앵커볼트가 박힌 뒤쪽 모습

일체형 토글 앵커볼트

앵커와 피스가 일체형인 토글 앵커볼트입니다. 현장에서는 토우 앙카라고 부릅니다. ① 먼저 망치로 석고보드에 앵커볼트를 박습니다. ② 드라이버로 피스를 조이면 뒷부분 플라스틱이 꼬이면서 오므라듭니다. ③ 철 석고 앵커볼트보다는 깊이 박히지만, 뒤쪽 면을 보면 알 수 있듯이 고정력이 강하지 않습니다. 역시 무거운 물건을 걸기에는 적합하지 않습니다.

① 망치로 앵커볼트 박기

② 드라이버로 피스 넣고 조이기

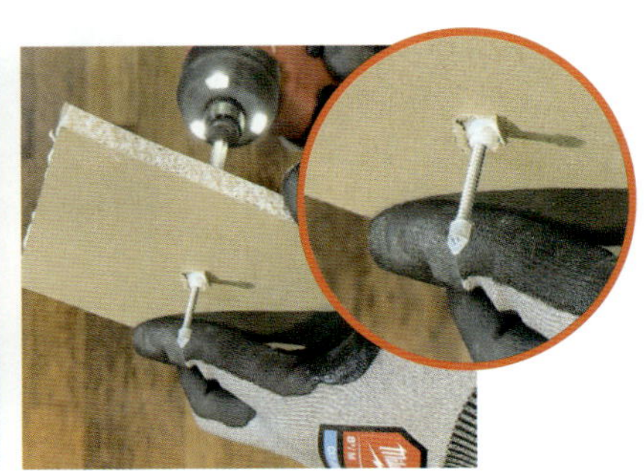

③ 앵커볼트가 박힌 뒤쪽 모습

플라스틱 토글 앵커볼트

장난감처럼 귀엽게 생겼지만 네 가지 앵커볼트 중 버티는 힘이 가장 좋습니다. ① 구멍을 미리 뚫어야 하는 앵커볼트입니다. 번거롭기는 해도 타공 덕분에 버티는 힘이 그만큼 셉니다. ② 구멍에 플라스틱 날개를 접어서 밀어 넣습니다. ③ 피스를 박으면 ④ 뒤쪽에서 날개가 벌어져 석고보드의 양쪽을 잡아줍니다. 현장에서 조명을 고정할 때 많이 씁니다.

① 구멍 뚫기

② 구멍에 플라스틱 날개 넣기

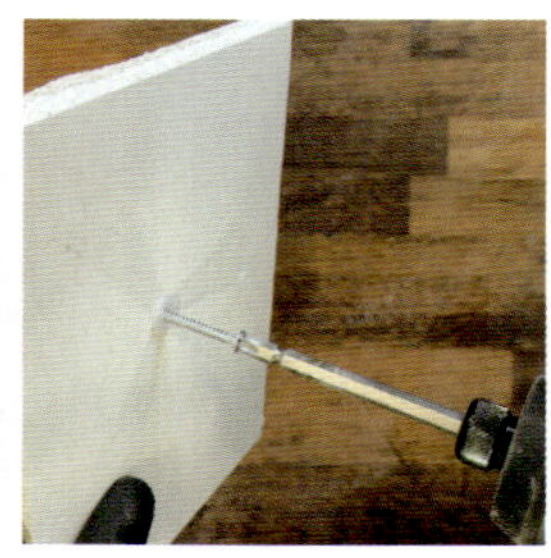
③ 피스 넣고 조이기

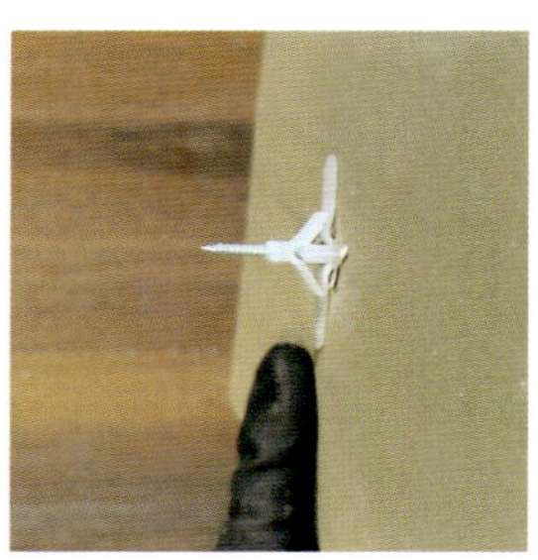
④ 앵커볼트가 박힌 뒤쪽 모습

자체 드릴링 토글 앵커볼트

모양이 어딘지 멋지게 생겼습니다. 최근에 상당히 많이 쓰이는 앵커볼트인데 개발자가 돈을 많이 벌었다는 소문이 있습니다. ① 석고보드에 바로 구멍을 내고 끝까지 밀어 넣습니다. ② 피스를 넣고 조이면 ③ 뒤쪽에 있는 부속이 당겨지면서 ④ 석고보드에 고정되는 환상적인 발명품입니다. 철 석고 앵커볼트나 일체형 토글 앵커볼트에 비해 더 넓은 면을 잡아주므로 고정력이 강합니다. 조금 더 무거운 것을 고정할 수 있습니다.

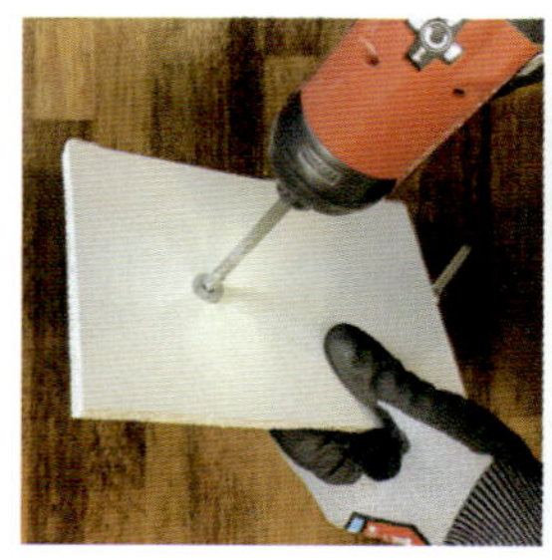

① 앵커볼트 박기

② 피스 넣고 조이기

③ 뒤쪽 부속이 당겨지는 모습

④ 앵커볼트가 박힌 뒤쪽 모습

아무리 고정력이 강한 앵커볼트라 해도 물건의 무게를 지탱하는 면이 석고보드라는 걸 잊지 말아야 합니다. 제품 설명서에 나온 권장 무게와 하중을 믿고 걸었다가 걸어 둔 물건이 떨어져도 문제지만 천장이나 벽이 무너지면 그야말로 대공사입니다. 이 점만 유념하면 석고벽에도 시계와 액자를 쉽게 걸 수 있습니다. 커튼의 무게에 따라 석고 앵커볼트의 수를 조절한다면 커튼도 쉽게 달 수 있겠죠?

콘크리트 벽에 못을 박아야 할 때도 있습니다. 별생각 없이 콘크리트용 못을 사서 망치로 박겠다는 분들이 있는데, 권하지 않습니다. 전문가조차 망치로 콘크리트 벽에 못을 박으라고 하면 손사래를 칩니다. 하물며 망치질에 서툰 일반인이 망치로 못을 박았다간 불꽃이 튀며 못은 날아가고 손가락에는 멍이 들기 십상입니다. 전문가라면 로터리 해머 드릴로 6mm 타공 비트를 이용해 구멍을 낸 다음 칼브럭을 박지만, 일반인이 시계나 달력 하나 벽에 걸자고 공구를 다 살 수는 없는 노릇입니다. 이럴 때 쓰기 좋은 피스가 논 플러그 스크루 피스입니다.

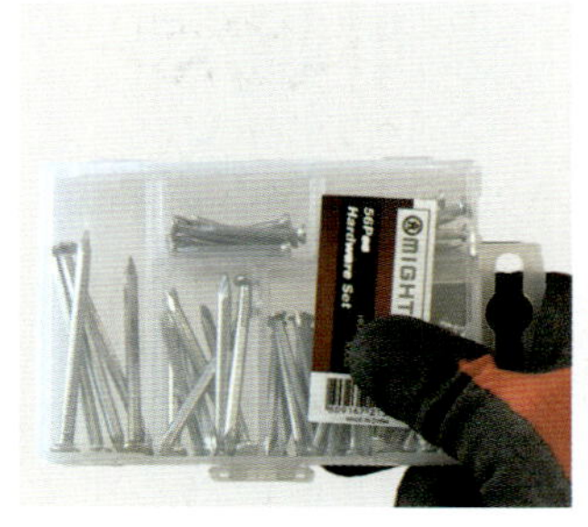

콘크리트용 못

망치질하면 자꾸 튕겨 나가는 못

로터리 해머 드릴과 6mm 드릴 비트

일반적으로 가장 많이 쓰는 칼브럭의 굵기는 6mm입니다. 그 외의 크기는 각 크기에 맞는 드릴 비트를 사용해야 합니다.

논 플러그 스크루 피스(Non-plug Screw Piece)는 일반 피스와 달리 서로 다른 높이의 두 줄 나사산이 나란히 배열되어 있어 작은 구멍만 뚫고 피스를 바로 박아도 콘크리트와의 결합력이 꽤 뛰어납니다. 현장에서는 논프라그 피스 또는 논프라비스라고도 부릅니다.

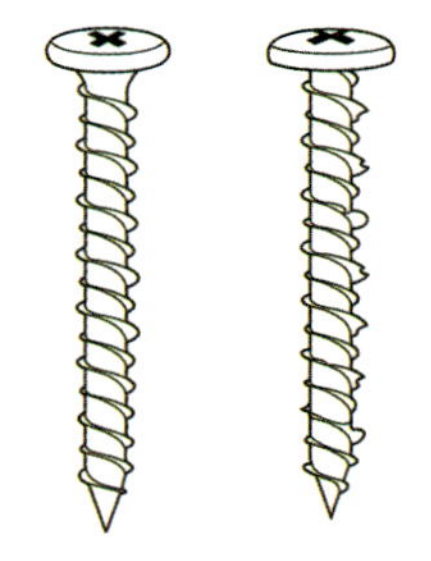

일반 피스와 논 플러그 스크루 피스

논 플러그 스크루 피스 설명서에서는 무게를 견디는 힘이 칼브럭보다 4~5배 높다고 자랑합니다. 그 정도는 아니더라도 시계나 달력보다 무거운 물건을 걸기에 적합합니다. 아래 왼쪽과 같은 설명서에 해당하는 제품이라면 3.5mm 드릴 비트를 이용해 임팩트 드라이버로 쉽게 체결하여 박을 수 있습니다.

3.5mm 드릴 비트용 논 플러그 스크루 피스 설명서

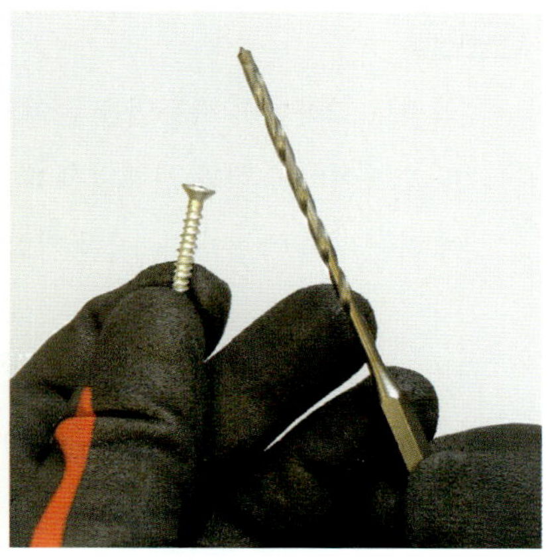

논 플러그 스크루 피스와 임팩트 드라이버용 비트
(비트에 바로 체결해서 쓸 수 있음)

물론 더 굵은 논 플러그 스크루 피스를 박는다면 더 굵은 드릴 비트를 사용해야 합니다. 각 피스에 맞는 드릴 비트의 굵기는 설명서에 표시되어 있습니다.

가는 논 플러그 스크루 피스

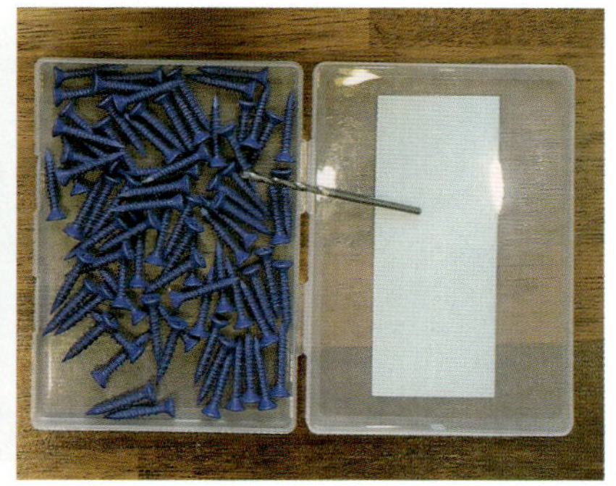

굵은 논 플러그 스크루 피스

'콘크리트 벽에 논 플러그 스크루 피스 박기'는 임팩트 드라이버를 배운 다음인 44쪽에서 실습합니다.

'임팩트 드라이버 사용법을 굳이 알아봐야 하나?' 싶을 수 있습니다. 하지만 현장에서 임팩트 드라이버의 힘과 사용법을 제대로 모르고 썼다가는 피스 하나를 박으면서도 눈치를 봐야 하는 상황이 옵니다. 이번 기회에 제대로 익히고 가길 권합니다.

임팩트 드라이버는 나사나 볼트를 돌릴 때 강한 힘을 주는 전동 공구입니다. 일반 드릴은 돌리기만 하는 데 반해, 임팩트 드라이버는 돌리는 힘(회전력)에 망치로 툭툭 치는 듯한 힘(타격력)까지 더해진 강력한 공구입니다. 단단한 재료에 피스를 박거나 꽉 잠겨 잘 풀리지 않는 볼트를 풀 때 매우 유용합니다. 겉모양은 일반 드릴과 비슷해 보이지만, 내부에는 강한 힘을 내기 위한 구조가 숨겨져 있습니다. 주요 구성 요소는 다음과 같습니다.

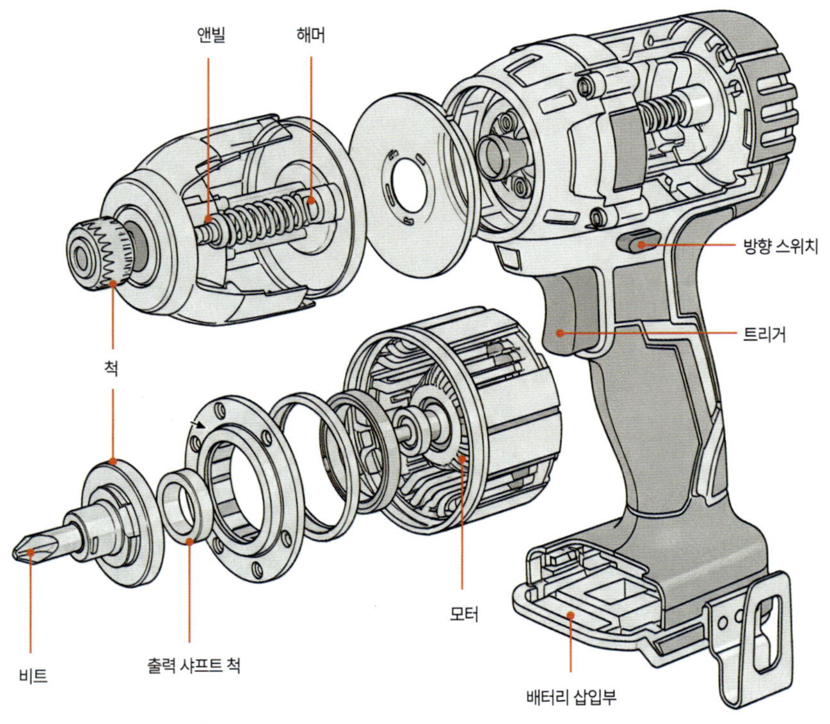

- **모터**: 전동 공구의 심장으로, 회전력을 만듭니다.
- **해머**: 모터의 회전력을 받아 망치로 툭툭 치는 타격력을 만듭니다.
- **앤빌**: 해머 메커니즘에서 타격을 받아 강력한 토크를 생성하여 출력 샤프트로 전달합니다.
- **출력 샤프트 척**: 앤빌에서 전달받은 회전력을 비트나 소켓에 전달합니다.
- **척**: 비트나 소켓을 끼우는 부분으로, 회전력이 직접 전달되는 장치입니다. 주로 임팩트용 육각 비트를 끼웁니다.
- **트리거**: 모터를 돌려 해머 메커니즘을 구동시킵니다. 회전 속도를 조절할 수 있습니다.
- **역방향 스위치**: 출력 샤프트의 회전 방향을 바꿔 나사나 볼트를 조이거나 풀 수 있게 합니다.

임팩트 드라이버는 기본적으로 육각 드라이버 비트를 쓰는데, 이 비트의 크기는 표준 규격이라서 임팩트용이면 전부 같은 크기의 비트를 말합니다. 제품마다 조금씩 차이가 있지만 보통 척에 비트를 꽂아서 누르면 제대로 장착됩니다. 임팩트용 비트 대신 키레스 척(키를 사용하지 않고 바로 척을 돌려서 비트를 고정하거나 풀 수 있는 드릴 척)을 써서 임팩트 드릴로 구멍을 뚫을 수 있고, 드릴 비트가 박힌 임팩트용 비트를 끼워도 구멍을 뚫을 수 있습니다.

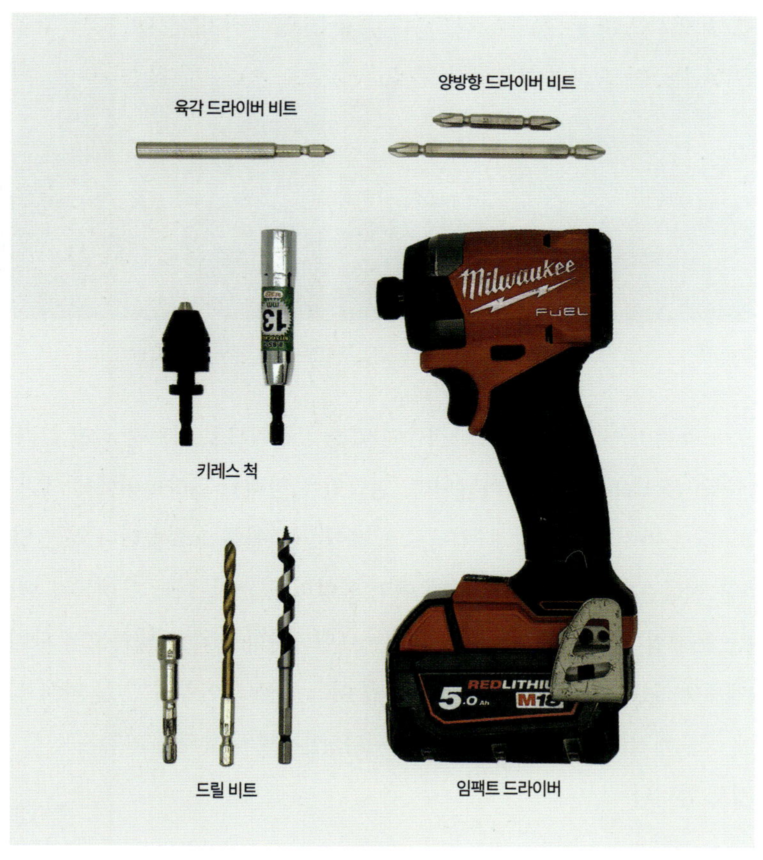

임팩트 드라이버에 비트를 꽂고 빼는 방법을 살펴보겠습니다. 임팩트 드라이버에 비트를 꽂는 방법은 간단합니다. 보통은 비트를 척에 넣기만 하면 자동으로 고정되어 체결되지만, 간혹 척을 당기면서 꽂아야 체결되는 제품도 있습니다.

비트 꽂기(자동으로 고정됨)

임팩트 드라이버에서 비트를 빼려면 임팩트 드라이버의 척을 당기면서 비트를 빼야 합니다. 그런데 척을 당겨도 비트가 잘 빠지지 않는 상황이 생기기도 합니다. 그럴 때는 비트의 끝부분을 바닥 같은 곳에 툭툭 쳐보세요. 이렇게 하면 결속이 조금 떨어지면서 비트가 빠집니다. 이렇게 해도 빠지지 않는다면 AS센터를 방문해야 합니다. 대량으로 금속 직결 피스 작업을 하는 경우 가끔 일어날 수 있는 일입니다.

척을 당긴 상태에서

비트 빼기

임팩트 드라이버는 구조적으로 타격감이 있는 공구이므로 비트를 꽂고 돌리면 똑바로 돌지 않는 와블(wobble) 현상이 나타납니다. 일반인은 임팩트 드라이버에 문제가 있다고 생각해서 AS센터로 가져가는데 대개 "임팩트 드라이버는 원래 그렇습니다"라는 답변만 돌아옵니다. 와블 현상은 현장에서 작업할 때 어떤 영향이 있는지, 어느 브랜드가 심한지 계속 논란이 되는 문제입니다. 현재 작업 과정 또는 브랜드마다 덜하고 더하고의 차이가 있을 뿐, 아예 없앨 수는 없는 문제이므로 와블 현상을 어느 정도 제어할 수 있을 만큼 임팩트 드라이버 사용에 능숙해지는 연습을 하는 게 낫습니다. 실제로 숙달되면 그다지 신경 쓰이지 않는 문제이기도 합니다.

밀워키 임팩트 드라이버의 와블 현상   디월트 임팩트 드라이버의 와블 현상

임팩트 드라이버에 드릴 비트를 장착하고 구멍을 뚫으면 와블 현상 때문에 원래 드릴 비트의 두께보다 구멍이 크게 뚫릴 수 있습니다. 축이 똑바로 돌지 않기 때문이죠. 반면, 해머 드릴은 정밀한 타공에 적합하도록 설계되어 있어 와블 현상이 거의 생기지 않습니다(해머 드릴에 와블 현상이 나타난다면 무조건 AS를 맡겨야 합니다).

임팩트 드라이버 실습에 앞서 와블 현상을 설명한 이유가 또 하나 있습니다. 피스를 박을 때 임팩트 드라이버의 각도가 달라지면 바로 이 와블 현상 때문에 피스가 박히지 않을 수 있기 때문입니다. 목재에 피스를 박을 때는 90도가 아니어도 무리 없이 박힙니다. 와블 현상이 있더라도 목재에 피스의 끝부분이 어느 정도만 들어가면 박힌다는 말이죠. 실제로 목재에 피스를 박아보면서 임팩트 드라이버 사용법을 익혀보겠습니다.

90도로 박기   사선으로 박으면 피스가 튕겨 나가는 문제

step 01

목재 위에 피스를 90도 각도로 세우고 임팩트 드라이버도 그 각도를 유지합니다. 이 상태에서 트리거를 당기면 피스가 박힙니다. 이때 ==트리거를 끝까지 한꺼번에 세게 당기는 바람에 속도 제어가 안 되면 피스가 박히면서 목재가 상할 수 있습니다.==

트리거를 세게 당겨 목재가 상한 경우

90도 각도를 유지한 채 트리거를 조금씩 당기며 박기

step 02

빨리 박아야 한다는 생각에 ==속도를 세게 하면 피스의 나삿니가 상하기도 합니다.== 현장에서는 일본어를 써서 '야마 난다'라고 표현하는데, 정확히 말해 야마는 나사산을 뜻합니다. 즉, 현장에서는 나삿니가 터지거나 나사산이 나가는 경우를 모두 '야마 났다'라고 표현합니다.

트리거를 세게 박아 나삿니가 깨진 경우

트리거를 너무 세게 당겨서 박은 경우

step 03

나삿니가 상하면 다시 빼기도 쉽지 않으므로, 임팩트 드라이버를 쓸 때는 ==중간중간 힘을 나눠서 당기며 박아야 합니다.== 그래야 목재도 나삿니도 상하지 않고 깔끔하게 박힙니다. 그럼에도 목재가 미세하게 살짝 손상된 것이 보입니다. 해머 드릴 사용법을 다루는 48쪽에서 깨지지 않게 목공용 못을 박는 이중 드릴 비트 사용법을 자세히 설명합니다.

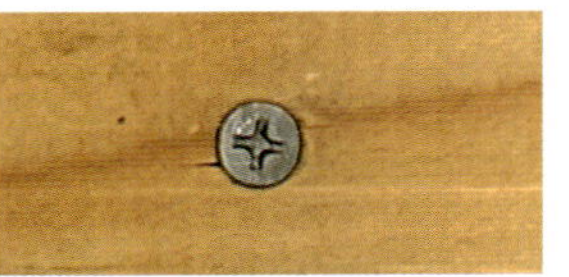

처음에는 90도 각도로 똑바로 선 상태에서 피스가 들어가더라도, 박으면서 임팩트 드라이버의 각도가 틀어질 수 있습니다. 이 상태에서 피스를 박으면 '드르륵' 하는 소리가 나면서 나삿니가 망가집니다(**step 02**의 작은 그림 참고). 임팩트 드라이버를 처음 쓸 때 자주 나타나는 문제이므로, 잘 기억하고 숙달될 때까지 연습하여 문제가 생기지 않도록 합니다.

피스를 박으면서 임팩트 드라이버의 각도가 틀어지는 경우

목공용 피스를 선택할 때 나사산 간격이 좁은 것은 단단한 나무 재질에, 간격이 넓은 것은 무른 나무 재질에 써야 합니다. 무른 나무 재질에 나사산 간격이 좁은 피스를 쓰면 결속력이 떨어지기 때문입니다.

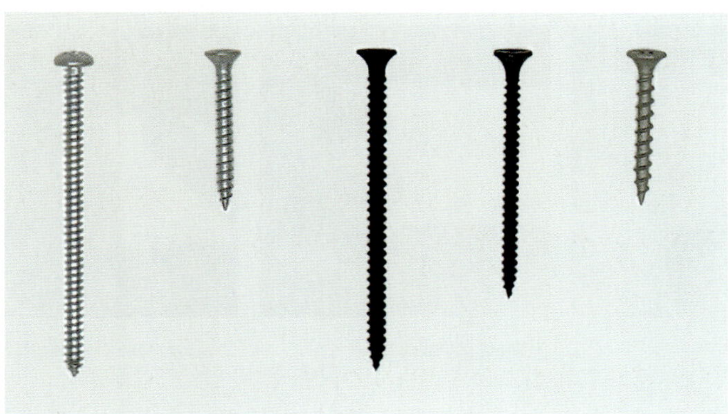

다양한 목공용 피스

헐거워진 구멍 메우기

목재에 피스를 박을 때 같은 지점에 피스를 자주 박으면 구멍이 헐거워질 수 있습니다. 흔히 싱크대 문짝처럼 톱밥을 뭉쳐서 만든 MDF 재질에서 자주 생기는 문제입니다. 이럴 때는 나무젓가락을 준비합니다. ① 구멍에 나무젓가락을 꽂고 망치로 박은 다음, ② 튀어나온 부분을 니퍼로 잘라냅니다. 튀어나온 부분이 평평해질 때까지 망치로 박은 다음, 순간접착제를 한 방울만 떨어트리면 빈 부분이 메워지면서 단단히 고정됩니다. 그 위에 목공 피스를 박으면 깔끔하게 박힙니다. 구멍을 아예 메우고 싶을 수도 있습니다. 이럴 때는 ③ 구멍에 톱밥을 채워 넣고, ④ 순간접착제를 한두 방울 떨어트립니다. ⑤ 접착제가 마르면 사포로 문질러 평평하게 만듭니다.

① 구멍에 나무젓가락 박기

② 튀어나온 나무젓가락을 니퍼로 자르기

③ 구멍에 톱밥 채우기

④ 구멍에 순간접착제 떨어트리기

⑤ 사포로 문질러 평평하게 만들기

다음으로, 금속 파이프에 피스를 박아보겠습니다. 난도가 꽤 높으므로 잘 기억했다가 숙련될 때까지 여러 번 연습하길 권합니다.

step 01

철재 위에 피스를 90도 각도로 세우고, 임팩트 드라이버도 90도 각도를 유지합니다. 이 상태에서 트리거를 당깁니다. 이때 트리거를 살살 당기면 피스가 흔들리므로, 90도 상태를 유지한 채 힘을 많이 주면서 당깁니다. 임팩트 드라이버가 뒤쪽에서 앞쪽으로 힘을 받을 수 있게 눌러주면서 박아야 합니다. ==트리거를 한 번에 당기지 말고 천천히 나눠서 당깁니다.==

step 02

막상 해보면 쉽지 않습니다. 트리거를 당길 때 각도가 조금만 삐뚤어져도 구멍이 뚫려야 할 위치에서 피스가 벗어납니다. 부러진 것처럼 피스가 빠져 튀어 나가기도 합니다.

피스 박기는 기초 중의 기초이지만 현장에서 초보자가 가장 못하는 일 중 하나입니다. 분명 세게 당기지 말라고 당부했는데도 이 원칙을 지키지 않아서 하루 종일 피스 하나를 박지 못하기도 합니다. 그나마 작은 피스는 대충 박아도 여러 번 하면 어쩌다 1개는 들어갑니다. 하지만 99%는 튀어 나간다고 봐야 합니다.

업체에서 제공하는 동영상을 보면 한 번에 쉽게 박히는 걸 보고 따라 하지만 당연히 쉽지 않습니다. 90도가 되도록 신경 쓰고, 한 번에 박으려 하지 말고 나눠서 천천히 박는 연습을 계속 하면서 익혀야 실력이 늡니다. 기본을 지키며 꾸준히 연습해 주세요.

연습을 해야 그나마 10개 중 하나라도 박히고, 어느 순간 1개를 박아도 제대로 박히는 날이 옵니다. 그런 날이 반복되면 어느 날은 기울여서 박아도 박히는 날이 옵니다. 트리거를 당기면서 힘이 전달되는 속도를 느끼면 각도가 좀 휘어진 상태에서도 박을 수 있다는 말입니다. 또 하나, 알아둘 점이 있습니다. 비트 길이가 길거나 피스 길이가 길면 와블 현상이 커져 박기가 더 힘들어집니다. 당장 90도를 맞추기도 쉽지 않습니다. 이건 밀워키 제품을 쓰든 디월트 제품을 쓰든 다 마찬가지입니다.

능숙해지면 90도 각도를 맞추지 않아도 박을 수 있다.

비트 또는 피스 길이가 길면 와블 현상으로 박기가 더 힘들다.

물론 방법이 없는 것은 아닙니다. 하지만 상당히 조심스럽게 작업해야 합니다. 위험하기 때문입니다. ① 피스의 목 부분을 잡고 움직이지 않게 고정한 채로 머리가 박힐 때까지만 살살 돌려 박는 것입니다. ② 나사 머리가 그림에서 보이는 정도까지만 들어가면 그때부터 천천히 나눠서 박으면 됩니다.

① 피스의 목을 잡아 고정한 채로 피스 머리까지 박기

② 피스의 목을 잡았던 손을 떼고 살살 나눠서 박기

하지만 이 방법은 임팩트 드라이버를 능숙하게 다룰 수 있는 사람이라야 시도할 수 있습니다. 빨간 목장갑이나 일반 장갑을 낀 손으로 피스를 잡고 돌리면 장갑과 손가락이 말려 들어갈 수 있습니다. 굉장히 위험하므로 조심해야 합니다. 피스를 맨손으로 잡거나 얇은 3M 장갑으로 잡았다 손을 다치는 경우도 흔하게 봅니다. 초보자라면 애초에 시도도 하지 말라고 하는 이유입니다. 욕심부리다 다치면 원망할 사람도 없습니다. 그렇다면 초보자는 어떻게 긴 피스를 박을까요? 임팩트 드라이버에 키레스 척을 박아서 미리 구멍을 뚫는 것입니다. 키레스 척은 임팩트에 연결해서 쓰는 드릴 비트를 사용할 때 꼭 있어야 하는 공구로, 해머 드릴을 쓸 수 없을 때 사용합니다.

키레스 척

키레스 척을 쓰려면 앞부분을 돌려 풀어내고 사용해야 할 드릴 비트를 꽂아 다시 조입니다. 이때 완전하게 조이지 않으면 구멍을 뚫을 때 다시 풀려버립니다. 키레스 척 뒤쪽에 작은 드릴 비트를 연결해 바로 임팩트에 꽂고 사용하면 됩니다. 키레스 척은 소형도 있는데 사용법은 동일합니다.

임팩트 드라이버로 철재에 긴 피스 박기

임팩트 드라이버에 키레스 척을 박고, 마찬가지로 트리거를 나눠서 당겨 구멍을 만듭니다. 이제 비트를 교체한 후 피스를 박으면 수월하게 박힙니다.

트리거의 양을 세심하게 조절할 수 있어야 임팩트 드라이버가 '주인님' 하고 따라옵니다. 꼭 기억하세요. 32쪽에서 배운 논 플러그 스크루 피스도 박아보겠습니다.

콘크리트 벽에 논 플러그 스크루 피스 박기

step 01

콘크리트용 드릴 비트를 임팩트 드라이버에 끼우고 4~5cm 정도 깊이로 구멍을 뚫습니다.

step 02

논 플러그 스크루 피스를 벽에 바로 박습니다. 이때 걸 수 있는 정도의 길이만 남깁니다. 달력이든 시계든, 손가락 다칠 일 없이 1분 안에 편안하게 걸 수 있습니다.

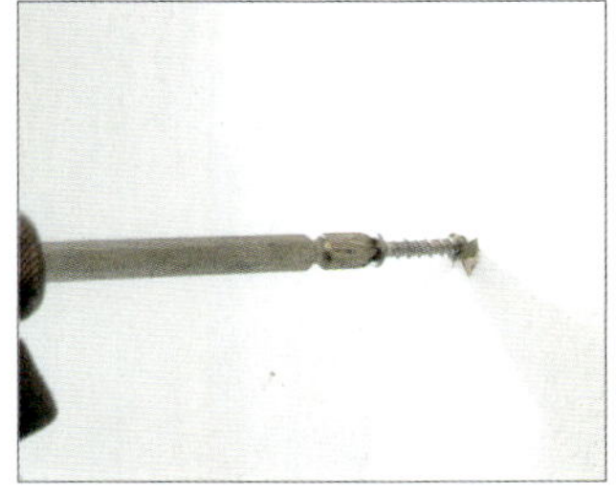

해머 드릴은 드릴과 망치 기능을 합친 전공 공구로, 콘크리트나 벽돌 같은 단단한 재료에 구멍을 뚫는 데 주로 사용합니다. 일반 드릴에 망치로 뒤쪽에서 앞쪽으로 때리듯 타격하는 기능이 추가되었다고 보면 쉽습니다. 흔히 '전동 드릴'이라고 통칭하여 부르는 경우가 많습니다. 가정용 해머 드릴은 대개 유선 전동 드릴이라 이동이 자유롭지 않지만, 가격이 저렴해서 많이 쓰입니다.

해머 드릴은 예능 관찰 프로그램에서 연예인이 집수리할 때 자주 등장하는 공구이기도 합니다. 그런데 이런 프로그램을 보다 보면 해머 드릴로 피스를 박는 모습을 자주 나옵니다. 해머 드릴로 피스를 박지 말라는 법은 없지만, 해머 드릴에는 모터가 자동으로 정지되는 기능이 없어 이걸로 피스를 박다가 손목을 다치는 경우를 자주 봅니다. 매우 위험합니다. 전문가가 아니라면 해머 드릴은 사용법을 충분히 익힌 후 사용하고, 사용법을 숙지했더라도 구멍을 뚫는 데만 사용하길 권합니다.

석고벽에 구멍을 뚫느라 고군분투하는 육성재 (출처: '나 혼자 산다' 2025년 5월 30일 방송)

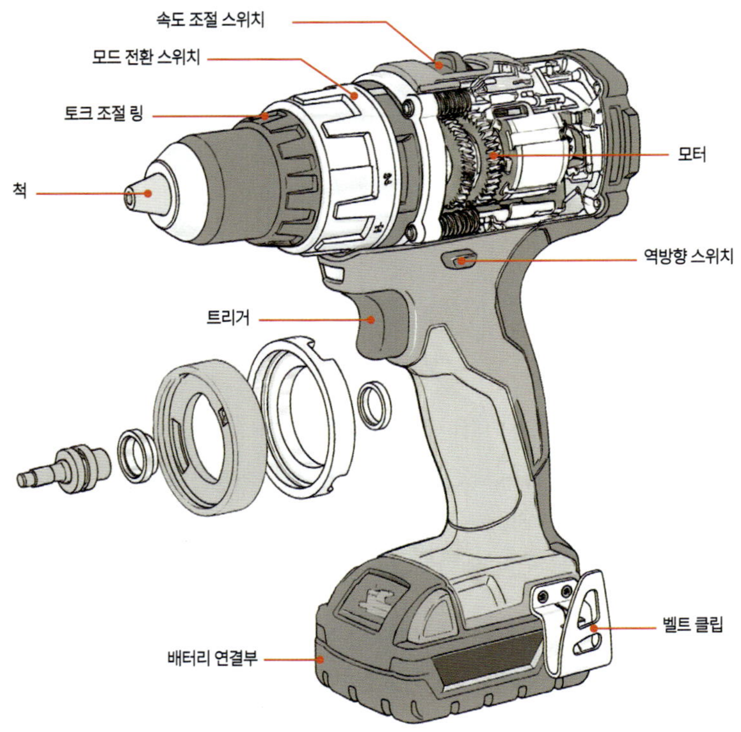

- **모터**: 회전 및 타격 기능을 위한 동력을 제공합니다.

- **트리거**: 드릴의 전원을 켜고 끕니다. 또한 누르는 깊이에 따라 회전 속도를 조절합니다.

- **척**: 드릴 비트를 고정하는 부분입니다. 해머 드릴은 강한 타격력을 견딜 수 있도록 크기가 더 큰 SDS-PLUS 또는 SDS-MAX와 같은 특수 척을 사용하는 경우가 많습니다. 특수 척을 사용하면 비트를 단단히 잡아주고 빠르게 교체할 수 있다는 장점이 있습니다.

- **속도 조절 스위치**: 드릴의 최대 회전 속도를 조절합니다. 낮은 속도는 큰 비트나 강한 토크가 필요할 때, 높은 속도는 작은 비트나 빠른 작업이 필요할 때 사용됩니다.

- **역방향 스위치**: 드릴의 회전 방향을 시계 방향(조이기) 또는 시계 반대 방향(풀기)으로 변경하여 피스를 조이거나 풀 수 있게 합니다.

- **모드 전환 스위치**: 해머 드릴의 작동 모드를 선택할 수 있습니다.

  - **드릴 모드**: 회전만 합니다. 목재, 금속 등에 구멍을 뚫을 때 사용합니다.

  - **해머 드릴 모드(회전＋타격)**: 회전과 함께 앞뒤로 타격하는 기능이 작동합니다. 콘크리트, 석재 등에 구멍을 뚫을 때 주로 사용됩니다.

- **토크 조절 링**: 드릴 작업을 할 때 설정한 힘(토크) 이상이 되면 클러치가 미끄러져 더 이상 회전하지 않도록 하여 나삿니나 재료의 손상을 방지하는 역할을 합니다. 주로 피스를 조이거나 섬세한 드릴링 작업에 사용됩니다.

앞에서도 말했듯이, 해머 드릴의 주 용도는 구멍 뚫기입니다. 전문가용 해머 드릴로는 콘크리트를 뚫을 수 있지만, 가정에서 쓰는 유선 전동 드릴은 대개 콘크리트를 뚫는 해머 기능이 없어 목재나 철제에 구멍을 뚫는 용도로 사용합니다. 용도를 확인하고 쓰길 권합니다. 목재를 관통하는 깊은 구멍을 깔끔하게 뚫고 싶다면 드릴 비트의 한 종류인 오거 비트를 사용합니다. 구멍 크기에 따라 적당한 크기를 선택할 수 있습니다. 비트 끝에 있는 나사 모양의 팁이 목재를 파고드는데, 이때 생기는 목재 부스러기가 나선형 홈을 통해 배출되므로 막힘없이 구멍을 뚫을 수 있습니다. 그런데 작은 구멍이라면 금속용 드릴 비트로 뚫기도 합니다(트위스트 드릴 비트라 부르지만, 이 책에서는 드릴 비트로 통칭합니다).

목재용 드릴 비트를 이용해 목재에 작은 구멍을 뚫고 피스를 박는 연습과 오거 비트를 이용해 큰 구멍을 뚫는 연습을 하며 해머 드릴 사용법을 익혀보겠습니다.

드릴 비트로 목재에 작은 구멍 뚫고 피스 박기

step 01

해머 드릴에 목재용 드릴 비트를 체결해 보겠습니다. 모드 전환 스위치를 돌려 드릴링 모드에 둡니다(해머 기능 해제). 먼저 드릴 비트를 손가락으로 살짝 잡고 새끼손가락으로 척 부분을 동시에 잡은 채 트리거를 천천히 작동시킵니다(드릴 비트를 손가락으로 잡고 있는 상태라 트리거를 세게 눌렀다가는 크게 다칠 수 있습니다. 트리거를 돌렸을 때 어느 정도 돌아가는지 감을 익힌 후에 해야 하는 작업입니다. QR 영상을 확인하고, 영상을 확인한 후에도 트리거를 어느 정도 눌러야 어느 정도 속도로 돌아가는지 충분히 익히고 도전하기 바랍니다). 척 부분을 왼손으로 잡고 드릴이 회전하는 방향을 왼쪽으로 돌리면 비트가 들어가는 공간의 크기가 벌어지고 오른쪽으로 돌리면 좁아집니다(키레스 척과 동일). 비트 굵기에 따라 척의 구멍 크기를 조정할 수 있다는 뜻입니다.

예전에는 철판에 피스를 박다 보면 비트가 척에서 미끄러지는 현상, 즉 슬립 현상이 자주 생겼습니다. 이 문제를 해결하기 위해, 최근 제조되는 제품에는 손으로 비트를 조이는 기능이 추가되었습니다. 이렇게 조여두면 웬만해서는 비트가 빠지는 일이 없습니다. 최근에 나온 해머 드릴은 거의 다 이 기능을 갖추고 있습니다.

트리거를 살짝 당겨서 비트가 잡힐 정도로만 회전시킨 뒤, 사용하려는 드릴 비트의 굵기에 맞게 척을 조정합니다. 척을 시계 반대 방향으로 돌리면 딱따닥 소리가 나면서 확실하게 조여집니다. 비트를 체결하는 작업을 할 때도 손을 다치지 않도록 항상 보호 장갑을 껴야 합니다.

목재에 굵은 피스를 바로 박으면 목재가 깨지거나 틈이 벌어지면서 터지는 문제가 생깁니다. 이런 문제를 막으려면 해머 드릴에 드릴 비트를 끼워 구멍을 먼저 내고, 그 위에 임팩트 드라이버로 굵은 피스를 박아야 합니다.

굵은 피스를 목재에 바로 박았을 때 생기는 문제

해머 드릴로 구멍 뚫기

임팩트 드라이버로 피스 박기

그런데 이렇게만 하면 목재 위로 접시 머리 피스를 박았을 때 피스 머리가 튀어나오는 문제가 생깁니다. 그렇다고 피스 머리까지 모두 들어가도록 더 세게 박으면 목재가 미세하게 손상됩니다. 이럴 때는 이중 드릴 비트를 쓰면 좋습니다. 요즘 생산되는 이중 드릴 비트는 파내는 깊이를 조절할 수 있으므로, 피스 머리의 깊이에 맞게 높이를 조정하면 됩니다.

피스 머리가 튀어나오는 문제

나삿니와 목재가 상하는 문제

이중 드릴 비트

높이 조절하기

해머 드릴에 이중 드릴 비트를 체결하고 높이를 맞춘 다음 구멍을 뚫으면, 비트는 설정된 깊이 이상으로 들어가지 않습니다. 목재를 보면 피스 머리가 들어갈 수 있도록 오목하게 파인 것을 확인할 수 있습니다.

이 상태에서 임팩트 드라이버에 원하는 피스를 넣고 박으면 피스 머리까지 목재에 박혀 목재 표면이 평평해집니다.

단단한 나무에 피스를 박을 때 빛을 발하는 이중 드릴 비트

목재에 피스를 박을 때 깔끔하게 마감하려면 이중 드릴 비트가 유용합니다. 특히 멀바우처럼 단단한 나무라면 필수입니다. 무른 나무에는 피스를 바로 박아도 나무가 크게 손상되지 않지만, 단단한 나무는 깨지기 십상입니다. 가구를 제작할 때는 꼭 이중 드릴 비트를 쓰길 권합니다. 마감이 훨씬 깔끔해지기 때문입니다. 물론 이런저런 신경 안 쓰고 피스를 바로 박아버리는 사람도 있겠지만, 제발 그러지 않길 바랍니다.

멀바우에 피스를 바로 박았을 때 나타나는 깨짐 현상

① 이중 드릴 비트로 선 타공 하기

② 피스 박기(멀바우 목재지만 깨짐 없이 깔끔하게 박힘)

오거 비트로 목재에 큰 구멍 뚫기

step 01

트위스트 드릴 비트보다 구멍을 크게 뚫어야 할 때는 오거 비트를 사용합니다. 해머 드릴에 오거 비트를 끼우고, 목재 바닥과 90도 각도를 유지한 채로 구멍을 뚫습니다. 깨끗하게 뚫리는 것을 확인할 수 있습니다.

step 02

구멍은 뚫었는데 목재에서 비트가 빠지지 않아 당황스러울 수 있습니다. 비트를 뺄 때는 정방향이든 역방향이든 상관없이 트리거를 돌리면서 빼야 쉽게 빠집니다. 꼭 기억하세요.

오늘의 팁

해머 드릴 안전하게 사용하기

비트가 콘크리트처럼 단단한 재질에 박힌 경우라면 매우 조심해서 빼야 합니다. 비트가 소재에 꽉 물리면서 반작용으로 해머 드릴 몸체가 역회전에 걸리는 킥백 현상이 나타나 크게 다칠 수 있기 때문입니다. 안전사고가 일어나지 않도록 이왕이면 킥백 제어 기능(킥백이 생겼을 때 전원이 차단되는 기능)이 있는 드릴을 쓰길 권합니다.

해머 드릴은 구멍이 커질수록 제어하기가 힘듭니다. 그럴수록 비트가 움직이지 않도록 신경써야 하는데, 그러려면 90도 각도를 계속 유지한 채로 뚫어야 합니다. 생각보다 힘도 들고 쉽지 않습니다. 그래서 다른 건 몰라도 '가구를 제작할 때만큼은 탁상 드릴을 사용하라'고 말합니다. 숙련자조차 90도를 계속 유지하기는 쉽지 않아서입니다.

이외에도 해머 드릴을 사용할 때 주의해야 할 점을 살펴보면 다음과 같습니다. 언제든 파편이 튀어 다칠 수 있으므로 안전 안경을 착용합니다. 먼지가 많이 생기는 작업이라면 방진 마스크도 필수입니다. 장갑이 드릴에 말려 들어가면 그야말로 대형 사고입니다. 장갑이 말려 들어가지 않도록 밀착력이 좋고 떨림을 잡아주는 드릴용 장갑을 사용하길 권합니다. 오거 비트처럼 날이 날카로운 비트는 조금만 잘못 만져도 상처가 날 수 있고, 작업 후에는 상당히 높은 온도로 발열되어 있어 자칫 화상을 입을 수 있으므로 맨손으로 비트를 잡지 않도록 주의합니다. 집수리보다 안전이 먼저입니다.

특별한 경우가 아니라면 목재에 구멍을 뚫을 때는 풀 트리거로 당길 필요가 없습니다. 해머 드릴과 오거 비트의 조합은 매우 강력해서 깊은 구멍을 뚫는 데도 전혀 무리가 없습니다. 최대한 90도 각도를 잘 잡고 끝까지 힘을 유지하면 깔끔하게 뚫립니다.

90도 유지하기

90도를 유지한 채로 뚫기

깔끔하게 뚫린 구멍

오거 비트는 현장에서 구멍을 뚫을 때 가장 좋은 비트입니다. 다만 날이 상당히 날카로우므로 사용할 때 그만큼 주의해야 합니다. 굵기가 굵은 오거 비트는 해머 드릴에 끼울 수 있도록 끝이 조정되어 있고, 상대적으로 굵기가 가는 오거 비트는 임팩트 드라이버에 끼울 수 있도록 육각 비트로 되어 있습니다. 하지만 목재에 구멍을 뚫을 때는 오거 비트를 임팩트에 끼우지 않기를 권합니다(임팩트용 육각 비트도 해머 드릴에 끼울 수 있습니다). 임팩트 드라이버의 와블 현상으로 구멍이 계획보다 커지는 경우가 많아서입니다.

굵기가 굵은 오거 비트

굵기가 가는 오거 비트(육각 비트)

"야! 보루방 갖고 와라!!"

현장 물을 먹은 지 1년 정도 지나 어느 정도 일머리가 생겼다고 건방이 들 즈음, 5층 높이의 비계에서 사수가 내린 지시였다.

비계. 건물을 짓거나 수리할 때, 높은 곳에서 공사할 수 있도록 임시로 설치한 가설물 또는 높은 곳에서도 작업할 수 있도록 만든 발판이다. 표준어는 '비계' 또는 '작업 발판'이지만 현장에서는 주로 아시바(足場, 발을 놓는 장소)라고 부른다.

"보루방이 뭡니까?"라고 물으면 초짜처럼 보일까 봐 냉큼 대답하고 잽싸게 트럭으로 가서 '보루방'처럼 보이는 무언가를 찾았다. 하지만 아무리 찾아도 보루방에 걸맞아 보이는 공구는 없었다. 휴대폰으로 얼른 네이버를 찾아봤다.

일본어 'ボールばん [ボール盤]'으로 "보르반, 드릴로 구멍을 뚫는 공작 기계"라고 나와 있었다. 즉 '탁상드릴'을 뜻하지만, 현장에서는 '일반 전동 드릴'을 통칭해서 '보루방'이라고 부른다는 사실을 알아챘다.

보르반(= 탁상드릴)

그런데 다음 질문이 떠올랐다.

'저 인간(?)이 말한 보루방은 임팩트 드라이버일까? 해머 드릴일까?'

답은 생각보다 쉬웠다. 지금 하는 공정에 이어 구멍 뚫는 공정이 이어지니, 당연히 해머 드릴이다. 해머 드릴을 챙겨 들고 다시 비계로 기어올랐다. 위에서 나를 가만히 지켜보던 40년 차 베테랑 사수는 말했다.

"그래 갖고 먹고 살긋냐? 보루방도 모르고?"

무안을 주는 말투였지만 표정은 분명 웃고 있었다. 지금 생각하면 휴대폰으로 검색하는 내 모습이 웃기기도 하고 귀엽기도 했을 것이다.

이런 이야기를 하면 "좋은 우리말을 두고 왜 현장에서는 일본어를 사용하는지 모르겠다"라는 볼멘소리가 나올 법하다. 하지만 내가 하고 싶은 말은 현장의 고리타분함에 대한 이야기가 아니다. 그건 따로 영상(왼쪽 QR 코드)에서 확인하자.

정말 하고 싶은 이야기는 이거다. 피스를 박는 데 쓰는 특화된 임팩트 드릴과 구멍을 뚫는 데 쓰는 해머 드릴의 용도를 몰랐다면, 네이버 정보만으로는 뭐가 뭔지 추측하기 힘들었을 것이다. '드릴'이라는 용어로 통칭하는 공구를 여기저기 아무렇게나 사용한다면 그 공구의 수명이나 사용되는 목재의 상태에 나쁜 영향을 미친다는 것을 알아야 한다.

재밌게도 구멍을 뚫는 드릴 비트를 임팩트 드라이버에 꽂아 쓸 수 있도록 나온 제품이 많아 공구가 익숙지 않은 사람은 헷갈릴 수 있다. 그래도 기본 제품은 특화된 기능이 정해져 있다. 그러니 오늘 한 번에 정리하자!

임팩트 드라이버에 가장 잘 어울리는 것은 십자 비트다. 그 외에 사용되는 모든 드릴 비트는 응급 상황에 사용하는 임기응변용 비트다. 해머 드릴은 구멍을 뚫는 선수인데 여기에 십자 비트를 물리면 피스를 조일 뿐이다. 그러니 이제 해머 드릴로 피스를 단단히 박는다며 헛일하지는 말자.

'나 혼자 산다'에서 출연자가 엉성한 드릴 하나 가지고 뭔가를 만들어보려 하는데, 자신이 얼마나 위험한 상황에 놓였는지 모르는 거다. 적어도 촬영이 끝날 즈음 팔목에 파스 하나는 붙이지 않았을까 싶다. 그들도 똑같이 지금의 여러분처럼 초짜이니, 그들을 보고 따라 하지는 말자.

작은 부품 교체부터 굵직한 부분 수리까지  3000만 원 아끼는 혼자 하는 집수리

2장

전기

집마다 배선이 다를 수 있으므로 미리 배선 구조와 상태가 안전한지 확인하고 작업하세요. 제품을 교체할 때는 제품 설명서를 다시 한 번 꼼꼼히 읽고 작업해야 하며, 안전 수칙을 반드시 따라야 합니다.

분전반과 차단기

집수리 똥손을 부르는 말로 '안방 전구도 못 간다'라는 말이 있습니다. 감전될 수 있다는 막연한 두려움 때문에 전구에 손을 못 대는 거죠. 제 아버지 역시 그런 똥손 중 한 분이었습니다. 전등이 나가는 날이면 동네 전파사 아저씨가 올 때까지 온 식구가 어둠 속에서 기다렸던 장면이 떠오를 정도입니다.

그래서 저는 집수리의 시작을 '전등 갈기'라고 봅니다. 집 안에 전등이 한두 개가 아닌데 문제가 생길 때마다 제 아버지처럼 매번 사람을 부를 수는 없는 노릇이니까요. 전등 가는 법을 배우기 전에 전기 관련 작업의 시작인 차단기부터 살펴보겠습니다.

승압

50여 년 전만 해도 우리나라 가정용 전기 전압은 110V였습니다. 그러다 한국전력공사에서 1973년부터 가정용 전기의 전압을 110V에서 220V로 높이는 사업을 추진했습니다. 2005년에 이르러서는 일부 노후 건물이나 승압 거부 가정 등을 제외한 전국 1,753만 가구의 전기 전압을 220V로 승압시켰다는 통계가 있습니다. 승압 사업을 하는 데 투입된 인원은 연 757만 명이었고, 총 투자비는 1조 4,000억 원에 이를 정도로 엄청난 사업이었습니다.

이렇게 많은 인력과 돈이 드는 승압 사업을 한 이유는 뭘까요? 전기 사용량이 크게 늘어서입니다. 어느샌가 TV, 냉장고, 세탁기는 필수 가전이 되었고, 에어컨, 김치냉장고, 식기세척기, 컴퓨터, 전자레인지도 없는 집이 없을 정도가 되었으니까요. 전기 사용량이 크게 늘면서 110V를 쓰는 기존 전선에 과부하가 생길 우려가 커졌고, 그만큼 정전 사고도 빈번해졌습니다.

그렇다고 전국에 깔린 모든 전선을 교체하기는 어려웠습니다. 그래서 전압을 올리는 방안을 마련했고, 그 결과 발전소에서 먼 곳까지 전압을 공급하는 능력이 증대되었습니다. 이처럼 전국적인 승압 사업을 통해 설비를 증설하지 않고도 기존 대비 전기를 2배 이상 무리 없이 쓸 수 있게 되었고, 전기 손실은 오히려 75%로 줄일 수 있었습니다. 매년 40억kWh 전력 손실을 막고 전력 설비 건설·유지비 1,700억 원을 절감한 셈입니다. 가정뿐 아니라 기업에서도 승압 작업의 덕을 톡톡히 보았습니다. 승압에 따라 전력 손실이 줄면서 제조 원가를 낮출 수 있었고, 국제 표준 전압용 전자 제품을 만들 수 있어 제품 경쟁력이 높아졌습니다.

현재 220V급 전력을 사용하는 국가는 중국·영국·프랑스·독일 등 141개국, 110V와 220V급 전력을 함께 쓰는 국가는 미국·일본·러시아 등 51개국, 110V만 쓰는 국가는 세네갈 등 8개국입니다. 즉, 많은 나라가 220V급을 표준 전압으로 사용하고 있습니다.

전기를 제대로 알고 안전하게 제어할 수 있다면 전등 갈기는 생각보다 어렵지 않습니다. 전기가 일상생활과 밀접하게 관련되어 있기 때문에 국가에서도 전기 제품이나 건축 관련 규정을 만들 때 안전성을 최우선으로 두고 엄격하게 관리하는 편입니다. 전기를 제어하는 기술 역시 날로 발전하고 있어서 점점 더 안전하게 사용하고 작업할 수 있으며 유지 보수도 훨씬 수월해지고 있습니다. 물론 전기를 다룰 때는 여전히 조심해야 하고 신중해야 하지만 그렇다고 언제까지나 전기를 두려워하거나 피할 이유는 없습니다.

가장 먼저, 집으로 들어오는 전기를 배분하고 제어하는 장치인 분전반을 살펴봐야 합니다. 분전반은 건물 내부의 벽에 붙어 있는 경우가 많은데, 분전반 덮개를 열어보면 메인 차단기(누전차단기)와 분기 차단기(배선용 차단기로)가 보입니다. 주로 집안의 전기를 차단할 때 자주 쓰는 장치라 '전기 차단기'라고도 부릅니다.

가정용 실내 분전반

두꺼비집

분전반이라는 용어 대신 더 많이 쓰는 말이 있습니다. 바로 '두꺼비집'입니다. 지금은 분전기가 주택 내부에 설치되어 있어 덮개가 아예 없거나 있더라도 플라스틱 덮개입니다. 하지만 본격적으로 가정에 누전차단기가 보급되던 1970년대에는 주택 외부에 설치되는 경우가 많았습니다. 이때 누전차단기를 보호할 목적으로 나무 함이나 금속 함을 씌운 경우가 많았는데, 그 함이 마치 두꺼비가 살 법하다고 해서 붙여진 이름이라고 합니다. 또한 예전에는 누전차단기가 커버 나이프 스위치 모양이 많았는데 그 모양이 두꺼비처럼 생겼다고 해서 붙여진 이름이라는 설도 있습니다.

누전차단기에 씌운 집 모양 나무 함

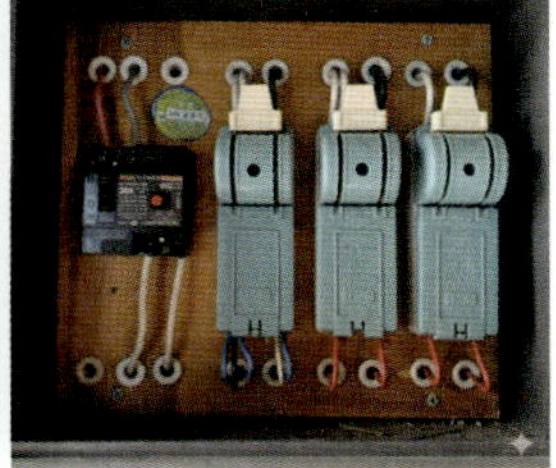

오래된 커버 나이프 스위치형 누전차단기

분전반은 주택이든 사무실이든 어디에나 설치되어 있습니다. 어디에 설치되어 있는지, 각 부품의 역할은 무엇인지, 원하는 작업을 할 때 어느 부분을 손대야 하는지 알고 있어야 문제가 생겼을 때 바로 대처할 수 있습니다. 주택용 분전반은 대개 아래 그림과 같습니다. 집으로 들어오는 전기 전체를 관장하는 스위치(보통 다른 스위치들보다 약간 더 크고 왼쪽에 있습니다)와 배선별로 분리된 여러 스위치로 나누어져 있습니다. 신축 건물에는 주로 아래와 같은 분전반이 일반적이죠.

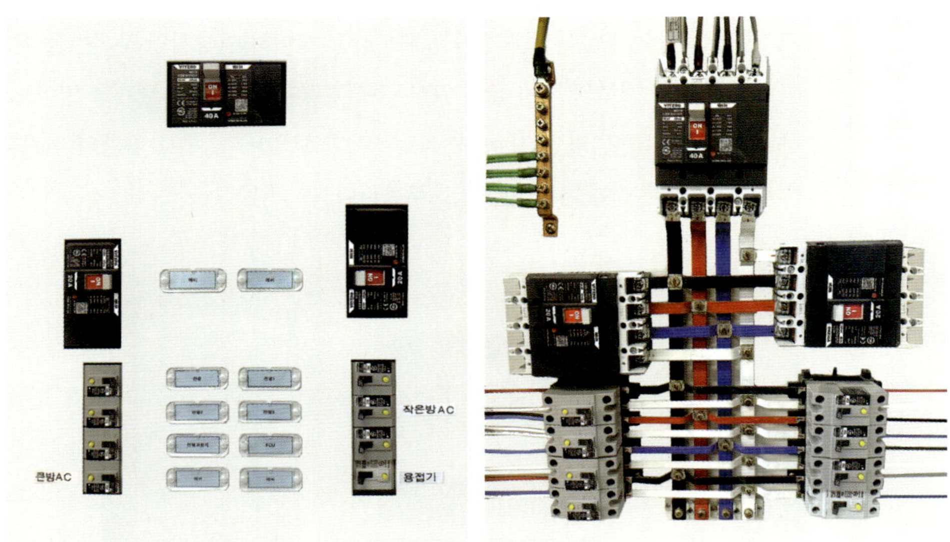

외부 모습(덮개가 닫힌 상태)   내부 모습(덮개를 뗀 상태)

어쩐지 좀 위험해 보이지만 오래된 주택이라면 아래와 같은 모양도 많습니다.

전기 차단기는 전기 회로에서 과부하, 단락(합선), 누전 등의 이상 전류가 발생했을 때 자동으로 전기 흐름을 끊어 전기 설비의 손상을 막고 화재나 감전 사고를 예방하는 안전장치입니다. 예를 들어 주방·침실·거실 같은 방 또는 냉장고·에어컨 같은 전기 기기에는 차단기가 별도로 연결되어 있습니다. 어떤 회로에서 문제가 생겨 그 회로만 차단했을 때 다른 회로에는 영향을 주지 않는 형태입니다. 이렇게 배선을 나눠두면 어디에서 어떤 문제가 생겼는지 쉽고 빠르게 파악할 수 있습니다.

스위치 옆에 있는 버튼을 눌렀을 때 '탁!' 하는 소리가 나면서 스위치가 내려가면 정상입니다. 이때 스위치가 내려가지 않으면 차단기 자체에 문제가 생겼거나 해당 회로로 공급되는 전기에 문제가 생겼다는 말입니다. 요즘 나오는 메인 차단기는 스위치가 한번 내려가면 아래로 완전히 내렸다가 올려야 다시 작동하는 제품도 있습니다. 스위치를 올려도 전기가 들어오지 않는다면, 완전히 내렸다가 다시 올려보세요. 그러면 전기가 들어올 겁니다.

오래된 분전반은 전선이 얼기설기 엮여 있어 알아보기 힘든 경우도 있습니다. 이런 경우, 전기 기술자를 불러 분전반을 교체하길 권합니다. 거듭 말하지만 집수리할 때는 안전을 가장 신경 써야 합니다. 전기를 만질 때는 더 신경 써야 합니다. 전기가 가장 좋아하는 것은 물입니다. 전기는 항상 목말라 있다고 생각하면 쉽습니다. 물 묻은 손은 물론이고 손에 난 땀조차 감전 요인이 될 수 있습니다. 전기를 만질 때는 꼭 절연 장갑을 끼고 작업하길 바랍니다.

이외에도 분전반을 올바르게 관리하는 방법을 몇 가지 짚어보겠습니다. 첫째, 각 차단기가 어느 회로를 담당하는지 표시해 두길 권합니다. 요즘 설치한 분전반에는 표시가 있지만, 설치된 지 오래된 경우라면 표시가 없을 수 있습니다. 둘째, 전기 과부하가 생기지 않도록 콘센트에 여러 기기를 동시에 연결하여 사용하지 않길 바랍니다. 셋째, 분전반에 먼지나 이물질이 끼지 않도록 청결하게 관리합니다. 마지막으로, 분전반을 교체하거나 배선 전체를 바꾸는 작업은 반드시 자격을 갖춘 전기 기술자에게 맡기길 바랍니다. 내가 할 수 있는 일과 전문가에게 맡길 일을 구분하는 것도 집수리 안전 수칙 중 하나라는 걸 기억하세요.

요즘에는 가정에서도 LED 등을 씁니다. 기존 형광등보다 수명이 길어 교체 작업을 자주 할 필요가 없다는 장점이 있지만, 전구나 안정기만 갈아 끼우면 되는 형광등에 비해 LED 등은 전등을 교체하는 경우가 많아 까다롭다고 여기는 분이 많습니다. 마음먹기가 어렵지 막상 작업해 보면 꽤 쉬운데 말이죠. 정말 그런지 실습해 보겠습니다.

 **기본 LED 등 교체하기**

step 01

LED 등은 주로 일자형과 십자형을 씁니다. 교체 방법은 같으므로 일자형을 썼을 때 어둡다고 느꼈다면 십자형으로 도전해 보는 것도 좋습니다. 새 LED 제품 상자를 열면 LED 등 본체, 벽이나 천장에 등을 고정하는 브래킷(지지대), 전선 연결 단자 2개, 브래킷 고정용 피스가 들어 있습니다. 전선 연결 단자는 2개가 붙어 있는 제품도 있지만 사용하는 방법은 같습니다.

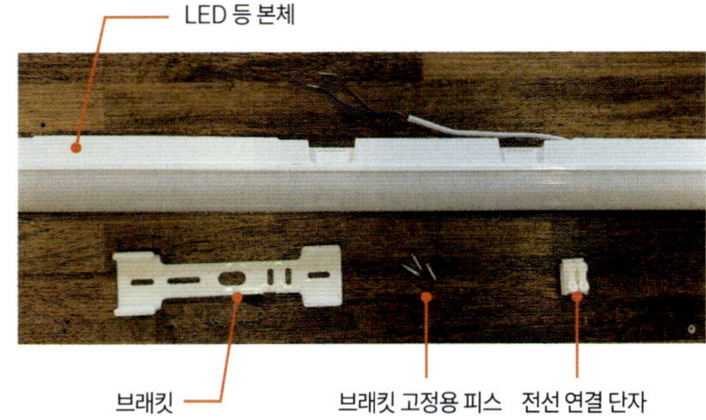

전선 연결 단자는 훌륭한 발명품입니다. 양쪽에 스위치가 있는데 한쪽을 누르고 입구에 전선을 넣어 끼우면 전선이 고정되는 형태입니다. 굳이 전기 테이프를 쓸 필요가 없어진 거죠. 전선을 끼우려면 스위치를 누른 채로 입구에 전선을 넣습니다(입구는 앞뒤 구분이 없음). 전선을 너무 깊게 넣으면 전선이 아니라 피복이 물려 전기가 통하지 않으므로 전선이 물릴 정도로만 적당히 넣어 끼웁니다. 나머지 하나도 같은 방법으로 전선을 끼웁니다. 이때 전선 연결 단자 구멍이 2개라 해도 전선은 하나만 꽂아야 합니다. 예를 들어, 아래 오른쪽 그림과 같이 천장에서 나오는 전선을 전선 연결 단자 한쪽에 끼우고, 새 전등에서 나오는 전선을 다른 한쪽에 끼우면 전선 연결 작업을 손쉽게 마칠 수 있습니다.

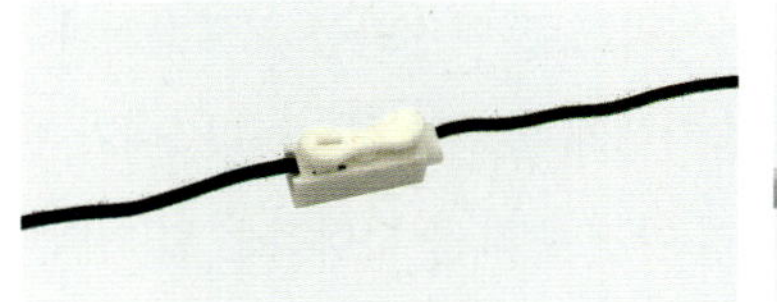

전선을 1개씩 연결한 모습

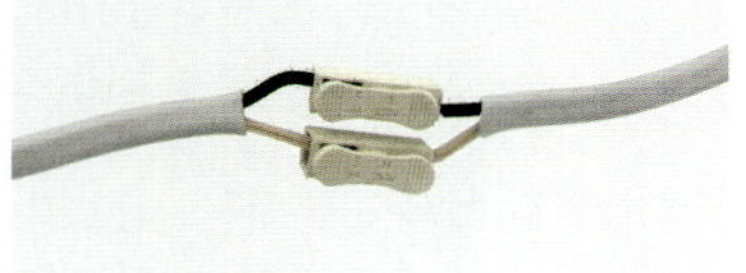

선이 2개씩 나오는 전선을 연결한 모습

전등에서 나오는 전선을 빼서 전선 연결 단자에 각각 연결합니다. 다시 말하지만 같은 연결 단자에 전선을 모두 넣지 않도록 주의합니다.

step 03

기존 등을 제거하고 새 등을 달기 전에 가장 먼저 할 일은 차단기 내리기입니다. 분전반을 열어 전등에 해당하는 차단기를 내리고, 스위치를 눌러 전기가 들어오는지 확인합니다.

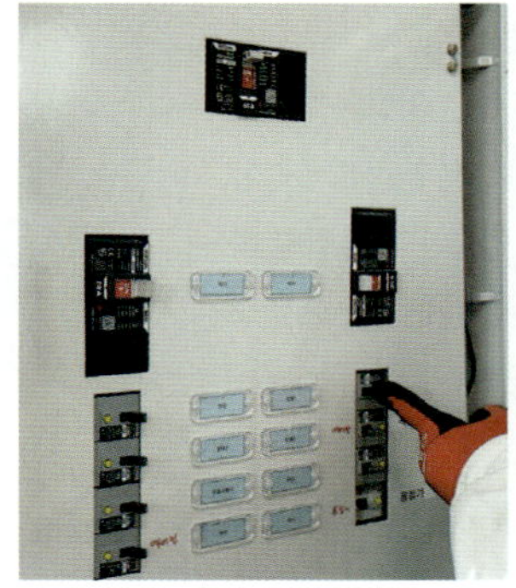
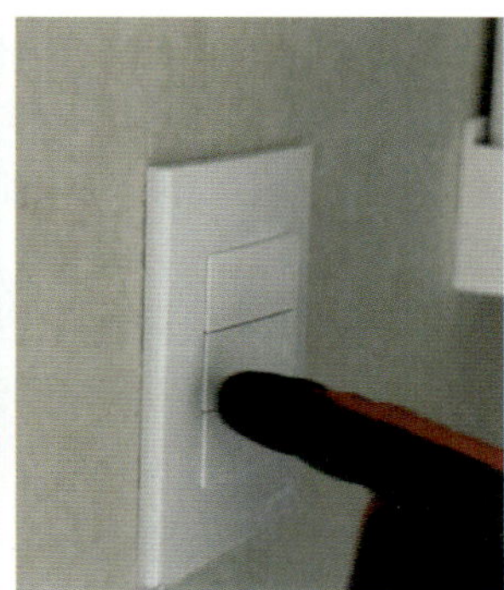

step 04

기존에 쓰던 전등을 제거해야 합니다. 전등마다 떼어내는 방법이 다른데, 살짝 힘을 주면 빠지는 경우가 많습니다. 전등을 떼어내면 천장에서 전선이 2개가 나오는데 이때 전선과 연결된 전등을 피스를 풀어 떼어냅니다.

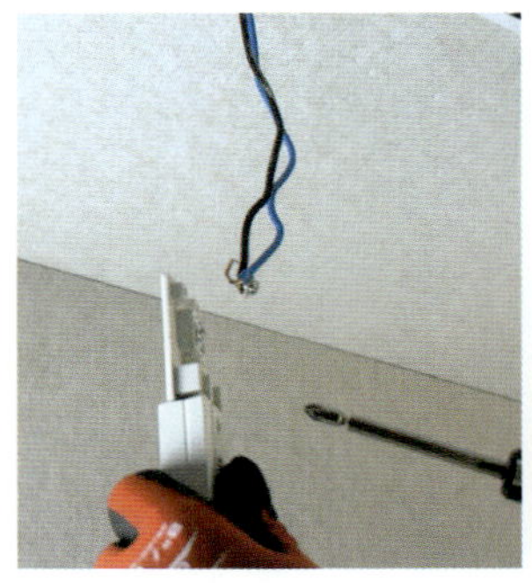
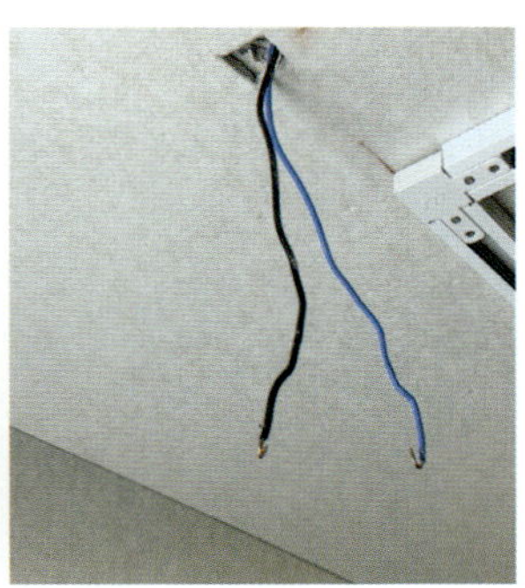

천장에서 나오는 전선과 기존에 쓰던 전등의 전선이 연결 단자로 연결되어 있다면, 기존 전등에 연결된 전선을 연결 단자에서 빼냅니다.

step 05 천장에서 나온 전선 2개를 새 브래킷의 구멍에 집어넣습니다. 이왕이면 한 구멍(여기서는 중앙에 뚫린 구멍)에 전선 2개를 몰아넣어야 이후 작업이 깔끔하게 마무리됩니다. 새 브래킷을 천장에 피스로 박아 고정합니다. 동일한 모델이라면 기존 브래킷을 써도 됩니다.

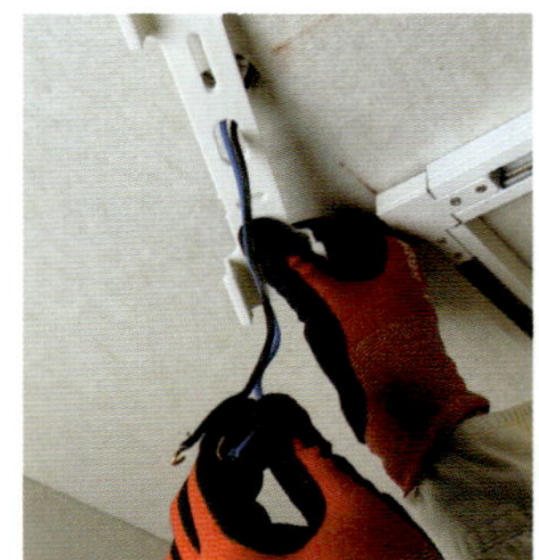 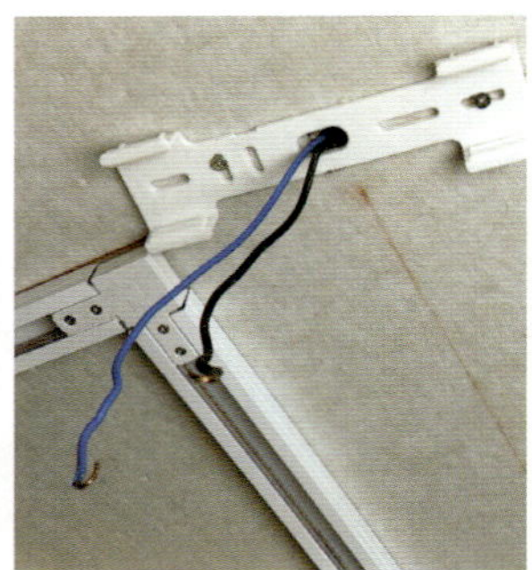

step 06 천장에서 나온 전선의 피복이 벗겨져 드러난 선이 너무 길면 펜치나 니퍼로 1cm 정도만 남게 잘라줍니다. 반대로 드러난 선이 너무 짧으면 피복 제거기로 피복을 벗겨냅니다. 천장에서 나온 전선 2개를 전선 연결 단자에 각각 하나씩 꽂습니다. 전선 색은 상관이 없으므로 차례로 꼽기만 하면 됩니다.

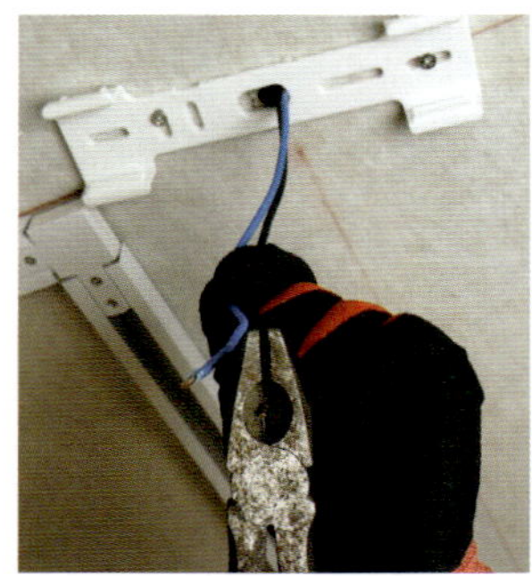 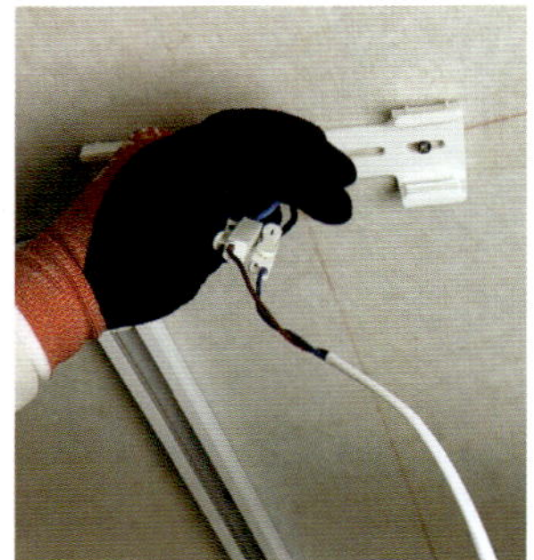

step 07 천장에서 내려온 전선을 천장 구멍 안쪽으로 밀어 넣습니다. 이렇게 해야 선 정리가 깔끔해집니다. 이때 전선 연결 단자는 천장 안쪽으로 들어가지 않도록 주의합니다. 남은 전선은 등 안쪽으로 넣어 정리해야 하는데, 간혹 선이 전선 연결 단자에서 빠지기도 하므로 조심해서 작업합니다. 다시 차단기를 올리고 스위치를 누르면 바로 등에 불이 들어옵니다.

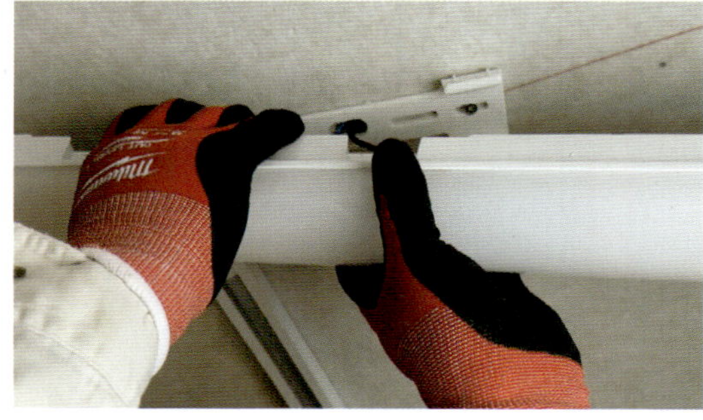 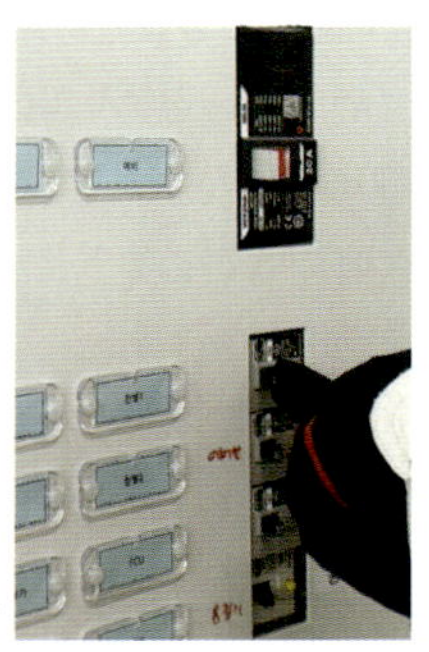

오늘의 팁

기존 형광등을 LED 등으로 교체하거나 기존 LED 등을 그대로 쓰고 싶어 모듈만 교체하는 경우가 있는데 이때는 규격과 전력 등을 확인해야 합니다. 최근에는 시공이 많지 않지만, 전력을 많이 사용하는 할로겐 등을 여러 개 시공하는 경우라면 소비 전력을 꼭 확인한 후 시공해야 합니다.

펜던트 조명은 천장에서 줄이나 체인 등으로 매달아 아래를 비추는 조명입니다. 이름 그대로 매달려 있는(pendant) 조명이라는 뜻으로, 높이를 조절할 수 있어 식탁 등이나 침실 무드등으로 자주 씁니다. 펜던트 조명을 교체해 보겠습니다. 펜던트 조명을 교체해 보겠습니다.

실습 펜던트 조명 교체하기

step 01   새 제품 상자를 열면 조명 몸체, 몸체에 연결된 플랜지, 천장이나 벽에 조명을 고정하는 브래킷, 전선 연결 단자 2개가 들어 있습니다. 전구도 미리 준비해서 끼워두면 편합니다. 부속품은 제품마다 다를 수 있습니다. 부속품은 제품마다 다를 수 있습니다.

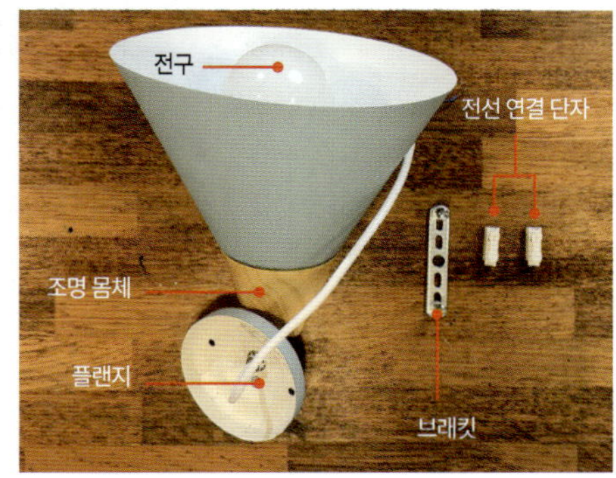

step 02   차단기를 내리고 스위치를 눌러 전기가 들어오는지 확인합니다.

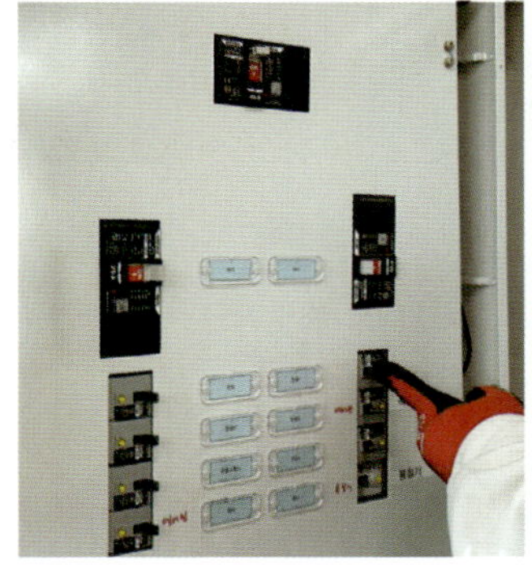

step 03   기존에 쓰던 전등을 제거해야 합니다. 앞에서 실습한 LED 등 제거 작업과 동일하니 쉽게 분해할 수 있을 겁니다. ① 전등을 떼고, ② 천장에서 나오는 전선을 연결 단자에서 떼어낸 다음, ③ 브래킷까지 떼어냅니다.

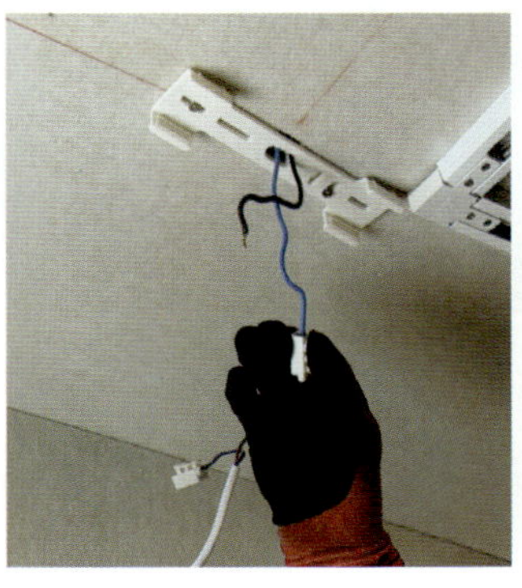
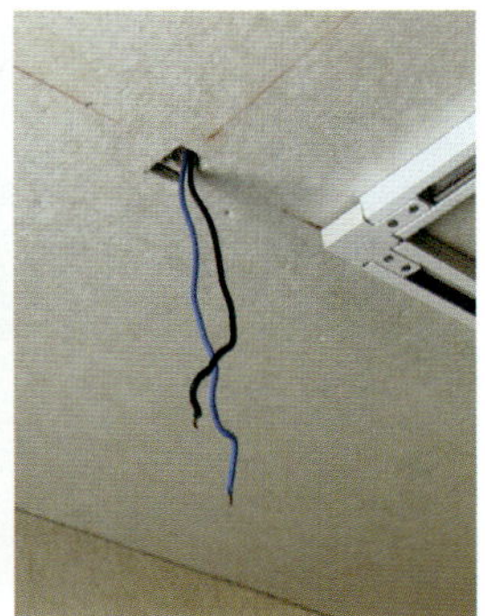

천장에서 나온 선을 새 브래킷의 한 구멍에 몰아넣고(여기서는 가운데 구멍), 원하는 위치에 피스를 박아 브래킷을 고정합니다. 전선을 연결 단자 입구에 각각 하나씩 꽂은 다음 천장 안쪽으로 전선을 밀어 넣어 정리합니다.

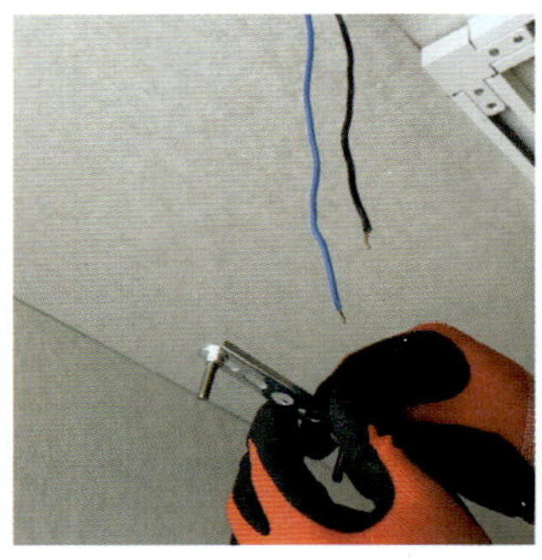 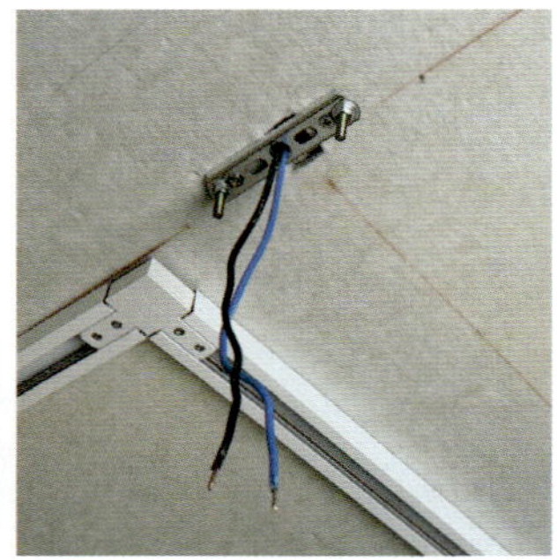 

플랜지 구멍에서 나온 전선을 앞서 부착한 전선 연결 단자 입구에 각각 하나씩 꽂아줍니다.

전선 색은 상관없지만 전선 연결 단자 입구에 전선을 1개씩만 꽂아야 합니다. 한 연결 단자에 전선 2개를 같이 꽂아다가는 전등 스위치를 올렸을 때 펑! 하는 소리와 함께 불꽃이 튀는 불상사를 겪을 수 있으므로 조심하기 바랍니다.

 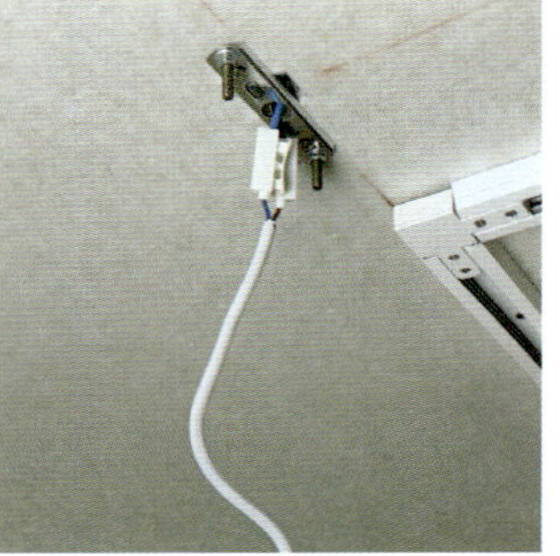

전선을 정리하고 브래킷에서 튀어나온 나사를 플랜지 구멍에 끼웁니다. 플랜지를 천장에 바짝 붙인 다음 너트를 돌려 고정합니다.

 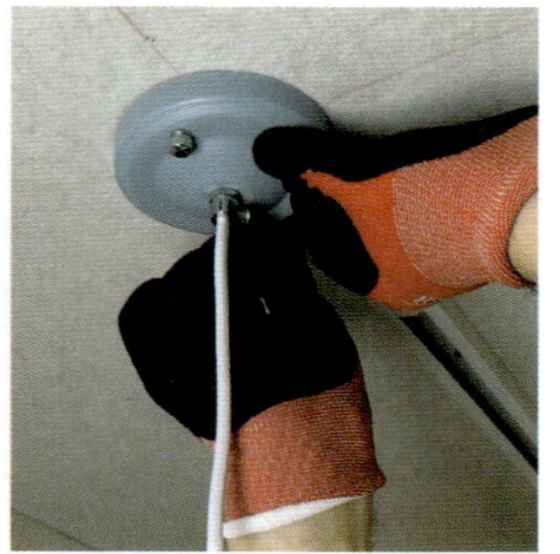

   차단기를 올리고 스위치를 켜면 조명이 켜지는 것을 확인할 수 있습니다.

센서 등은 사람의 움직임이나 주변 밝기를 감지하여 자동으로 켜지고 꺼지는 조명입니다. 잠시 지나치거나 머무르는 공간인 현관, 복도, 세탁실 등에 주로 답니다. 센서 등까지 교체해 보겠습니다.

실습 센서 등 교체하기

step 01   새 제품 상자를 열면 전등과 전선 연결 단자와 브래킷이 들어 있습니다. 제품마다 다른데, 실습에 사용하는 제품은 브래킷이 전등의 몸체 밑면에 붙어 있습니다.

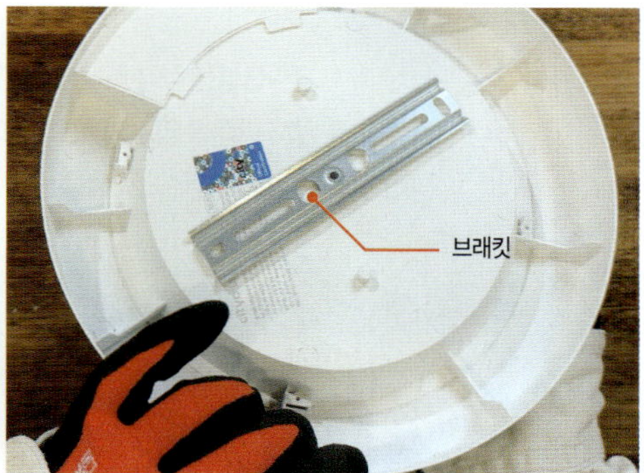

전등 앞쪽에 플라스틱으로 마감된 너트를 빼면 브래킷이 분리됩니다.

 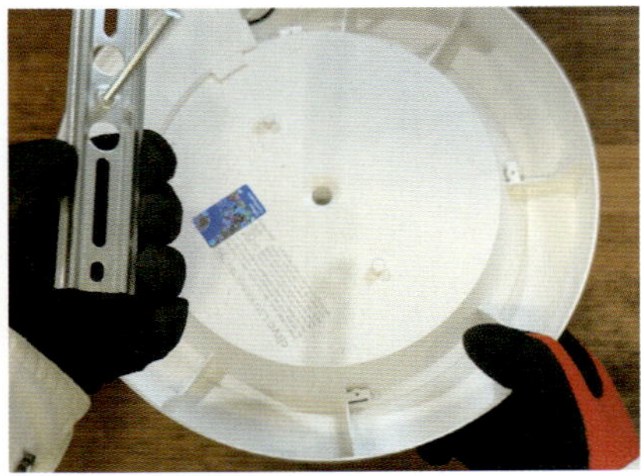

오늘의팁 tip

센서 등 중에는 전등 커버를 빼고 설치해야 하는 제품도 있습니다. 이 경우, 전등 커버를 떼고 천장에 등을 고정하는 피스를 박은 다음에 전등 커버를 끼워야 합니다.

step 03

차단기를 내리고 스위치를 눌러 전기가 들어오는지 확인합니다. 펜던트 조명과 같은 방법으로 기존 등을 제거합니다. 브래킷 가운데 구멍에 천장에서 나온 전선 2개를 몰아넣고, 천장에 피스를 박아 브래킷을 고정합니다.

step 04

천장에서 나온 전선을 각각 하나씩 연결 단자 입구에 끼워 넣습니다. 같은 방법으로 센서 등에서 나온 전선을 각각 하나씩 연결 단자 반대쪽 입구에 끼워 넣습니다. 전선 색은 상관이 없습니다. 천장에서 나온 전선을 천장 안쪽으로 밀어 넣어 정리합니다.

전선을 정리하고 센서 등 가운데 구멍에 브래킷 나사를 끼웁니다. 센서 등을 천장에 바짝 붙이고 브래킷 나사에 플라스틱 너트를 끼운 다음 돌려서 등을 고정합니다. 센서 등 옆쪽에 있는 스위치를 야간 모드로 켜놓으면 작업이 끝납니다.

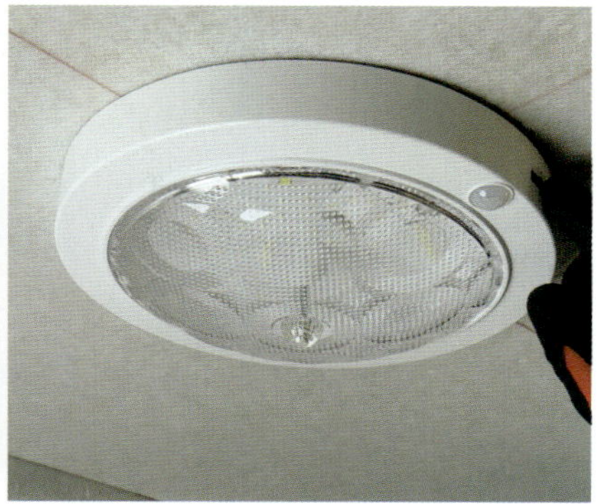

차단기를 올리고 스위치를 켠 다음 센서 등 아래를 지나가면 센서가 동작하며 불이 켜집니다. 그러다 어느 정도 시간이 지나면 자동으로 등이 꺼집니다.

기본 전등 세 가지를 모두 교체해 봤습니다. 차단기만 내리면 전기가 흐르지 않는다고 생각하니 이후 작업이 너무 쉬워 보이지 않나요? 이 정도만 알아도 전구 하나 갈지 못하는 전기 똥손은 탈출할 수 있겠죠?

실습할 때 쓴 전등값은 LED 등이 10,000~15,000원, 펜던트 조명이 24,000원, 센서 등이 5,800원이었습니다. 이처럼 재료비는 비싸지 않은데 출장비가 더해지면 수리비 20만 원도 금방입니다. 이 정도만 배워둬도 전등 하나를 가는 데 최소 15만 원은 절약할 수 있습니다. 이렇게 집수리를 하나씩 하다 보면 비용도 절약되고 덩달아 기분도 좋아지는 경험을 하게 될 겁니다. 오늘부터 내 집 전등은 내 손으로.

스위치

이번에는 전등을 켜고 끄는 역할을 하는 스위치를 교체해 보겠습니다. 스위치 역시 소모품이라 스위치 자체에서 소리가 나거나 켜놓은 전등이 깜빡거리거나 자꾸 꺼진다면 교체할 시기일 수 있습니다. 대개 전구가 깜빡이면 전구 수명이 다 되었다고 여기는데, 전구가 깜빡이는 원인 중 30%가량은 스위치 문제입니다. 전구를 교체하기 전에 스위치 자체가 고장 난 게 아닌지 확인해야 한다는 말이죠.

오래된 주택인데 처음 설치한 스위치를 그대로 쓰는 경우도 많습니다. 아직도 시골집에 가면 똑딱이 스위치를 볼 수 있으니까요. 토글스위치라고 부르는 스위치인데, 빈티지 감성을 살리고 싶어 그대로 두길 원하는 분도 있습니다. 일단 오래된 스위치라면 정상적으로 작동하더라도 교체하길 권합니다. 대신 요즘 나온 토글형 스위치로 교체하면 됩니다. 디자인에 신경 쓴 제품도 많아 교체하는 방법만 알면 간단하게 인테리어에 포인트를 줄 수 있습니다.

오래되어 변색된 스위치

요즘 나오는 디자인 토글 스위치

최근 많이 사용되는 전자식/리모컨 스위치는 디지털 패널이나 리모컨을 통해 조작하는 방식입니다. 조명 제어뿐 아니라 다양한 기능을 설정할 수 있어 편리함과 고급스러움을 동시에 제공합니다. 특히 스마트홈 시스템과 연동된 제품이 많아 신축 아파트와 주택에서 인기를 끌고 있습니다.

스마트홈 시스템과 연동되는 디지털 패널 스위치

이번 실습에서는 쉽게 교체할 수 있는 일반 스위치의 구조를 알아보고, 직접 3구 스위치를 바꿔보겠습니다. 이와 더불어 3구 스위치를 2구나 1구 스위치로 바꾸는 방법도 살펴보겠습니다.

3구 스위치 구조 알아보기

step 01

새 스위치 제품의 상자를 열면 스위치 몸체와 ㄷ자형 전선이 들어 있습니다. 스위치 앞면에서 표시(여기서는 I선)가 있는 부분이 ON으로 전원이 들어오는 부분이고, 아무 표시가 없는 부분이 OFF로 전원이 꺼지는 부분입니다. 스위치를 뒤집어보면 오른쪽 그림과 같습니다.

step 02

스위치에서는 어느 쪽이 전기가 들어가는 쪽이고, 어느 쪽이 각 전원의 전등과 연결되는 쪽인지를 아는 게 중요합니다. 앞면을 기준으로 스위치가 꺼지는(OFF) 부분이 전기가 들어가는 부분이고, 뒷면을 기준으로 보면 A가 전기가 들어가는 부분입니다. 같은 방향에 있는 구멍은 모두 같은 조건을 나타냅니다. 즉, a에 꽂아도 전기가 들어오고, b에 꽂아도 전기가 들어온다는 의미입니다. 두 번째 구와 세 번째 구의 구멍도 마찬가지입니다. 일단 전기가 들어오는 선(이후 전원선)은 스위치당 하나이므로 보통 맨 위 구멍에 전원선을 꽂습니다.

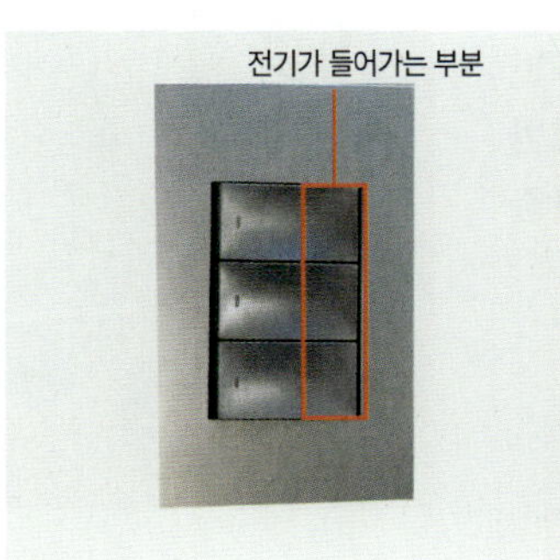

전선을 구멍에 꽂을 때는 바로 꽂으면 들어갑니다. 반대로 구멍에서 전선을 빼려고 하면 바로 빠지지 않습니다. 구멍 옆에 있는 흰색 버튼을 일자드라이버로 꾹 눌러야 빠집니다.

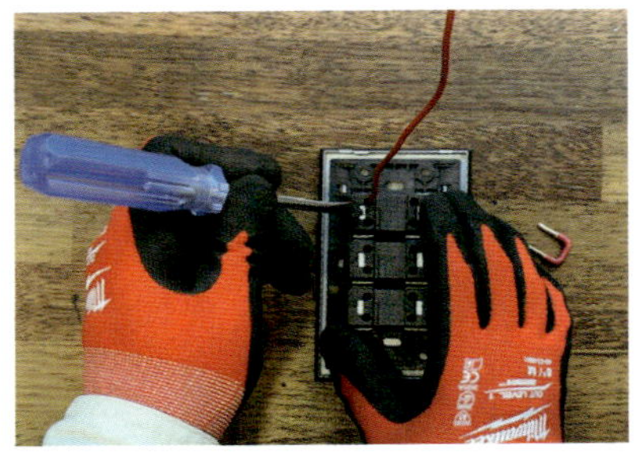

step 03   드디어 ㄷ자형 전선의 정체가 밝혀집니다. ㄷ자형 전선은 전원선으로 들어온 전기를 나머지 스위치로 전달하는 역할을 합니다. 앞서 말했듯이, 같은 위치의 구멍은 모두 같은 일을 합니다. 전기가 A로 들어왔으니 ㄷ자형 전선을 꽂아주면 전기가 B까지 보내진다는 뜻이죠. C에도 전력을 보내야 하므로 남은 ㄷ자 전선을 그림과 같이 꽂아줍니다. 전력이 들어가는 쪽이 스위치가 꺼지는 쪽인지 다시 한 번 확인하세요.

ㄷ자형 전선을 스위치 점프 선이라고 부릅니다. 스위치를 주문하면 스위치 점프 선이 분리된 채로 오기도 하지만 꽂힌 상태로 배송되기도 합니다. 스위치에 아예 스위치 점프 선을 내장한 제품도 있습니다.

step 04   전등이 3개라면 1, 2, 3 전등의 전선이 벽 뒤에 있을 것입니다. 그림과 같이 1번 전등의 전선을 첫 번째 구의 구멍에, 2번 전등의 전선을 두 번째 구의 구멍에, 3번 전등의 전선을 세 번째 구의 구멍에 꽂습니다. 구별로 나 있는 위와 아래의 구멍 중 어느 쪽에 꽂아도 상관없습니다.

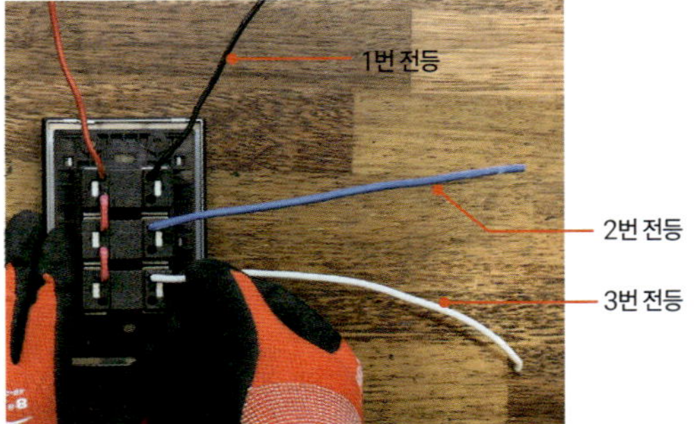

실습에서는 이해하기 쉽게 전선 색을 각각 다르게 썼지만, 공사 현장에서는 기술자가 갖고 있는 전선만으로 공사하므로 전선 색이 그림과 다를 수 있습니다.

실습 기존 3구 스위치를 새 3구 스위치로 교체하기

step 01

스위치를 직접 교체해 보겠습니다. 전기를 다루는 작업이므로 차단기를 먼저 내려주세요. 모든 스위치 아랫부분에는 일자 드라이버가 들어갈 수 있는 공간이 있습니다. 살짝 뜬 공간에 일자드라이버를 끼우고 들어 올리면 스위치 뚜껑이 쉽게 열립니다. 뚜껑이 열리면 십자드라이버 또는 전동 드라이버로 피스를 풉니다.

step 02

벽에 고정된 스위치를 당기면 내부가 보입니다. 앞서 한 실습을 떠올려보면 A 전선은 전기가 들어오는 전원선이고 B, C, D는 1번, 2번, 3번 전등의 전선입니다.

전선 색은 정해져 있지 않습니다. 그림과 같이 1번 전등선과 2번 전등선이 검은색으로 같을 수 있습니다. 작업자 손에 전선이 갈색, 검은색, 회색만 있었던 모양입니다.

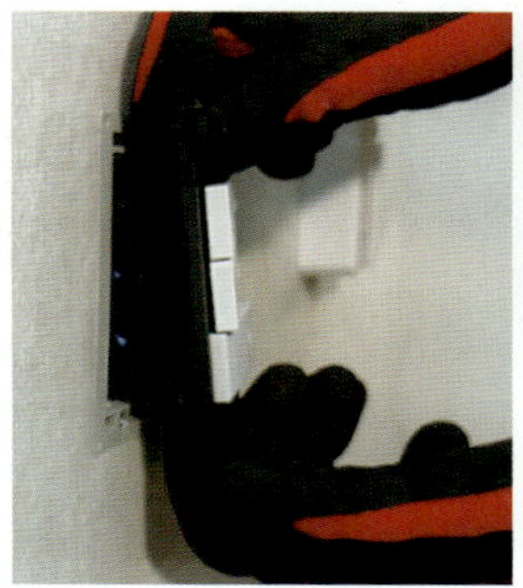
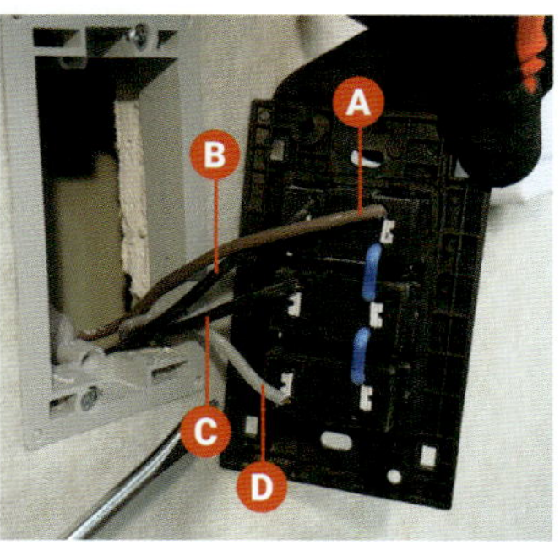

step 03

기존 스위치에서 전원선을 눌러 뺀 다음, 새 스위치의 같은 위치에 전원선을 꽂습니다. 바로 앞 실습을 따라 했다면, 전기가 들어오는 위치는 스위치 점프 선이 꽂힌 방향의 맨 위 구멍입니다.

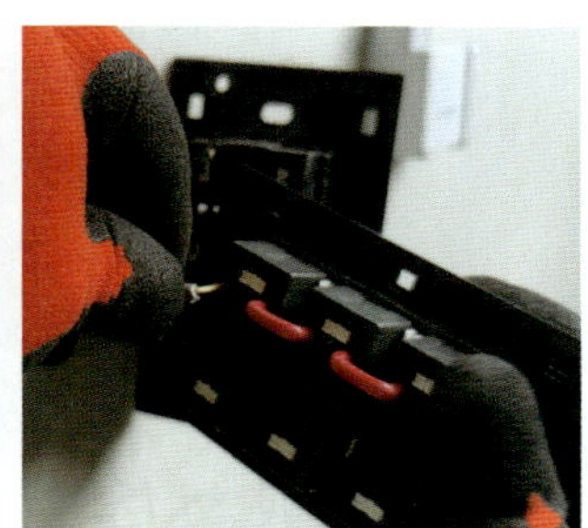

새 스위치에 전원선 꽂기

같은 방법으로 기존 스위치의 1번 전등선을 빼서 새 스위치에 꽂아줍니다.

기존 스위치에서 1번 전등선 빼기

새 스위치에 1번 전등선 꽂기

같은 방법으로 기존 스위치의 2번과 3번 전등선을 빼서 새 스위치에 꽂아줍니다.

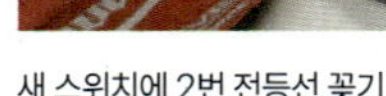

새 스위치에 2번 전등선 꽂기

새 스위치에 3번 전등선 꽂기

왼쪽 그림이 기존 스위치에 꽂힌 전선이고 오른쪽 그림이 새 스위치에 꽂힌 전선입니다. 맞게 꽂혔는지 확인해 보세요.

기존 스위치에 꽂혔던 전선 모양

새 스위치에 올바르게 꽂힌 전선 모양

뚜껑을 닫기 전에 차단기를 올리고 전등마다 불이 제대로 켜지고 꺼지는지 확인합니다. 스위치가 제대로 동작하면, 차단기를 다시 내리고 스위치를 벽에 고정한 다음 피스를 박습니다. 마지막으로 스위치 뚜껑을 눌러 끼웁니다. 완성입니다. 다시 차단기를 올리고 전등마다 불이 들어오는지 확인합니다.

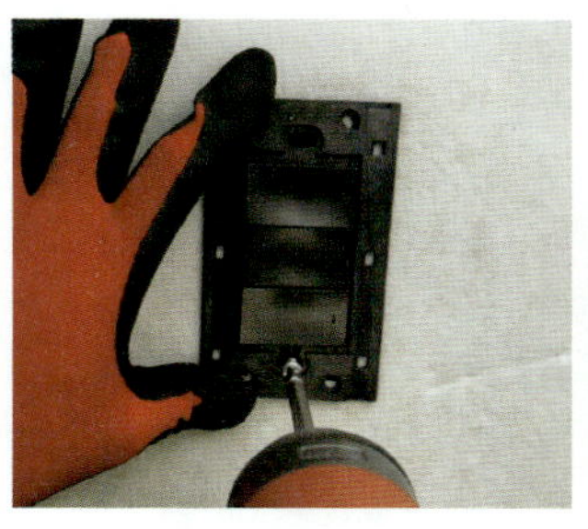

3구 스위치를 2구 스위치로 교체하기

step 01

전등 3개를 스위치 2개로 나누어 제어하거나 스위치 1개로 제어하고 싶을 수 있습니다. 실습을 잘 따라왔다면 간단히 응용할 수 있습니다. 3구 스위치를 2구 스위치로 교체해 보겠습니다. 이번 실습에서는 보기 편하게 스위치를 꺼내서 보여드리겠습니다.

2구 이상의 스위치는 스위치 점프 선이 꽂힌 채로 배송되는 제품이 많습니다.

기존 3구 스위치와 새로 산 2구 스위치

step 02

기존 스위치에서 전기가 들어오는 전원선을 새 스위치에 꽂습니다(스위치 점프 선 바로 위). 나머지도 차례대로 옮깁니다. 기존 스위치의 첫 번째와 두 번째 구에 꽂혀 있던 전선이 새 스위치의 첫 번째 구에 꽂히고, 기존 스위치의 세 번째 구에 꽂혀 있던 전선이 새 스위치의 두 번째 구에 꽂히는 모양이면 됩니다. 생각보다 간단합니다.

기존 3구 스위치(전선을 옮기기 전 모습)　　　새 2구 스위치(전선을 모두 옮긴 후의 모습)

3구 스위치를 1구 스위치로 교체하기

step 01

3구를 1구 스위치로 교체하려면 어떻게 해야 할까요? 새 1구 스위치에는 구멍이 2개뿐인데 전선 3개를 어떻게 꽂아야 할까요? 어렵지 않습니다. 전선 2개를 엮어서 첫 번째 구의 위쪽 구멍에 꽂고, 나머지 전선을 아래쪽 구멍에 꽂으면 됩니다.

기존 3구 스위치와 새로 산 1구 스위치

step 02

전선을 엮어 보겠습니다. 피복은 커터 칼로 벗겨도 되지만 전선이 잘릴 수 있으므로 피복 제거기를 쓰길 권합니다. 피복 제거기는 전선 크기별로 표시가 있습니다. 크기에 맞는 구멍에 전선을 넣고 당기면 피복이 쉽게 벗겨집니다.

오늘의 팁

피복을 제거할 일이 많다면 1만 원이 넘는 피복 제거기를 권하지만, 쓸 일이 많지 않다면 다이소에서 2,000원이면 살 수 있는 피복 제거기도 충분합니다.

여기서는 파란색과 검은색 전선을 엮으려 합니다. 전선을 엮고 전선이 빠지지 않도록 꽉 누른 다음 적당히 선을 자릅니다.

step 04   같은 방법으로 스위치에 들어오는 전력선을 꽂고, 방금 엮은 전선을 위쪽 구멍에 꽂습니다. 남은 전선을 아래쪽 구멍에 꽂습니다. 1구 스위치는 스위치 점프 선이 따로 필요 없습니다. 이제 전등 3개를 한꺼번에 제어할 수 있습니다.

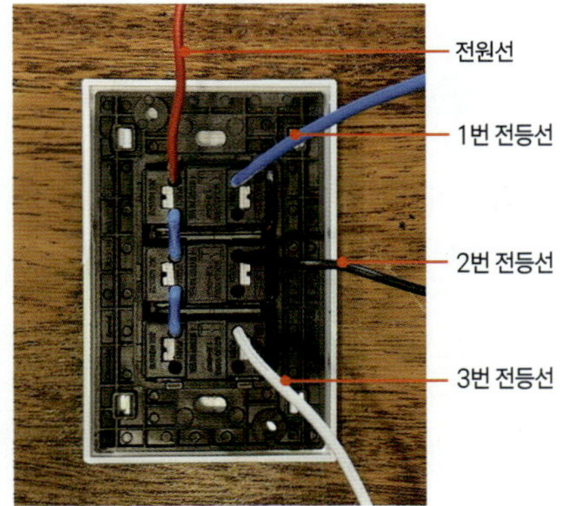

기존 3구 스위치(전선을 옮기기 전 모습)

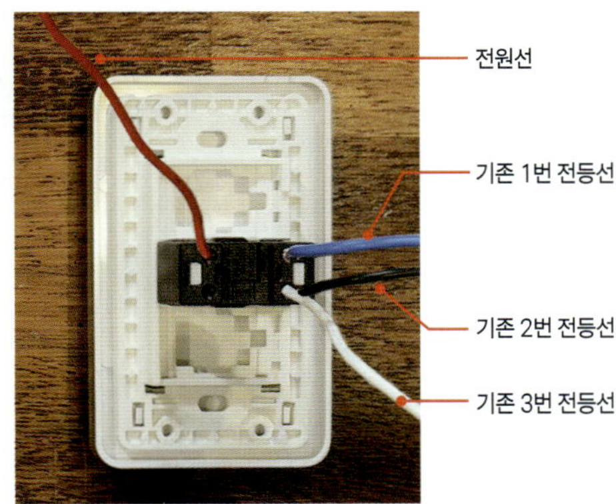

새 1구 스위치(전선을 모두 옮긴 후의 모습)

스위치 구조를 실습할 때는 두 가지만 알면 됩니다. 첫째, 기존 스위치에서 어느 선이 새 스위치의 어느 위치에 들어가야 하는지 이해하면 됩니다. 전선을 옮길 때는 기존 스위치에 전선이 꽂힌 모습을 촬영해 두면 이후 작업할 때 덜 헷갈립니다. 둘째, ㄷ자형 선인 스위치 점프 선이 정확히 어느 위치에 꽂혀야 하는지를 알면 됩니다.

이 두 가지만 알면, 이렇게 쉬운 일을 직접 못하고 그동안 작업자를 불렀나 싶어 민망할 것입니다. 게다가 작업자를 불렀다면 못 해도 10~15만 원을 내야 했을 텐데 아깝기도 하고요. 보통 스위치 가격은 2,000~5,000원 정도인데 말이죠. 마음에 드는 스위치를 골라 직접 교체해 보세요. 쉬운 작업이라 오히려 더 만족도가 높을 거예요.

콘센트

콘센트는 전력을 공급하는 장치이므로 스위치를 만질 때보다 공포감이 큽니다. 역시 차단기를 내리면 아무 일 없으니 걱정하지 마세요. 매립형 콘센트로는 보통 1구, 2구, 4구가 있습니다. 저는 아직 6구는 보지 못했는데, 그것은 콘센트 1개에 들어가는 전력이 구마다 일정하게 분배되므로 4구를 넘어가는 콘센트는 큰 의미가 없기 때문이 아닐까 짐작합니다.

4구 매립형 콘센트

이번 실습에서는 1구 콘센트를 2구 콘센트로 교체해 보겠습니다. 흔히 콘센트 구멍이 하나면 2개 또는 3개짜리 분배기를 끼워서 쓰는 경우가 많은데 전열기, 냉장고, 에어컨처럼 소비 전력이 큰 전자 제품은 화재 위험성이 있으므로 1구짜리 콘센트를 쓰기를 권합니다. 하지만 모니터, 컴퓨터, 전등 같은 기기는 소비 전력이 낮아 한 콘센트에 여러 개를 동시에 연결해 써도 괜찮습니다. 이럴 때 콘센트 구멍이 1개뿐이면 상당히 불편합니다. 조금이나마 불편을 줄이려면 2구로 교체해야 합니다.

실습을 하기 전에 알아야 할 재료가 있습니다. 검전기와 접지선입니다. 검전기는 포인터를 댄 지점에 전기가 흐르는지 흐르지 않는지를 알려주는 기계인데, 미리 구입해 둡니다. 전파상이나 온라인 상점에서 10,000원 정도면 살 수 있습니다. 파란 스위치로 전원을 켜고 앞부분의 검진 단자에 전선만 갖다 대면 지금 전기가 흐르는지 아닌지를 알려줍니다.

다음으로 알아야 할 재료는 접지선입니다. 콘센트를 열면 스위치와 달리 전선이 하나 더 보입니다. 대개 녹색 또는 녹색과 노란색이 반반 칠해져 있는데 이 선이 바로 접지선입니다. 현장에서는 어스선(earth線) 또는 아스라고 부르는데, 전기 기기를 손으로 만졌을 때 손에 닿는 부분의 전위가 올라가서 감전되는 사고를 막기 위해 땅으로 연결한 선입니다.

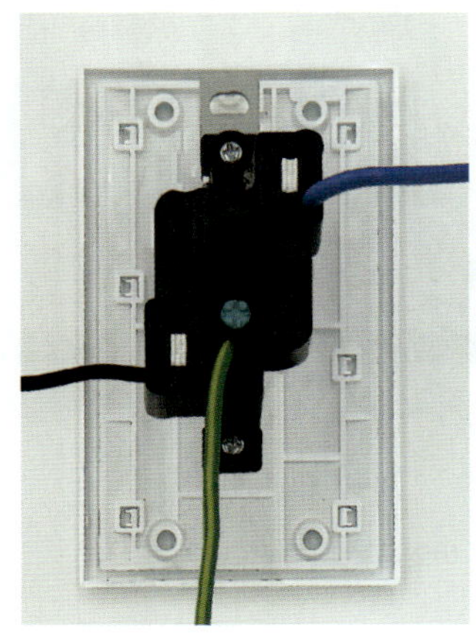

1구 콘센트 내부 예

2구 콘센트 내부 예

전기 기기는 전원선을 통해 전기가 들어오면 작동합니다. 이때 절연 재료의 내부 또는 표면을 따라 미세한 전기가 새어 나와 흐르는데 이것을 누설전류 또는 잡전류라고 부릅니다. 냉장고 위나 전기 콘센트가 가까운 싱크대에 손을 댔을 때 저릿저릿한 적이 있다면 이는 그 전기 기기를 꽂은 콘센트에 접지선이 설치되지 않았기 때문입니다. 즉, 접지선은 전기 기기가 작동할 때 다 사용되지 못하고 새는 전기를 없애는 역할을 합니다.

요즘은 주택법에 따라 접지 공사가 필수이지만, 예전에 주택을 지을 때는 접지 공사를 하지 않고 넘어간 경우가 있어 간혹 문제가 생깁니다. 흔치는 않지만 감전 사고로 이어질 수 있으므로 콘센트 작업을 새로 할 일이 있다면 접지 공사를 무조건 하길 권합니다. 감전까지는 아니더라도 전기 기기 자체에 문제가 생기는 경우가 생각보다 많기 때문입니다.

1구 콘센트 열기와 검전기로 접지선 찾기

step 01

간혹 접지선 색깔이 녹색이나 노란색이 아닐 수도 있습니다. 이런 경우, 대개 콘센트를 설치하기 전에 작업자는 전선에 테이프를 붙이고 선 이름을 표기해 두는데, 작업을 마치고 테이프를 떼버리기도 합니다. 이러면 어느 선이 접지선인지 한눈에 알기 어렵습니다. 이럴 때 필요한 게 검전기입니다. 접지선에는 전기가 흐르지 않기 때문입니다.

접지선이 녹색인 경우

접지선이 녹색이 아니라 알기 힘든 경우

step 02

뚜껑을 빼서 콘센트를 열면, 앞서 설명한 대로 녹색 선과 다른 색의 두 선이 연결되어 있습니다.

step 03

검전기를 녹색 선에 대면 아무런 반응이 없습니다. 하지만 검은색 선에 대면 전등이 켜지므로 전기가 흐르는 것을 알 수 있습니다. 즉, 검은색 선이 콘센트에 전력을 공급하는 전원선이고, 녹색 선이 접지선입니다. 이 정도만 알면 콘센트 교체도 어렵지 않게 할 수 있습니다.

검전기를 접지선에 댔을 때

검전기를 전원선에 댔을 때

1구 콘센트를 2구 콘센트로 교체하기

step 01 차단기를 내립니다. 이제 1구 콘센트 전선을 새로 산 2구 콘센트로 옮기기만 하면 됩니다. 순번은 상관없지만 차례대로 하나씩 꽂아보겠습니다. 먼저 1구에 꽂힌 전원선을 빼서 2구로 옮깁니다.

 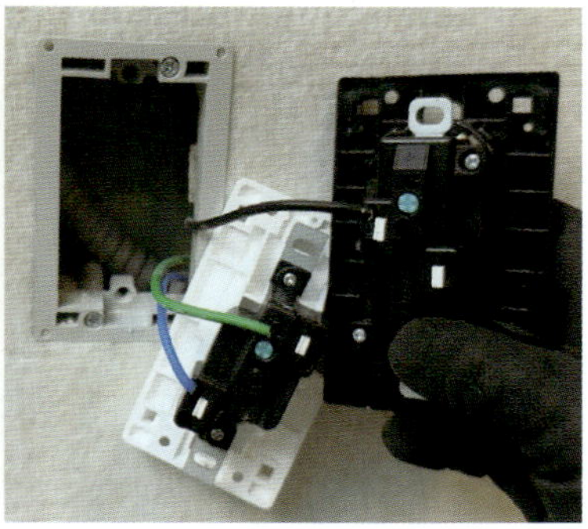

step 02 다음으로 1구에 꽂힌 접지선을 빼서 2구 접지 구멍에 꾹 눌러 끼웁니다. 마지막으로 1구에 꽂힌 전선을 2구에 있는 다른 구멍에 연결합니다. 전선 연결 작업이 끝났습니다.

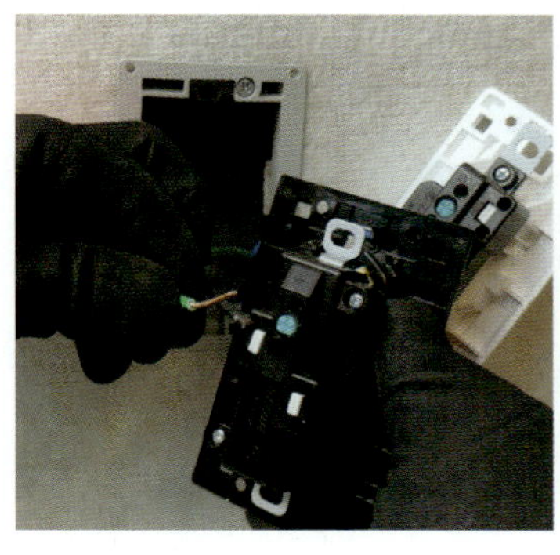 

step 03 새 콘센트를 벽에 붙이고 기존과 같은 자리에 피스를 박습니다. 동봉된 커버를 끼우면 교체 작업이 끝납니다.

2구에서 4구로 교체하는 방법도 같습니다. 다만 4구는 2구보다 콘센트 크기가 커서 벽에 구멍을 뚫어야 합니다. 벽을 타공할 공구와 요령이 없다면 어렵습니다. 가정에서 벽을 타공하는 일은 많지 않으므로 책에서는 따로 다루지 않습니다.

보통 가정집에 들어오는 전력량은 3킬로와트에서 5킬로와트입니다. 보통 이 전력량이 전체 콘센트 수에 따라 나눠서 배분될 거라 여기는데 그렇지 않습니다. 에어컨처럼 소비 전력이 큰 전자 기기나 냉장고, 전자레인지, 밥솥 등이 사용되는 부엌에 일정량의 전력량이 배분되고, 남은 전력량이 방이나 벽에 붙은 콘센트로 배분됩니다. 콘센트 1개에 코드를 여러 개 꽂거나 멀티탭을 여러 개 연결하지 말라고 하는 이유입니다. 물론 한 콘센트에 코드를 여러 개 꽂으면 차단기가 먼저 내려가기는 합니다. 차단기가 자꾸 내려간다면 1개 콘센트에 몰려 있는 전기 기기를 여러 콘센트로 분산시키세요. 이렇게 분산시키기 전까지는 차단기가 계속 내려갈 겁니다.

이 정도 지식만 있다면 1구 콘센트를 2구 콘센트로 교체하는 데 아무런 어려움이 없겠죠? 참, 콘센트를 교체하기 위해 차단기를 내릴 때는 냉장고로 흐르는 전기가 끊기지 않도록 주의합니다. 차단기 스위치에서 냉장고 스위치는 내리지 않고 작업하길 권합니다. 괜히 콘센트를 교체한다고 나섰다가 음식이 다 상하면 칭찬 대신 등짝 스매싱이 날아올 수 있으니까요.

멀티탭

전자 기기 코드 선이 짧은데 콘센트 위치가 멀면 멀티탭을 써야 합니다. 그런데 조립된 멀티탭이 생각보다 비싸서 구매를 망설일 때가 있습니다. 이럴 때는 직접 제작해서 쓸 수 있습니다. 지금부터 안전하게 콘센트 만드는 방법을 배워보겠습니다.

먼저 굵기가 2.5스퀘어인 전선을 원하는 길이로 준비합니다. 2.5스퀘어 전선을 쓰는 이유는 노출용 콘센트에 쓸 수 있는 가장 굵은 선이기 때문입니다. 여러 구가 있는 멀티탭이나 외장 콘센트를 연결할 때 소비 전력이 웬만큼 큰 전자 기기를 사용한다 해도 그나마 안전하게 버틸 수 있는 전선의 굵기입니다. 앞서 전선을 엮는 데 사용한 피복 제거기를 여기서도 쓰겠습니다. 피복 제거기는 보통 10,000원 정도이지만, 여기서는 2,000원짜리를 쓰겠습니다. 조립형 멀티탭은 전기 기구 판매점이나 온라인 상점에서 5,000~7,000원 정도에 살 수 있습니다. 접지 플러그는 16A 250V 용량을 1,000원 정도에 판매합니다.

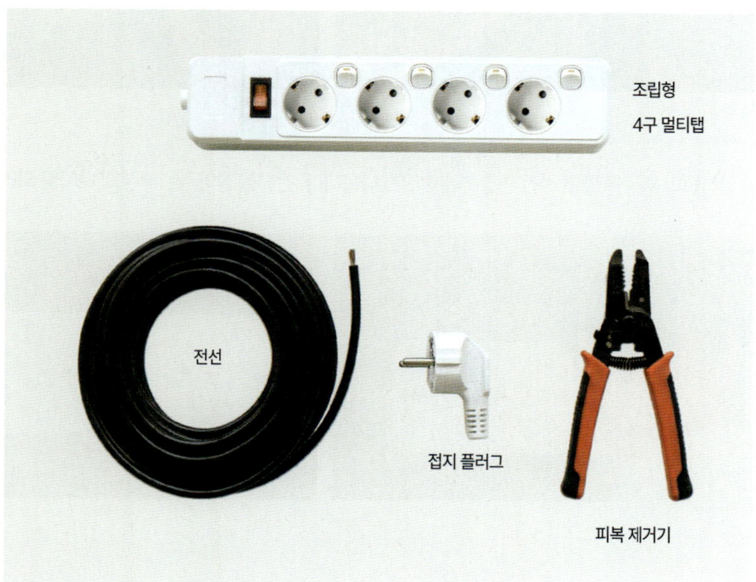

스위치가 있는 4구 멀티탭 만들기

step 01

먼저 전선의 바깥쪽 피복을 벗겨야 합니다. 전선 피복을 처음 벗겨본다면 커터 칼을 쓰길 권합니다. 바깥쪽 피복을 자르다 안쪽 전선의 피복까지 잘릴 수 있으므로 살짝 금만 낸다는 생각으로 자릅니다. 자른 부분을 구부리면 자연스럽게 벌어집니다. 살살 돌려가면서 조심스럽게 금을 내면 피복이 자연스럽게 빠집니다.

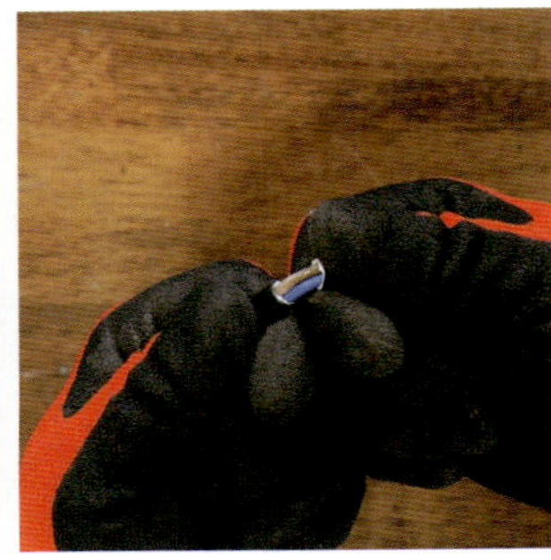
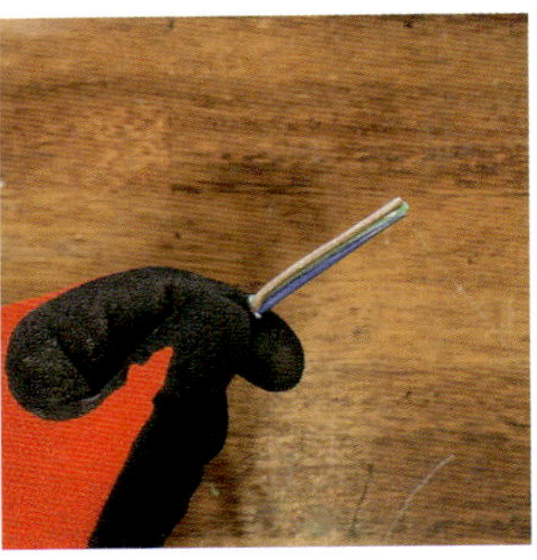

바깥쪽 피복을 자르다가 실수로 안쪽 전선의 피복까지 잘랐다면 전선을 아예 잘라내고 처음부터 다시 해야 합니다.

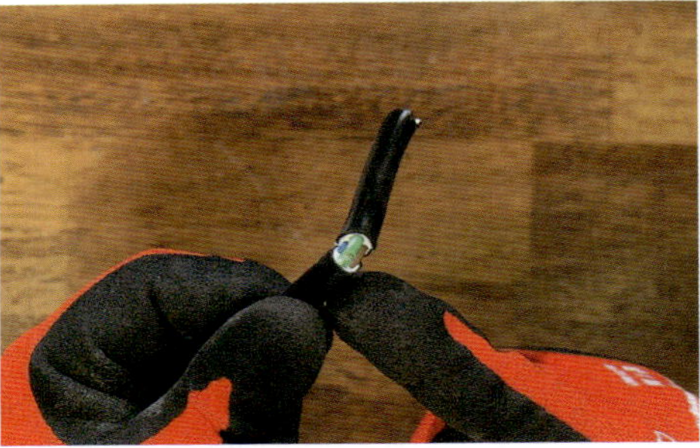

step 02

조립식 멀티탭의 뚜껑을 열면 전선 연결 부분이 3개 나옵니다. 전선을 잡아주는 부분의 나사를 미리 제거해 둡니다.

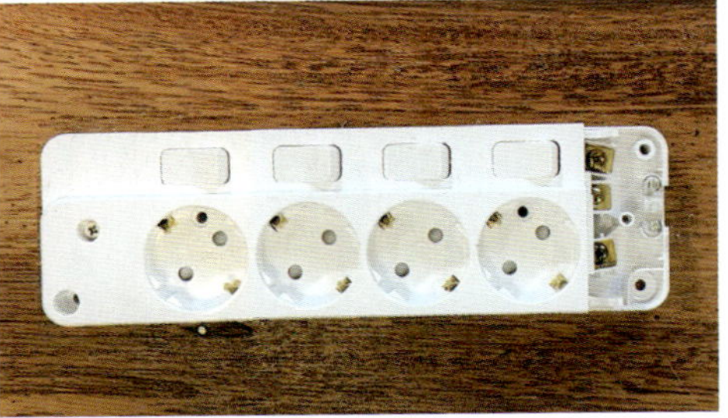

전선은 왼쪽 그림과 같이 들어가서 세 부분으로 나뉩니다. 전선 3개 중 녹색 선이 접지선입니다.

 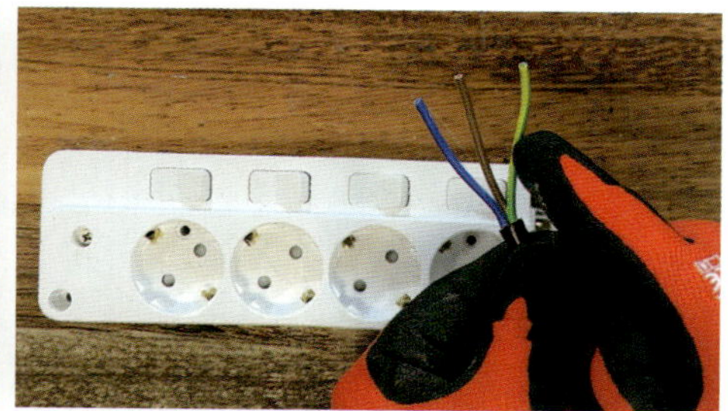

step 04

이 멀티탭에서 접지선은 스위치가 있는 맨 위쪽에 위치하고, 나머지 전원선이 그 아래쪽으로 들어갑니다. 전선 길이를 가늠하고 피복을 벗겨낼 길이를 대략 정합니다. 전선 길이가 너무 길면 잘라냅니다.

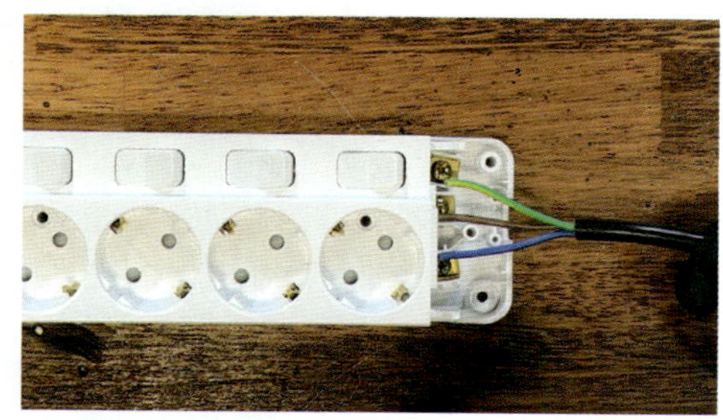

step 05

안쪽 전선의 피복은 커터 칼이나 니퍼로도 벗길 수 있지만 피복 안쪽에 있는 구리 선까지 잘릴 수 있으므로 전문가가 아니라면 피복 제거기로 벗깁니다. 피복 제거기 니퍼를 보면 숫자로 피복 굵기가 표기되어 있습니다. 피복 굵기를 몰라도 눈대중으로 전선 굵기에 맞게 대략 끼우면 알 수 있습니다. 피복 제거기를 쓸 일이 많다면 자동 피복 제거기를 쓰면 더 편합니다. 전선을 기계에 넣고 당기면 피복만 깔끔하게 제거됩니다.

 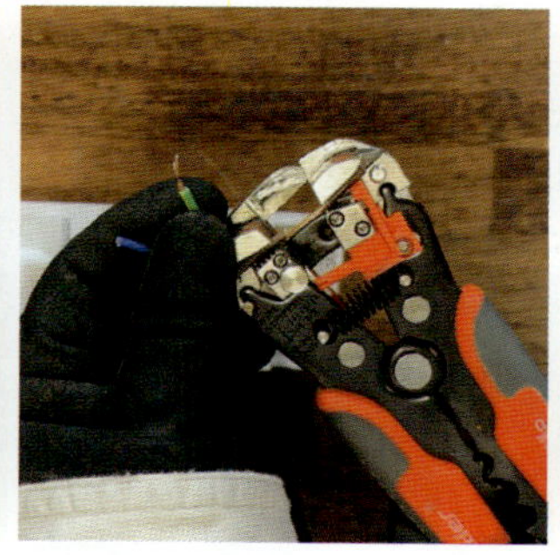 

피복 제거기(니퍼에 굵기 표시)   자동 피복 제거기(손잡이에 굵기 표시)   피복이 벗겨진 전선

피복을 제거했다며 전선을 각각 손으로 꼬아서 정리해 줍니다. 다음으로 접지선과 일반 전원선의 나사를 조금씩 풀어 줍니다. 내부를 보면 나사 아래쪽에 공간이 보입니다. 이 부분에 전선을 놓고 피스를 조이면 공간이 좁혀지면서 전선을 꽉 잡을 수 있습니다.

피스 아래쪽 공간에 전선을 넣어봅니다. 그다음 조금 깊숙이 넣고 피스를 조여주면 끝납니다. 나머지 두 전선 역시 위치와 상관없이 차례대로 꽂고 피스를 조입니다. 피복이 함께 물리도록 조이면 빠질 일이 없겠죠?

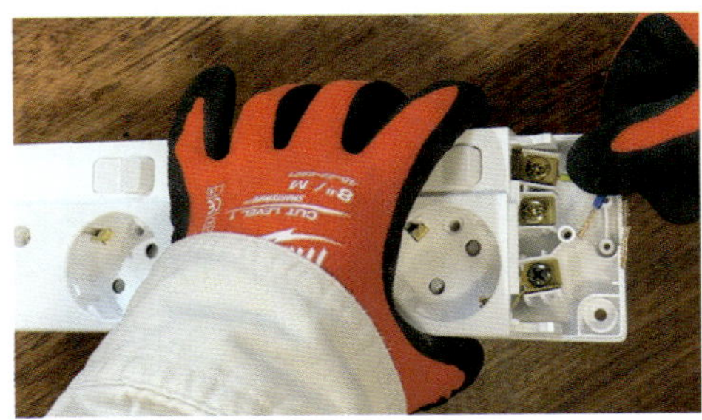 

전선의 목을 잡아주는 브래킷을 위치에 맞게 놓고 가능하면 꽉 조여줍니다. 그래야 전선이 쉽게 빠지지 않습니다. 위치에 맞게 조립하면 머리 부분은 완성입니다.

 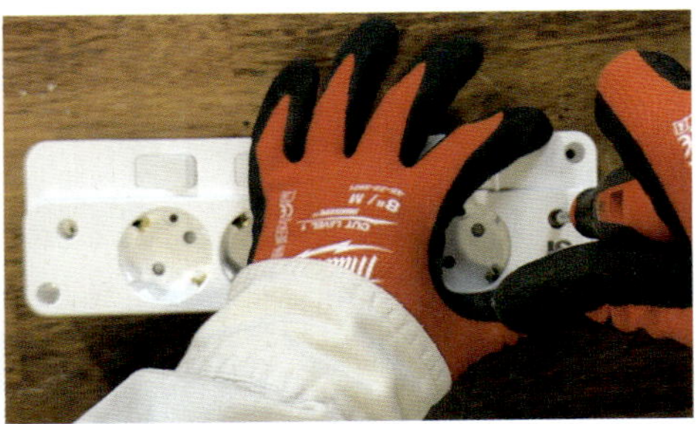

전선에 플러그를 연결해 보겠습니다. 플러그를 열어 내부를 보면 전선을 넣는 부분이 세 군데 보입니다. 전선을 넣기 쉽게 미리 피스를 풀어둡니다. 콘센트와 연결된 전선 반대쪽에 플러그를 연결해야 합니다. 플러그에 전선을 놓고 피복을 어느 정도 벗겨야 할지 정합니다. 피복을 벗기고 정리합니다. 접지선을 먼저 끼우고 피스를 조입니다. 나머지 전선도 차례로 깊게 밀어 끼우고 피스를 조입니다. 위치와 순서는 상관없습니다.

  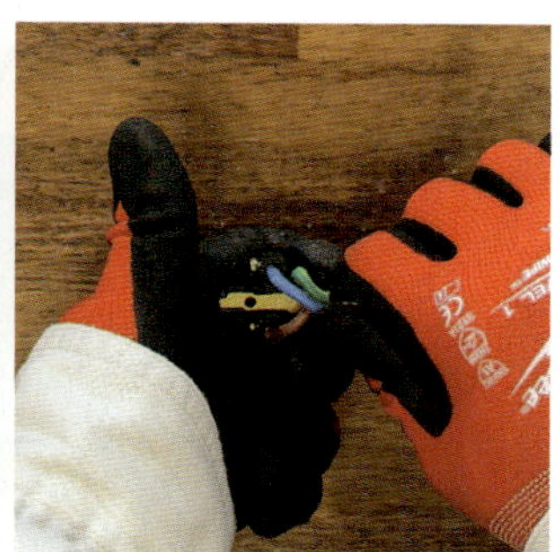

알고가기

ㄱ자형 플러그와 일자형 플러그 비교

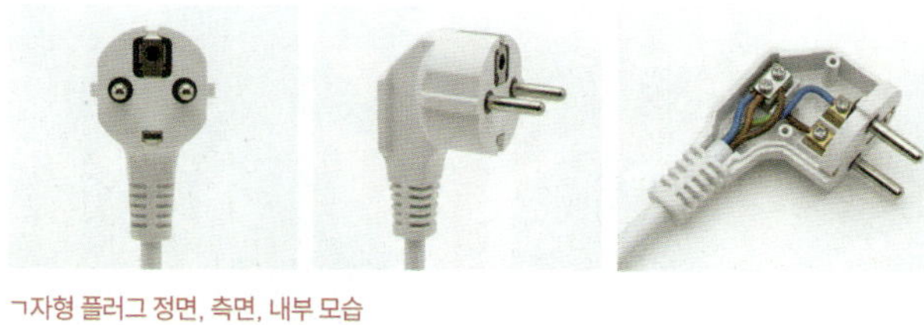

ㄱ자형 플러그 정면, 측면, 내부 모습

일자형 플러그 정면, 측면, 내부 모습

플러그 커버를 끼우고 고정 브래킷도 단단히 조이면 4구 멀티탭이 완성됩니다.

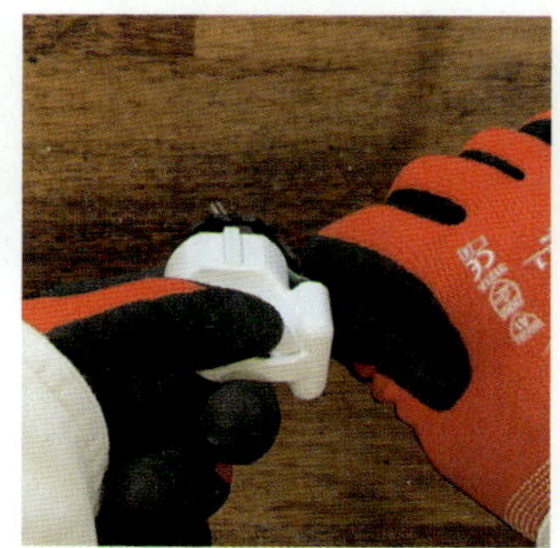 

스위치가 없는 3구 멀티탭 만들기

step 01

스위치가 없는 멀티탭도 만들어보겠습니다. 멀티탭의 양쪽에 있는 피스를 모두 풀어 커버를 열어줍니다. 눈으로만 보면 전선을 연결할 수 있는 부분이 총 6개로 보입니다. 하지만 우리가 사용할 부분은 한쪽 3개입니다. A가 접지선이 들어가는 부분이고, B와 C가 전원선이 들어갈 부분입니다.

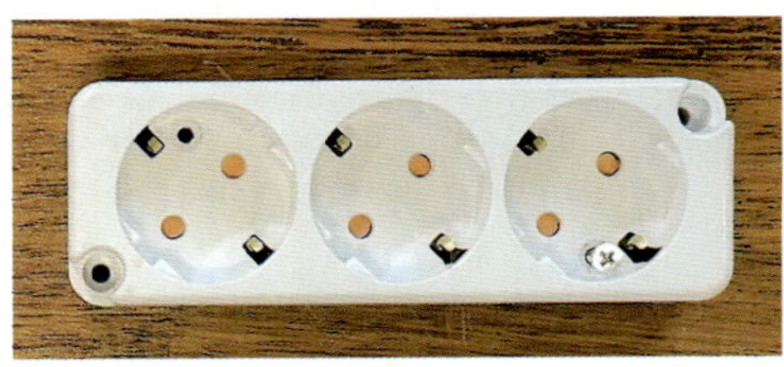

step 02

구조는 같습니다. 일단 전선은 왼쪽 그림 정도의 깊이까지 들어와야 합니다. 그 선에 맞춰 바깥쪽 피복을 벗깁니다.

step 03

접지선은 앞쪽에 배치되므로 맞춰서 잘라냅니다. 전선 3개 모두 1cm씩 피복을 벗겨내고, 꽂기 좋게 구리 선을 정리합니다.

접지선을 먼저 끼우고 피스를 박습니다. 나머지 전선도 끼우고 피스를 박습니다. 커버를 씌울 때 전선이 눌릴 수 있으므로 위치를 잘 조정합니다. 콘센트 커버를 끼우고 피스를 박습니다.

아주 쉽게 콘센트가 조립되었습니다. 앞에서 실습한 방법으로 플러그까지 연결하면 완성입니다.

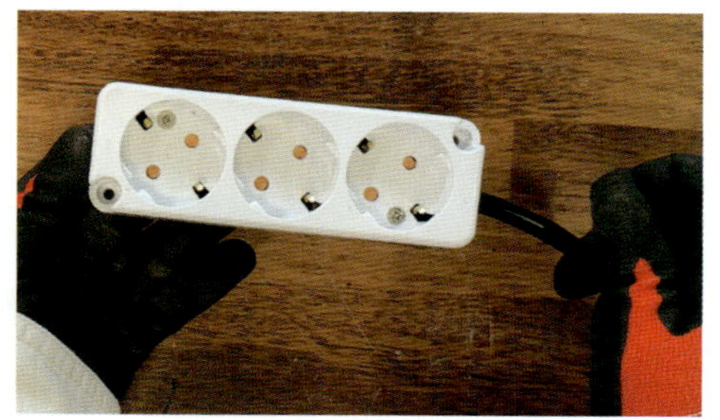

멀티탭을 만들 수 있으면 이미 사용하고 있는 멀티탭 완제품도 손볼 수 있습니다. 길이가 길다면 전선을 잘라내면 되고 짧으면 긴 전선으로 바꾸면 됩니다. 플러그가 불편해도 바로 바꿀 수 있고요. 구조를 알면 부품을 갈아 끼우는 건 일도 아니죠.

좀 더 안전한 멀티탭을 만들고 싶을 수 있습니다. 그럴 때는 차단기가 붙은 고용량 콘센트를 사서 만듭니다. 차단기가 있어 용량을 초과하거나 누전되었을 때 자동으로 전기를 끊어줍니다. 가격은 조금 비싸지만 전기를 고용량으로 사용하는 현장에서는 선호합니다. 차단기가 붙어 있다고 해서 '누전 차단 콘센트', 물과 비를 막아주는 안전 커버가 있다고 해서 '방우형 콘센트', 현장에서 주로 써서 '산업용 고용량 콘센트'라고도 부릅니다. 고용량 전기 기기를 밖에서 쓸 일이 많다면 도전해 보기 바랍니다.

전선 상식

● 전선의 구조

전선 가장 안쪽에는 도체가 들어 있습니다. 그 도체를 절연체가 감싸고, 절연체를 시스가 감싸는 구조입니다. '시스'는 물리적인 충격으로부터 전선을 보호하는 껍질이고, '절연체'는 전기가 밖으로 새어 나가는 사고를 막는 보호 장치이고, '도체'는 전기가 흐르는 구리 선입니다. 흔히 절연체와 시스를 통칭해 피복이라고 부릅니다.

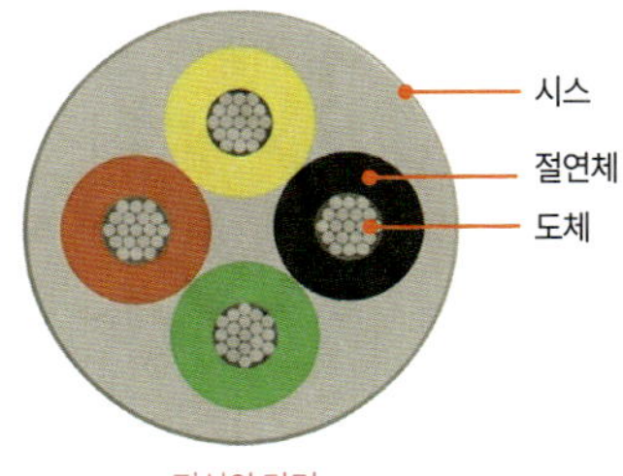

전선의 단면

● 전선의 단위

전선의 단위로 스퀘어(Square)와 제곱밀리미터(mm²)를 씁니다. 제곱이 영어로 스퀘어이므로 결국 같은 말입니다. 다만 현장에서는 제곱밀리미터보다는 스퀘어를 주로 씁니다. 보통 전선 굵기(SQ)라고 하면 피복 굵기를 떠올리는데 실제로는 피복 속에 있는 도체, 즉 구리의 단면적을 뜻합니다. 전선에 표기된 2C나 3C에 붙은 C는 '코어'라고 부르는데 전선의 가닥수를 말합니다. 2.5SQ × 2C가 표기되어 있다면 구리 선 단면이 2.5mm²인 전선이 2개 들어 있다는 뜻입니다.

● 단선과 연선

전선은 도체 구조에 따라 단선과 연선으로 구분됩니다. 단선은 하나의 구리 선으로 이루어진 전선입니다. 단일 도체라 강도가 강하고 전도성이 우수하고 저항이 낮습니다. 다만 유연성이 떨어져 자주 구부리면 파손될 수 있고, 구부리기가 힘들어 시공하기가 어렵습니다. 이런 이유로 옥내 배선, 벽체 배선, 천장 배선 등 움직임이 없는 고정된 위치에 주로 이용됩니다. 연선은 여러 가닥의 얇은 구리 선을 꼬아서 하나의 굵은 도체로 만든 전선입니다. 여러 가닥으로 이루어져 있어 매우 유연하므로 잘 구부러집니다. 반복적인 움직임, 진동, 굽힘에도 강해 쉽게 끊어지지 않습니다. 이런 이유로 가전제품의 전원 코드, 연장선, 자동차 배선처럼 이동이 잦은 곳에 많이 쓰입니다. 또한 덕트나 전선관 안에 넣어 배선할 때도 작업하기 편리해 자주 사용됩니다.

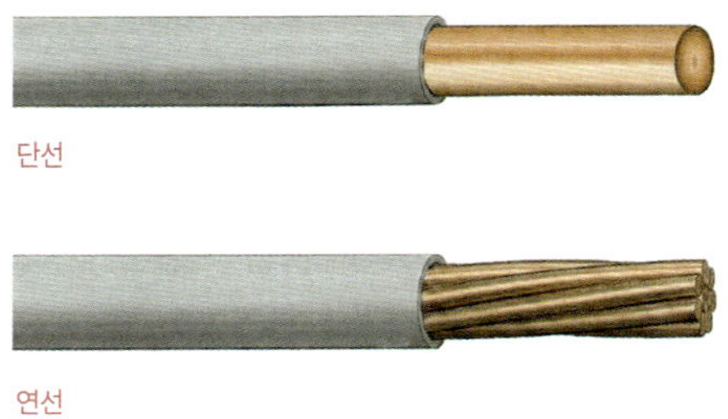

● 전선, 전기선, 와이어, 케이블

전선, 전기선, 와이어, 케이블 등 전선을 부르는 이름은 많습니다. 전선으로 통칭해서 부르는 게 일반적이지만 도체의 개수와 절연/보호층의 유무에 따라 구분해 부르기도 합니다. 전선과 전기선은 '전기를 전달하는 줄'로 가장 포괄적이며 일반적인 용어입니다. 와이어는 보통 하나의 절연층으로 덮인, 단일 도체로 이루어진 전선을 가리킵니다. 케이블은 2개 이상의 절연된 와이어를 하나의 피복으로 묶어 보호하는 복합적인 전선입니다.

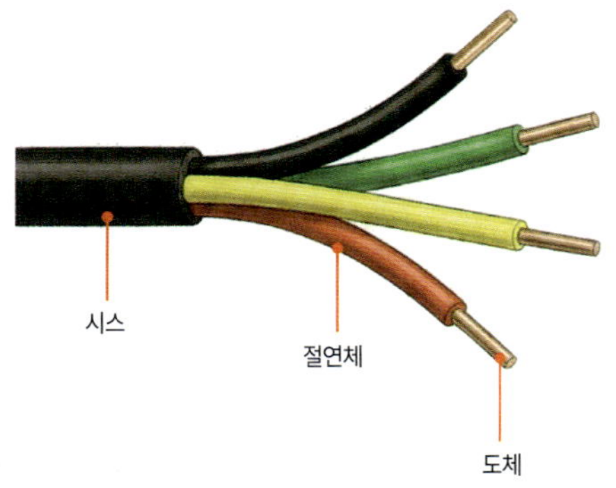

● IV, HIV, HFIX, VCTF

전선을 구분하는 전문 용어에는 IV, HIV, HFIX, VCTF 등이 있는데 자주 쓰는 용어라 알아두면 편합니다.

① IV 선: I=절연(Insulated), V=비닐(Vinyl)이므로 비닐 절연 전선을 말합니다. 단선의 대표적인 전선입니다. 누전 차단기에 연결되는 전선은 대부분은 IV 선이라고 봐도 무방합니다. 즉, 옥내 배선에 사용되는 선이라고 생각하면 쉽습니다. IV 선은 보통 CD 관이라고 불리는 합성수지 관에 넣어 사용하는데, 요즘에는 가요전선관이나 금속관 등에도 넣어서 사용합니다.

② HIV 선: H=내열(Heat)이므로 내열 비닐 절연 전선을 말합니다. 허용 최고 온도는 90도입니다. 이제 좀 쉽죠? IV 선이 일반적인 배선에 사용된다면 HIV 선은 전력을 많이 쓰는 전선, 즉 열이 더 많이 발생하는 전선에 주로 쓰입니다. 가정집이라면 에어컨 전선처럼 전력을 많이 쓰는 곳에 사용하면 좋습니다. 하지만 지금은 HIV 선이 단종되어 그 대체제인 HFIX 선을 씁니다.

③ HFIX 선: HIV 선을 개선해서 나온 제품으로 HF=저독성(Halogen Free), I=절연(Insulated), X=가교 폴리올레핀(XLPO)을 뜻합니다. 기존 HIV 선은 절연제가 PVC로 코팅되어 있어 유독 가스가 발생하는 문제가 있었습니다. HFIX 선은 절연제로 할로겐 가스가 발생하지 않는 저독성(Halogen free wire) 가교 난연 폴리올레핀을 사용하여 개선한 제품입니다. 허용 최고 온도는 HIV 선과 같습니다. HIV 선과 HFIX 선은 IV 선과 구별되도록 표면에 HF-X가 표시되어 있습니다.

④ VCTF 선: 일상에서 가장 많이 사용하므로 꼭 알아야 하는 매우 중요한 전선입니다. VCTF라는 용어를 이루는 약자의 의미가 앞에 나온 용어들과 조금 다릅니다. 앞서 설명한 전선과 케이블의 차이도 여기서 나옵니다. V가 이번에는 비닐이 아니라 전력(Voltage)을 뜻합니다. C=케이블(Cable)로 여러 전선이 합쳐져 있다는 말입니다. T=변환(Transform), F=유연성(Flexible)입니다. 여기서 중요한 게 하나 빠졌습니다. 바로 I=절연(Insulated)입니다. 따라서 VCTF는 절연이 되지 않는 전선입니다. 이런 이유로 VCTF 선은 끝에 플러그를 다는 제품에는 사용할 수 있지만, 옥내 배선이나 고정되는 배선으로 사용하지 말아야 합니다. 마지막 약자가 F=유연함(Flexible)이라고 했죠? 우리가 만든 멀티탭의 작업 선도 코드가 달려 있고 유연하므로 대부분 VCTF 선을 이용합니다.

VCTF 선을 사려고 철물점에 가면 SQ와 C를 물어볼 것입니다. SQ는 VCTF 내부에 들어가는 전선의 굵기이고, C는 VCTF 내부에 들어간 전선의 개수를 말합니다. 선이 3개 들어 있고 전력을 많이 쓸 거라 25mm²짜리 VCTF 선을 사고 싶을 수 있습니다. 그럴 때는 "VCTF 25SQ 3C짜리로 주세요"라고 하면 됩니다. 전선에 대해서는 이 정도만 알아도 철물점에 가면 현장에서 일하는 분으로 착각할 정도는 됩니다.

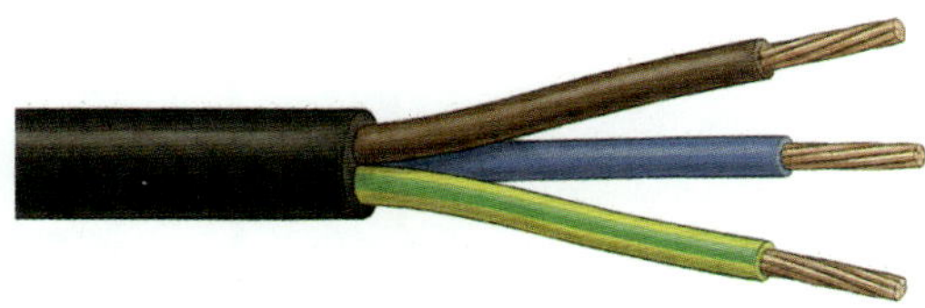

선이 3개인 VCTF 선

전선 연결

집수리를 하다 보면 전선을 연결해야 할 일이 자주 생깁니다. 앞에서 실습한 조명처럼 전선 연결 단자가 동봉된 제품도 있지만 연결 단자가 없는 제품도 있습니다. 제 경험에 따르면, 이케아에서 전기 관련 제품을 샀을 때 전선 연결 단자가 없는 경우도 많았습니다. 동봉된 전선 연결 단자가 불량인 경우도 가끔 있습니다. 정상 제품이라도 전선이 물리는 위치를 잘 잡지 않으면 접촉력이 떨어져 전기가 통하지 않거나 아예 전선이 빠지는 경우도 있습니다. 전선 연결 단자는 열에 약해 시간이 지나면 부서지기도 하고 조금만 세게 눌러도 부러질 수 있습니다. 전선이 연결된 상태에서 부서지면 전선을 빼기도 여간 힘든 게 아닙니다.

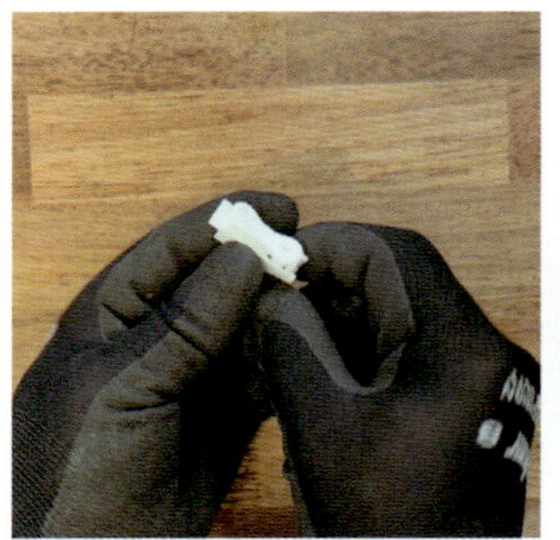

전선 연결 단자

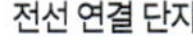

전선이 쉽게 빠지는 연결 단자

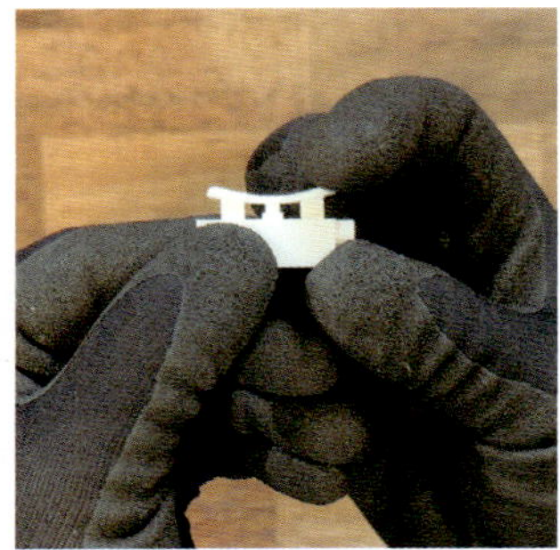

너무 세게 누르면 부서집니다.

전선 연결 단자가 없거나 연결 단자가 부서졌을 때를 대비하면 좋습니다. 제가 추천하는 제품은 '와고' 연결 단자입니다. 와고는 독일에 본사를 둔 전문 전기 부품 제조사로 전선 연결 단자를 용도별로 매우 다양하게 만듭니다.

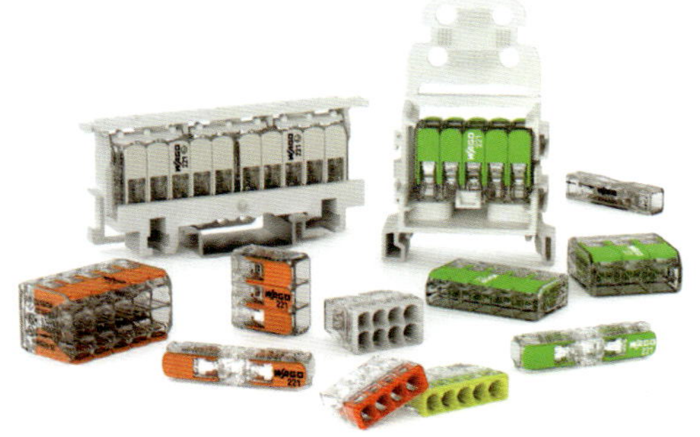

다양한 전선 연결 단자(출처: 와고 홈페이지)

와고 연결 단자는 종류가 매우 다양한데 대개 날개(아래 그림에서 주황색 부분)를 들어 올린 구멍에 구리 선을 끼우고, 날개를 내리면 전선이 단단하게 체결되는 구조입니다.

와고 직렬 연결 단자(위)

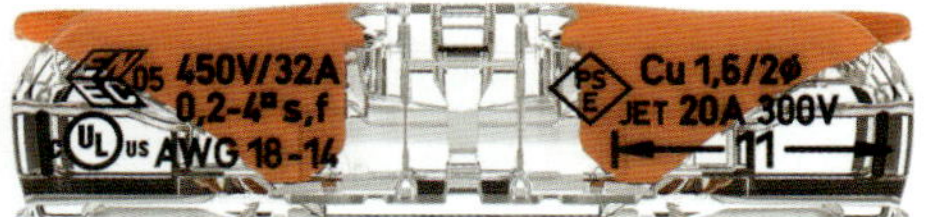

와고 직렬 연결 단자(옆)

안쪽 구멍

실습 와고 연결 단자를 이용해 전선 연결하기

step 01　연결할 전선의 피복을 벗깁니다. 와고 연결 단자의 날개를 올립니다.

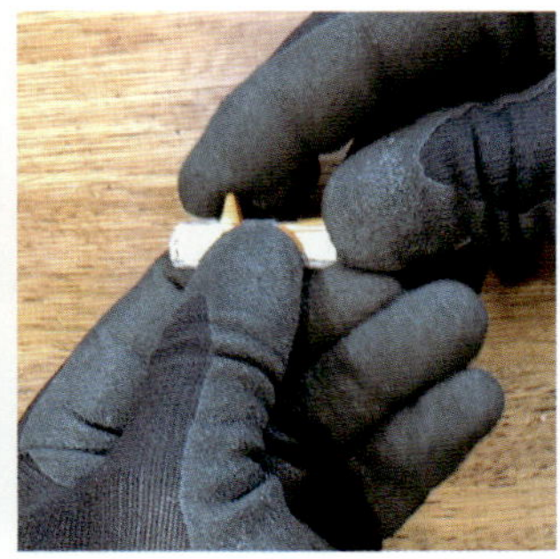

step 02　구멍에 전선을 끼우고 날개를 내립니다.

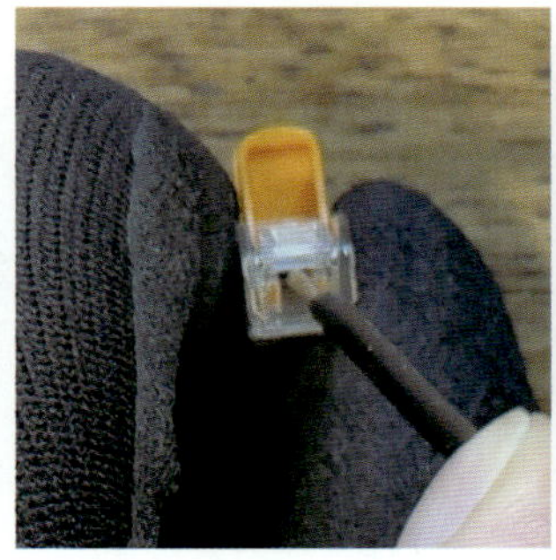

    반대쪽도 같은 방법으로 전선을 끼워 연결합니다. 전선이 단단하게 결속됩니다.

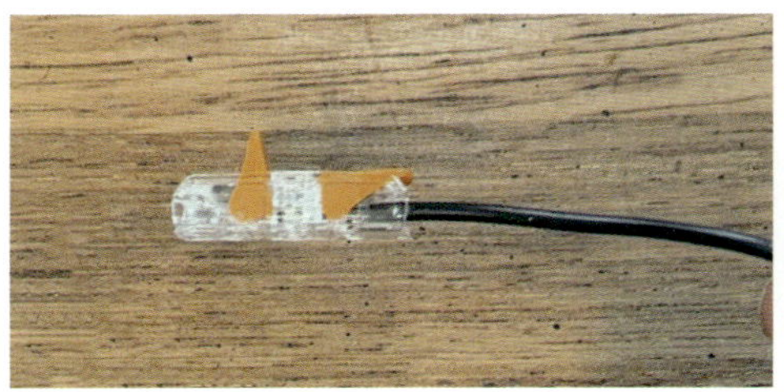 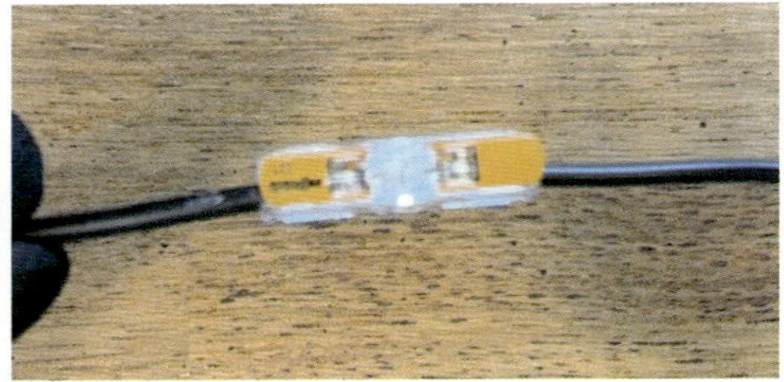

물론 와고 연결 단자 역시 플라스틱이라 발열에 계속 노출되면 부식되긴 하지만 제가 써보니 10년 정도는 거뜬히 버팁니다. 전기제품 수명이 보통 10년 정도이니, 와고 연결 단자의 수명에 대해선 더 이상 말할 필요가 없을 겁니다. 상황이나 용도에 따라 다양한 제품군을 판매하고 있으니 원하는 걸로 골라 쓸 수 있습니다. 다만 안타깝게도 낱개로 파는 곳이 드문데다 다른 제품보다 비쌉니다. 그래도 최근에는 가장 인기 있는 221군에서 몇 종을 묶어서 판매하는 제품도 눈에 띕니다. 혹시 모를 상황에 대비해서 사두면 꽤 유용할 것입니다.

와고에서 묶음 판매하는 221군 중 8종

와고 연결 단자는커녕 기본 연결 단자도 없다면 전선을 연결할 때 손으로 직접 연결해야 합니다. 흔히 이런 상황이라면 그림과 같이 전선 피복을 벗기고, 구리 선을 꼬아서 연결한 후 테이프를 감아서 씁니다. 가장 손쉬운 방법이죠.

하지만 이렇게 연결하면 합선될 위험도 있거니와 선과 선을 잡아주는 힘이 약해 시공 중 선이 풀어져 빠지는 경우가 자주 생깁니다. 사실 기본 연결 단자로 연결한 전선도 힘을 세게

주면 쉽게 빠지곤 합니다. 손으로 당겨도 웬만해서는 빠지지 않는 전선 연결법을 배워보겠습니다.

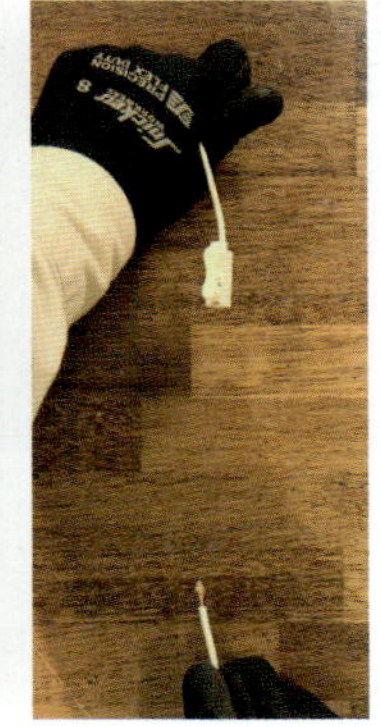

쉽게 빠져버리는 전선　　　　　　　　　　　　쉽게 빠지는 연결 단자

실습 연결 단자 없이 전선을 단단하게 연결하기

step 01　　연결할 전선 2개를 같은 길이로 각각 나눕니다. 각 전선 중 한 가닥씩 같은 길이로 조금 짧게 자릅니다. 즉, 한 가닥은 짧은 선, 한 가닥은 긴 선이 됩니다.

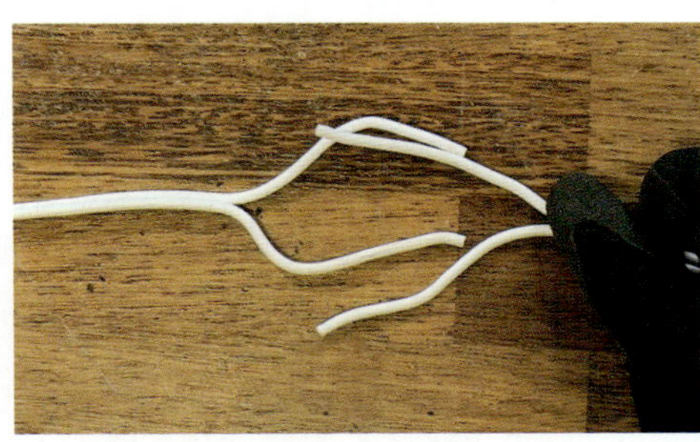

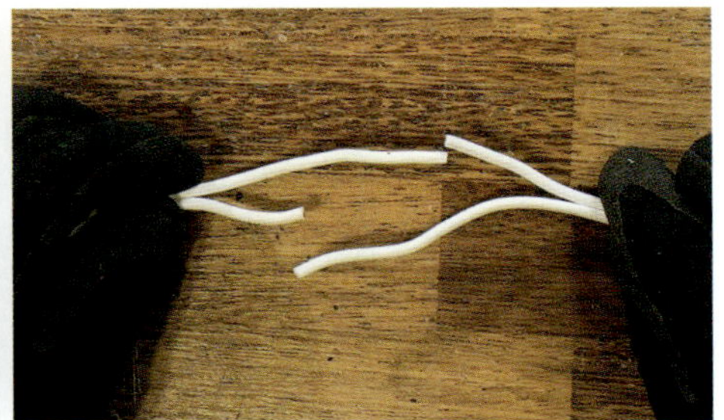

step 02　　각 전선의 긴 쪽에 수축 튜브를 끼웁니다. 전선의 피복을 벗기고 드러난 구리 선을 반쪽씩 갈라 꼬아둡니다.

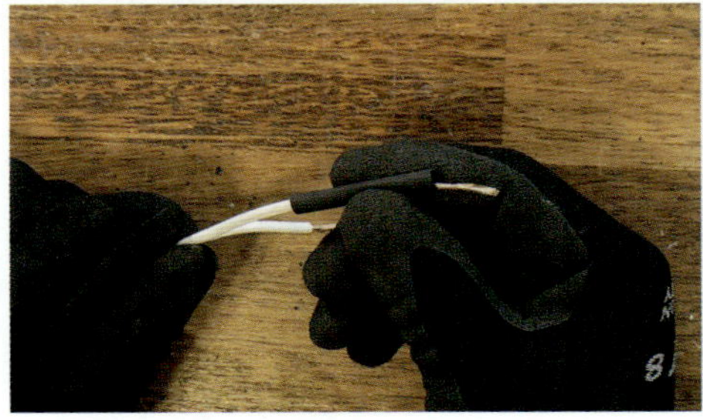

    왼쪽의 긴 선과 오른쪽의 짧은 선 간에 구리 선의 가랑이를 맞물려 끼운 채로 다시 꼬아줍니다.

    앞 단계에서 꼬아놓은 구리 선 두 가닥을 겹쳐 한 번 더 꼬아 정리합니다. 왼쪽 짧은 선과 오른쪽 긴 선도 같은 방법으로 꼬아 정리합니다.

 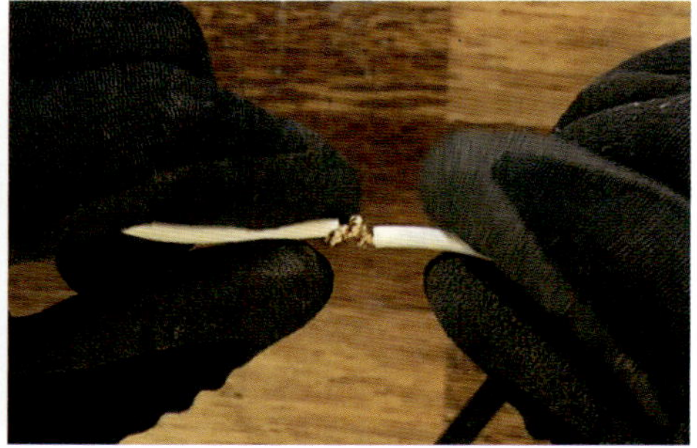

    미리 끼워둔 수축 튜브를 꼬아놓은 구리 선 중앙에 오도록 옮깁니다.

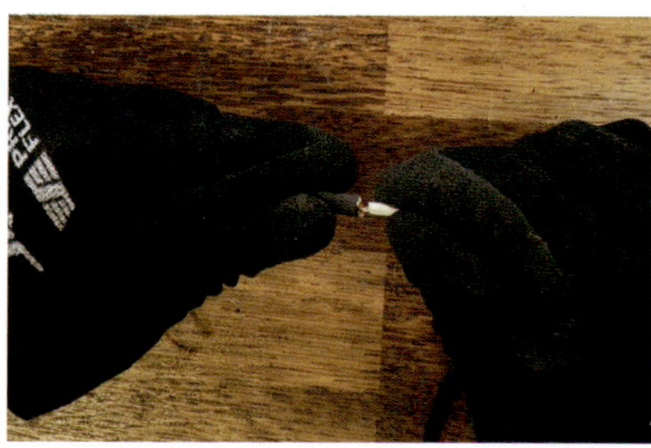 

열풍기나 라이터로 열을 쏴 수축 튜브가 바짝 눌어붙게 합니다. 단단히 고정됩니다.

step 07

이렇게 전선을 엇갈리게 꼬아두면 결속력이 강해져 합선 위험도 낮아지고 니퍼로 자르지 않고서야 웬만해서는 손으로 당겨도 전선이 빠지지 않습니다.

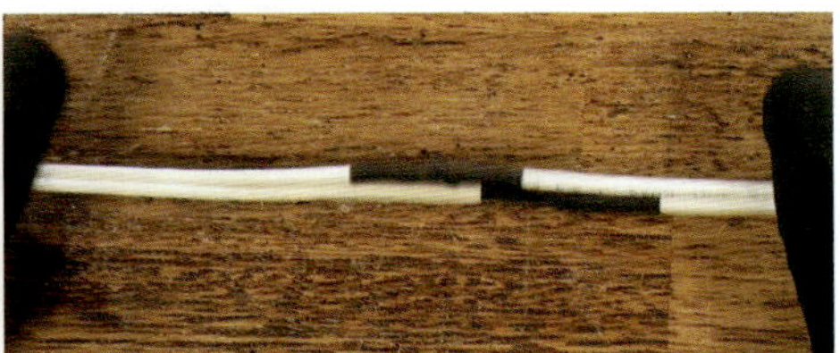

실습 전선 중간에 다른 전선을 추가로 연결하기

step 01

전선 중간에 다른 전선을 추가로 연결할 때도 마찬가지입니다. 전선 가운데 부분의 피복을 제거한 후 구리 선을 반으로 가릅니다. V자로 꼬아놓은 연결선을 그 가운데로 끼워 넣습니다.

꼬아놓은 구리 선을 서로 반대 방향으로 기존 선과 꼬면 T자 모양이 됩니다.

 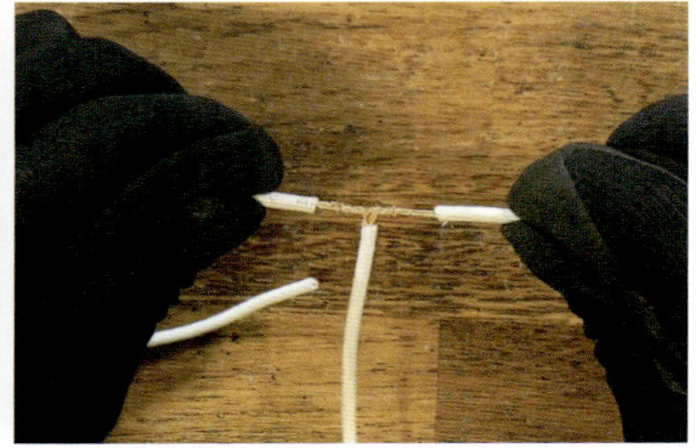

역시 마무리는 수축 튜브를 당겨 감싸고 열풍기로 열을 쏴 고정합니다.

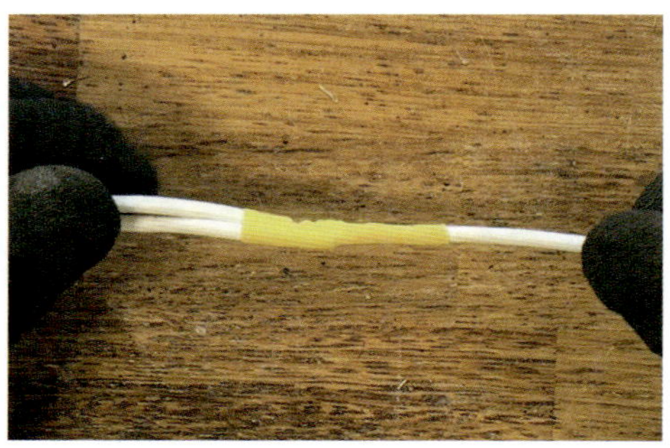

 ## 굵은 전선 연결하기

2.5SQ 이상의 굵은 전선이라면 한쪽 전선만 90도로 꺾어둡니다. 꺾인 전선의 아래쪽에 다른 전선을 대고 펜치로 차근차근 말아 감습니다.

90도로 꺾어둔 부분을 펜치로 꽉 눌러 연결 부분이 180도로 평평해지게 합니다.

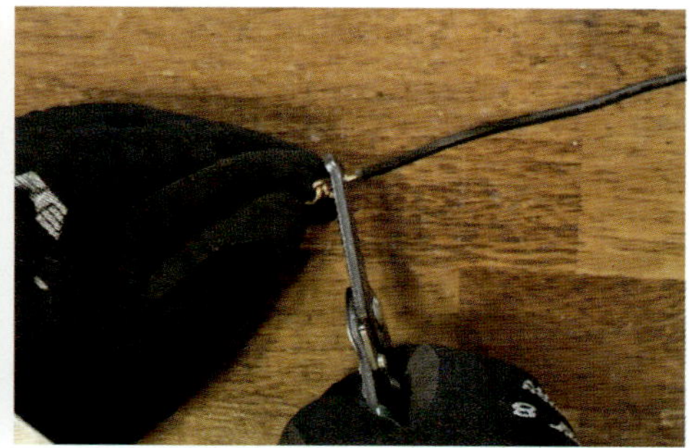

step 03

마찬가지로 수축 튜브를 연결 부분 중앙으로 옮기고 열풍기를 이용해 고정합니다.

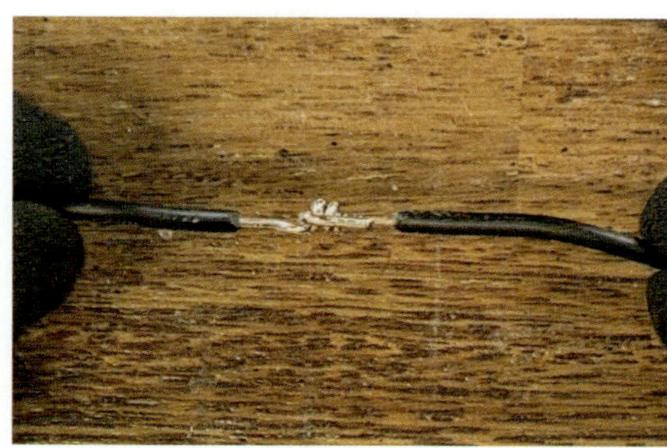

전선을 다양한 도구와 방법을 사용해서 연결해 보았습니다. 이 정도로 익혔으니, 이제는 어떤 전선을 만나도 두렵지 않겠죠? 오늘부터 우리 집 전선은 내 마음대로!

책에서는 이해하기 쉽게 전선이 전기와 연결되지 않은 상태에서 전선 연결 작업을 실습했습니다. 실제로 작업할 때는 차단기를 내려 전기를 차단한 상태에서 작업해야 합니다. 전기를 다룰 때는 언제나 안전이 최우선입니다. 잊지 마세요.

전기는 항상 무섭다

감전 사고를 떠올리면 누구라도 공포스럽다. 실제로 현장에서는 감전 사고로 이어지는 일이 흔치 않지만, 누전은 꽤 자주 일어나는 일이다. 110V 전압을 사용하던 시절에는 차단기 제조 기술이 매우 열악해 지금보다 화재나 감전 사고가 매우 잦았다. 그 시절을 살아낸 부모 세대라면 전기에 대한 검은 공포가 있을 수밖에 없다.

우리 세대라고 다를까? 전깃줄은 물론 전기 작업을 하는 사람 근처에만 가도 묘하게 긴장되고 오금이 저린 경험이 있을 것이다. 감전 사고를 경험한 적이 없지만 부모의 공포를 그대로 물려받았다는 증거다. 계속 물려 내려온 공포라면 이유가 있다. 조심하고 방심하지 말아야 '안전'이 지켜져서다.

내 아버지는 전기에 대한 공포가 극도로 심한 분이었지만, 어린아이였던 내가 드라이버로 뭔가를 분해하고 조립하는 데는 참으로 관대했다. 전등이 나가거나 퓨즈를 교체하는 데 나를 동원하려는 뜻은 전혀 없었고, 내가 감전에 노출되게 하려는 의도는 더더욱 없었다. 하지만 교체하려 나서는 나를 말리지는 않았다.

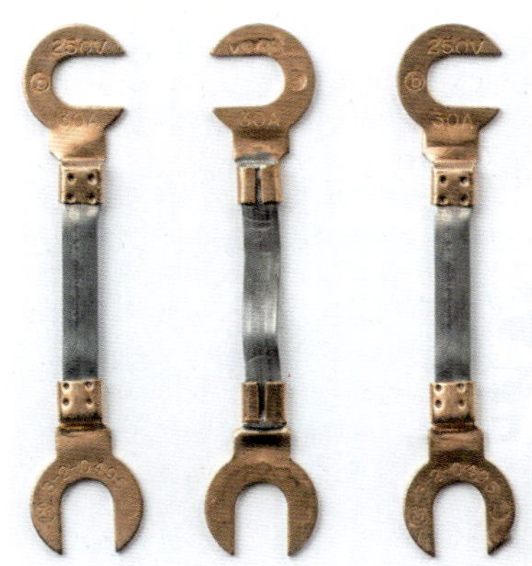

퓨즈. 옛날에 있던 두꺼비집은 퓨즈를 직접 교체할 수 있었다.

언제부터인지 어머니도 집에 문제가 생기면 아버지가 아닌 나에게 일을 맡겼다. 아버지에게는 부탁해도 잘 나서지 않거니와, 나섰다 해도 해결되지 않는 일이 몇 차례 반복되자 포기한 셈이다. 당연히 나는 우리 집 수리 기사가 되었고 어깨가 무거워졌다. 어느 정도였냐 하면 중학교 때 고장 난 기름보일러를 고친 적이 있을 정도다.

놀랍게도 내 세대의 중학교 '기술' 교과서와 고등학교 '공업' 교과서 속 기초 지식의 수준은 상상 이상으로 높았다. 시험을 잘 보기 위해 외웠던 기술 이론은 이후에도 틈틈이 쓸 만큼 도움이 되었다. 어머니의 요구가 많아질수록 나는 점점 더 많은 이론을 적용하고 실습할 수 있었던 셈이다.

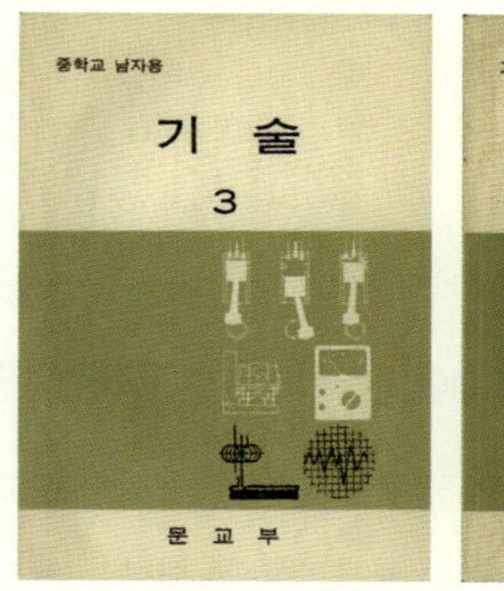
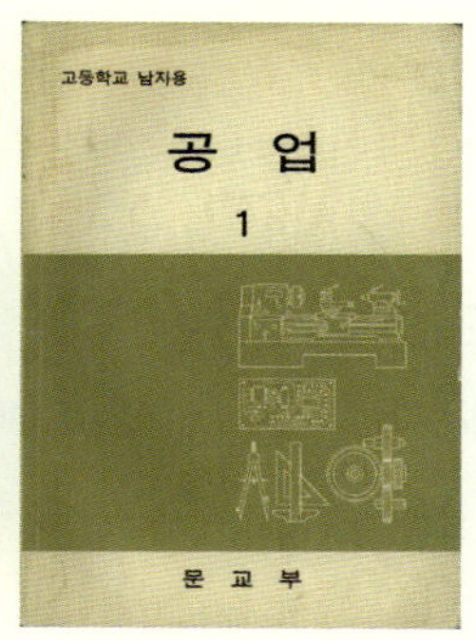

당시 교과서에는 기본적인 집수리에도 적용할 수 있는 지식이 매우 많았다. 이렇게 말하면 "에이, 설마 무슨 교과서가~" 하는 분이 있는데, 정말 과거로 갈 수 있다면 어릴 적 내가 보던 교과서를 가져오고 싶다.

내 어린 시절의 습관은 지금의 나를 이끌었다. 현장에 가서도 그때그때 배운 지식을 빠르게 적용하며 내 것으로 만들었고, 여기저기 다양하게 써보며 응용력을 넓혀갔다. 선배들이 가진 오랜 기술을 남들보다 더 빨리 이해할 수 있어서 상대적으로 짧은 시간 안에 기술자 대우를 받을 수 있었다. 여러분도 직접 해보는 용기를 내주길 바란다. 작은 용기가 큰 운을 이끌어줄 것이다.

내가 알게 된 모든 고급 건축 기술은 오랜 시간 숙련된 선배들의 머릿속에서 내 머릿속으로 다운로드된 것이다. 책에서 다루는 내용은 얼핏 단편적인 '집수리'에 관한 지식으로 보이겠지만, 학원에서 3개월 배운 집수리 기사의 시선이 아니라 집을 짓는 건축 기술을 기반으로 만들어진 내용이다. 숙련된 기술자의 머릿속 기술을 그대로 다운로드하여 내 머릿속에 심을 기회라는 말이다.

그러니 책을 읽었다면 집 안을 둘러보며 고칠 부분에 적용해 보고, 오늘의현장 채널에 올라오는 영상도 꾸준히 보면서 응용력을 길러보길 바란다. 혹시 아는가? 연봉도 높고 평생 할 수 있는 집수리 기술이 제2의 직업이 될지도 모를 일이다.

부디 3,000만 원도 아끼고 220V의 통증도 영원히 느끼지 않게 되길 진심으로 빈다.

작은 부품 교체부터 굵직한 부분 수리까지  3000만 원 아끼는 혼자 하는 집수리

3장

실리콘과 우레탄폼

실리콘(표준어는 실란트이지만 책에서는 실리콘으로 씁니다)은 끈적하고 점성이 있는 물질로, 시간이 지나면 굳어서 탄탄한 고무 형태로 변합니다. 주로 창문 틈새, 욕실 타일 사이, 건물 외벽의 이음매 등을 메워 공기, 물, 먼지 등을 막아줍니다. 틈새를 메운다는 의미로 실리콘 시공을 코킹(caulking)이라고 부릅니다.

실리콘은 재질에 따라 크게 ① 일반형 실리콘, ② 아크릴 실리콘, ③ 폴리우레탄 실리콘, ④ 변성 실리콘으로 나뉩니다. 이 중 일반형 실리콘이 가장 대중적이라 통칭해서 '실리콘'이라고 부르기도 합니다. 가정에서 직접 실리콘 작업을 한다고 주방이든 욕실이든 아무 실리콘이나 사서 무턱대고 바르는데, 곤란합니다. 실리콘은 재질이나 용도에 따라 특징이 다르므로 잘 골라 써야 합니다.

- **일반형 실리콘**: 크게 초산형, 비초산형, 바이오 실리콘으로 나뉩니다. 초산형 실리콘은 식초 냄새가 나는 대신 굳는 속도가 빠릅니다. 접착력이 높아 타일, 유리, 도기의 틈새에 쓰기 좋습니다. 금속에 쓰면 부식될 수 있으므로 주의합니다. 현재 거의 단종되어 생산되지 않습니다. 비초산형 실리콘은 초산형에 비해 냄새가 적지만 굳는 속도가 느립니다. 목재, 플라스틱, 금속 등 다양한 재료에 폭넓게 사용합니다. 바이오 실리콘은 곰팡이 방지제가 첨가된 제품으로 습기가 많은 욕실, 주방, 창틀 등에 주로 씁니다.
- **아크릴 실리콘**: 수성 실리콘이라고도 부르며, 냄새가 거의 없고 작업한 후에 손이나 다른 도구에 묻은 실리콘 자국을 물로도 쉽게 닦아낼 수 있습니다. 굳으면 그 위에 페인트칠을 할 수 있지만 방수성과 탄성은 조금 떨어집니다. 페인트칠이나 도배를 해야 하는 벽이나 천장의 작은 틈, 몰딩 틈새 등 실내에서 주로 씁니다.
- **폴리우레탄 실리콘**: 일반형 실리콘보다 접착력과 내구성이 뛰어납니다. 굳으면 그 위에 페인트칠이 가능한 데다 탄성이 좋아 건물 외벽이나 옥상 등 외부 환경에 노출된 곳에 적합합니다.
- **변성 실리콘**: 굳은 뒤에 페인트칠이 가능하면서도 내구성이 뛰어납니다. 옥상, 외벽, 창틀, 루버 등 다양한 곳에 활용됩니다.

재질에 따라 구분하기가 어렵다면 용도에 맞춰 쓰는 것도 방법입니다. 발코니 전용 실리콘, 곰팡이 방지 기능이 있는 욕실용 바이오 실리콘, 햇빛에 많이 노출되는 창틀에 주로 쓰는 외장용 실리콘, 열기구가 많은 주방에서 쓰기 좋은 내열용 실리콘 등이 있으니 이 정도로라도 구분해서 쓰길 권합니다.

실리콘 시공을 하려면 실리콘, 노즐, 헤라, 커터 칼, 장갑은 필수입니다. 실리콘 총, 마스킹 테이프, 스크레이퍼까지 있다면 더 수월하게 작업할 수 있습니다. 간단히 실리콘 시공을 배워보겠습니다.

실리콘 시공하기

step 01

이미 시공된 실리콘을 커터 칼과 스크레이퍼로 깔끔하게 제거합니다. 시공할 부위의 먼지나 이물질도 꼼꼼하게 닦아냅니다. 시공할 부분만 남기고 상하 또는 좌우에 마스킹 테이프를 붙입니다.

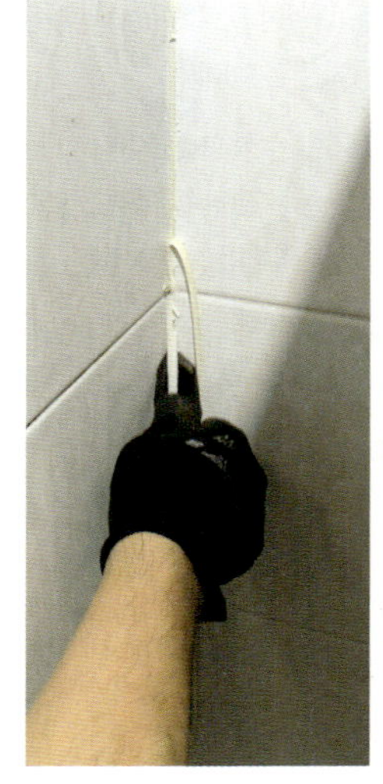

실리콘 시공은 영상으로 보면 이해하기가 훨씬 쉽습니다. 102쪽 QR 코드를 스캔해서 영상을 확인한 다음에 책을 보길 권합니다.

step 02

단단한 물건으로 노즐 입구부터 중간까지 두드려 납작하게 만듭니다. 납작해진 부분을 손으로 누르며 구부러트려 더 납작하게 만듭니다.

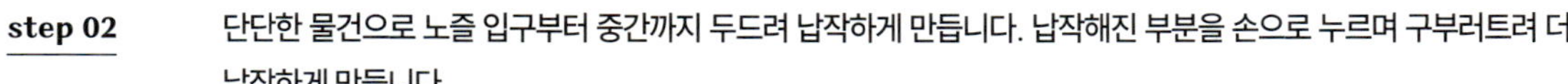

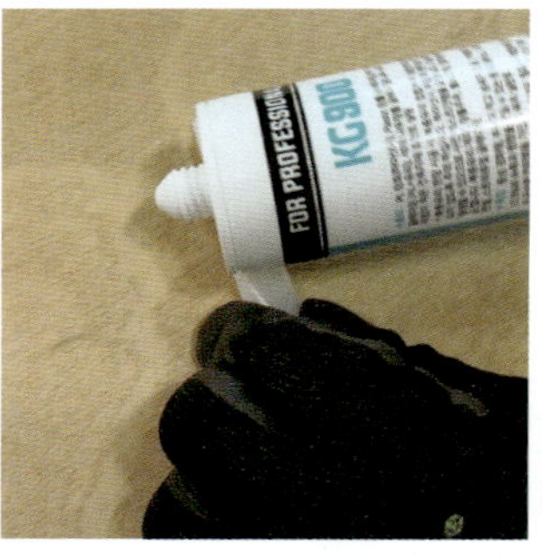

step 03

노즐 가운데를 칼등으로 꾹 눌러주어 살짝 들어가게 하고, 커터 칼로 노즐 입구를 사선으로 자릅니다.

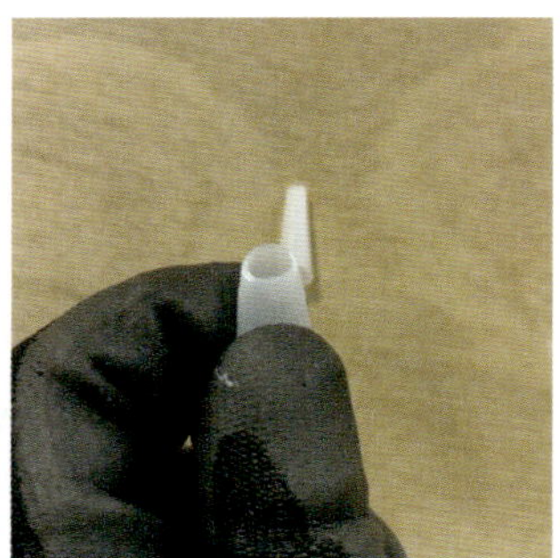

노즐 입구는 틈새 폭보다 조금 작게 자릅니다. 시공할 창틀 높이가 10mm일 때 노즐 입구를 10mm로 자른다면 실리콘이 창틀을 넘어섭니다. 이 경우에는 6mm 정도가 적당합니다.

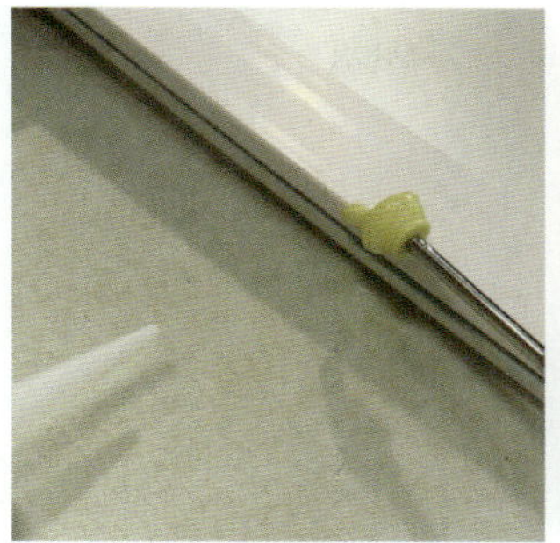 

step 05

노즐 양끝이 각지지 않도록 칼로 가장자리를 둥글게 다듬습니다. 나중에 실리콘을 쏘면 옆면에 줄 모양이 생길 수 있기 때문입니다.

노즐 양옆을 부드럽게 만들기

실리콘 옆면에 줄 모양이 생긴 경우

step 06

노즐 아래쪽 가운데를 살짝 눌러 노즐 입구가 뒤집힌 하트처럼 보이도록 만듭니다. 실리콘 시공자 중에는 가운데를 V자 형태로 파내라고 하는 사람도 있습니다. 가운데 모양이 V자가 되게 자르면 실리콘 총을 당기는 속도가 일정하지 않아도 실리콘이 양옆으로 과하게 밀려 나오지 않아 편리합니다. 초보자에게 권하는 방법입니다.

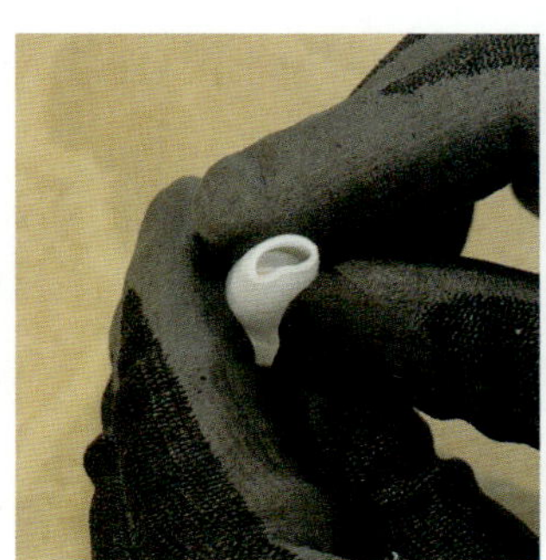  

입구가 뒤집힌 하트 모양

가운데를 V자로 파낸 모양

실리콘이 가운데 V자로 파낸 부분으로 밀려 양옆으로 덜 쏠림 노즐을 부드러운 천에 여러 번 문질러 칼로 잘린 표면을 부드럽게 만듭니다. 노즐 표면을 일정하게 만들어 실리콘 양이 일정하게 나오게 하는 과정입니다. 실리콘 입구를 커터 칼로 자르고 앞서 잘라둔 노즐을 끼웁니다.

오늘의 팁 tip

현장에서는 노즐을 입구라는 뜻을 담은 일본어 '구찌'라고도 부릅니다. 노즐을 납작하게 만들 때 망치나 펜치 대신 실리콘 튜브의 단단한 위쪽 모서리를 쓰기도 합니다.

step 08

실리콘 총 뒷부분에 있는 고정쇠를 눌러 총의 밀대를 최대한 뒤로 뺀 다음 총에 맞춰 노즐부터 실리콘 몸통까지 총에 끼워 넣습니다.

 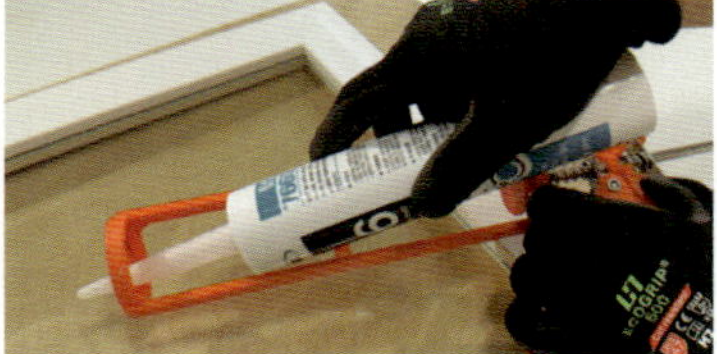 

step 09

실리콘을 시공할 때는 각도가 가장 중요합니다. 노즐 모양을 보면 눕혀서 쏴야 할 것 같지만 막상 눕혀서 쏘면 실리콘이 덩어리째 나와 엉망이 되기 쉽습니다.

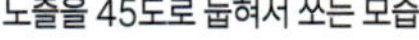
노즐을 45도로 눕혀서 쏘는 모습

실리콘이 덩어리째 나와서 엉망이 된 모양

더욱이 눕혀서 쏜 단면을 보면 가운데가 볼록한 형태라 가장자리에 물이나 공기가 들어가 곰팡이가 생기거나 누수의 원인이 되기도 합니다. 이상적인 단면은 가운데가 오목하게 들어가는 형태여야 합니다. 그러려면 시공할 면과 실리콘 총의 각도가 90도에 가깝도록 세워서 쏴야 합니다.

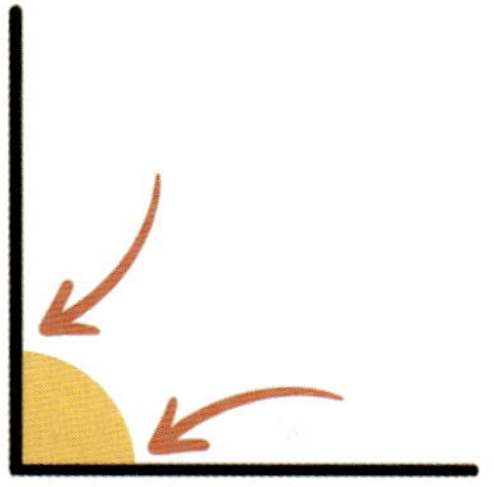

45도로 뉘어서 쏘았을 때의 단면

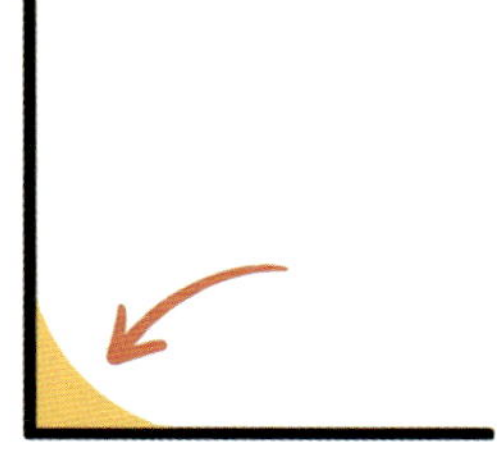

90도로 세워서 쏘았을 때의 단면(이상적)

노즐을 90도로 세워서 쏘는 모습

실리콘이 깔끔하게 칠해진 모양

각도를 세워서 쏘는 게 전문가들의 방법입니다. 최대한 세워서 쏘려면 실리콘 총을 쥔 팔을 몸통에 붙이고 각도를 유지한 상태에서 몸을 움직여야 합니다.

step 11

실리콘을 한 차례 쏘았을 때 잊지 말고 실리콘 총의 고정쇠를 한 번씩 눌러주어야 합니다. 트리거를 당기지 않은 상태에서도 밀어주는 힘이 실리콘 총에 남아 실리콘이 조금씩 나오는 걸 방지하기 위해서입니다. 남은 실리콘을 방치한 채로 이어서 실리콘 시공을 하면 당연히 지저분하게 쏘아지겠죠?

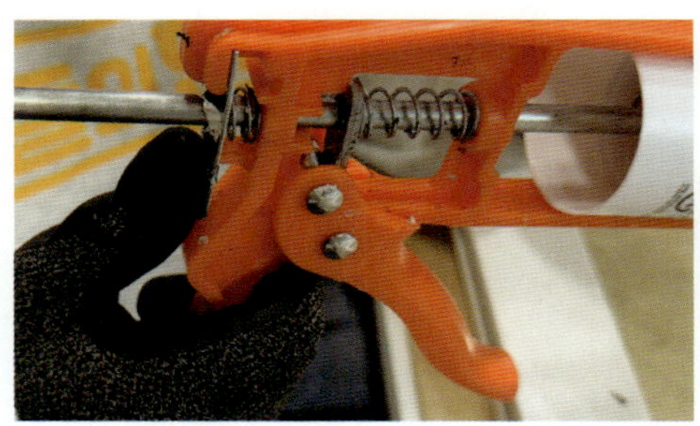

실리콘 총의 고정쇠를 한 번씩 눌러주는 게 귀찮다면 아예 실리콘이 넘치지 않도록 제작된 총을 사는 것도 방법입니다. 일반 실리콘 총보다 비싸지만 실리콘 작업을 자주 하는 경우라면 추천합니다.

전문가 영상을 보면 너무 쉬워 보이는데 막상 내가 해보면 덕지덕지 엉망으로 발라지는 게 실리콘입니다. 놀라지 마세요. 지저분하게 발라져도 헤라로 쓱 문지르면 어느 정도는 수정됩니다.

마스킹 테이프를 붙였다면 헤라로 실리콘을 밀 때 조금 더 힘을 줍니다. 그래야 테이프를 떼었을 때 흘러넘친 실리콘이 마스킹 테이프와 함께 떨어지면서 깔끔해집니다.

다 쓴 실리콘은 그대로 두면 굳어서 쓸 수 없습니다. 실리콘을 실리콘 총에서 꺼낸 다음 노즐 입구를 물티슈로 깨끗게 닦고 노즐 뚜껑을 씌워서 보관해야 합니다. 노즐 뚜껑이 없다면 테이프로 노즐 입구를 막아서 공기가 통하지 않도록 해야 합니다. 요즘은 노즐에 바로 끼워서 쓸 수 있는 노즐형 헤라도 나옵니다. 편할 것 같은데 막상 써보면 노즐형 헤라도 능숙해지는 데 시간이 꽤 걸립니다.

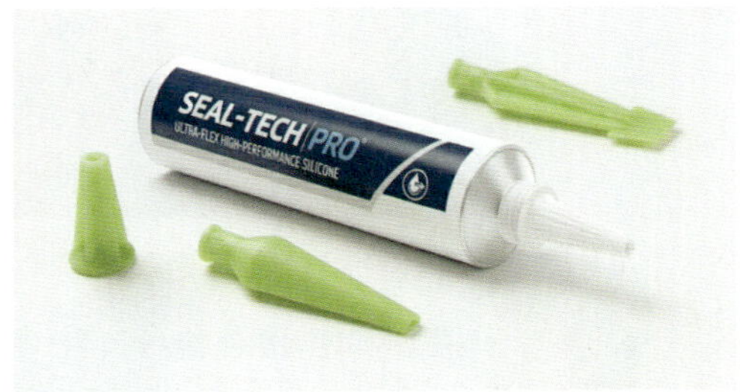
실리콘과 노즐형 헤라

모든 일이 그렇듯, 실리콘 시공도 사진과 글 또는 영상에서는 쉬워 보이는데, 막상 해보면 낭패를 보기 십상입니다. 방법은 간단하지만, 손에 익는 데 시간이 걸리기 때문입니다. 전문가의 실리콘 시공 비결은 노즐 모양과 실리콘 총의 각도가 전부일 정도입니다.

이런 이유로 실리콘 시공이 최근에 현장에서 점점 인기를 얻고 있습니다. 다른 공정에 비해 연장도 적게 들고 숙련 시간도 상대적으로 길지 않아서입니다. 그런 만큼 집수리를 시작하기로 마음먹은 분에게 가장 먼저 권하는 일이기도 합니다. 욕실처럼 곰팡이가 자주 생기는 곳을 내 손으로 깔끔하게 실리콘 시공하는 날이 곧 올 겁니다. 물론 그만큼 연습을 많이 해야겠죠?

우레탄폼 시공

02

오래된 주택은 창틀 사이에 틈이 생겨 바람이 솔솔 들어오는 경우가 많습니다. 간혹 새로 설치한 배관 틈으로 바퀴벌레가 들어오기도 하고요. 이럴 때 실리콘으로 틈만 메우고 마는데, 그랬다간 난방 효율도 떨어지고 안팎의 온도 차 때문에 결로가 생길 수 있습니다. 이럴 때는 우레탄폼 시공을 해서 틈새 메움을 넘어 단열까지 보강하길 권합니다.

창틀 틈

벽 구멍과 배관 사이의 틈

에어컨 배관 틈

배관 틈의 실리콘 시공

우레탄폼은 주로 밀도와 탄성에 따라 경질 우레탄폼, 반경질 우레탄폼, 연질 우레탄폼으로 나뉩니다. 경질 우레탄폼은 고밀도이며 단단하고 단열성도 뛰어납니다. 벽, 바닥, 창틀 틈새를 메우거나 넓은 면을 단열 시공할 때 쓰입니다. 반경질 우레탄폼은 밀도와 탄성이 중간 정도이며 자동차 부품이나 완충재로 쓰입니다. 연질 우레탄폼은 저밀도이며 탄성과 복원력이 뛰어납니다. 부드럽고 유연해 매트리스나 소파 등에 주로 쓰입니다.

폼 총용 제품과 일회용 노즐이 붙어 있는 우레탄폼

집수리할 때는 주로 경질 우레탄폼을 사용합니다. 그런데 막상 우레탄폼을 사려고 보면 헷갈립니다. 어렵지 않습니다. 창틀, 배관, 문틀 틈새를 채우는 용도라면 충진용, 단열재나 석고보드 등을 붙이는 용도라면 접착용, 넓은 면을 단열 시공하려면 단열용을 씁니다. 당연히 집수리할 때는 충진용을 씁니다. 여기에 더해 폼 총이 있다면 폼 총용 제품을 사고, 폼 총이 없다면 일회용 노즐이 붙어 있는 제품을 삽니다.

요즘은 화재 위험을 낮춘 난연 폼이 대부분이지만, 혹시 모르니 폼을 구입할 때는 난연성 여부도 반드시 확인하기 바랍니다. 난연 폼은 다 굳은 후에 불을 붙여도 바로 꺼져 훨씬 안전합니다.

소화 기능이 없는 비난연성 폼

소화 기능이 있는 난연성 폼

실습 폼 총용 우레탄폼으로 틈 메우기

step 01

폼 캔의 목을 잡고 폼 총의 나사산을 따라 돌려서 꽉 끼웁니다. 폼을 사용하기 전에 충분히 흔들어 내용물을 잘 섞어줘야 내용물이 고르게 끝까지 나옵니다. 얼굴이 망가지는 건 잠시 잊고 최소 20회 이상 힘껏 흔들어주세요.

step 02

연습 없이 무작정 폼 총의 트리거를 당겼다간 집을 난장판으로 만들 수 있습니다. 압력 때문에 폼이 폭발하듯 쏟아져 나오기 때문입니다. 당장 놀라기도 하지만 끈적거리는 폼을 청소하느라 한참 애를 먹을 수 있습니다. 폼 총의 트리거를 살살 당기며 압력이 어느 정도인지 감을 익힐 수 있도록 연습해야 합니다. 빈 상자나 쓰레기 봉지를 깔고 트리거를 살살 당기면서 감을 익혀보세요. 금세 익숙해집니다. 우레탄폼을 시공해 보겠습니다. 먼저 시공할 부분을 깔끔하게 정리합니다. 배관 구멍이나 창틀 중간에 기존에 시공된 폼이 있다면 칼로 깨끗하게 긁어냅니다. 폼이 더 잘 부풀도록 시공 부위에 분무기로 물을 뿌리기도 하는데, 필수 작업은 아닙니다.

빈 상자를 두고 연습하기

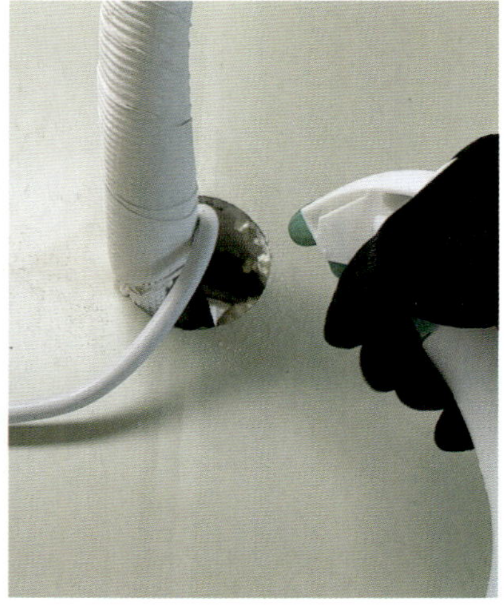

폼을 쏠 부분에 분무기로 물 뿌려두기

step 03 시공 부위에 폼 총을 깊숙이 집어넣고 천천히 쏘아 올립니다. 시공할 부분이 배관이라면 위아래 또는 좌우로 한쪽씩 두르고, 세로 방향이라면 밑에서 위로 차근차근 쌓아 올립니다.

한쪽씩 나눠서 두르기

밑에서부터 쌓아 올리기

step 04 폼을 넘치지 않을 정도로 쌓아 올립니다. 부족한 부분은 다시 채우면 됩니다. 만약 폼 총을 너무 세게 담겨 폼이 지나치게 쌓아 올려졌다면 일단 그대로 둡니다. 폼이 굳기 전에 손을 대면 오히려 낭패를 봅니다. 가만 놔두세요.

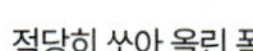

적당히 쏘아 올린 폼

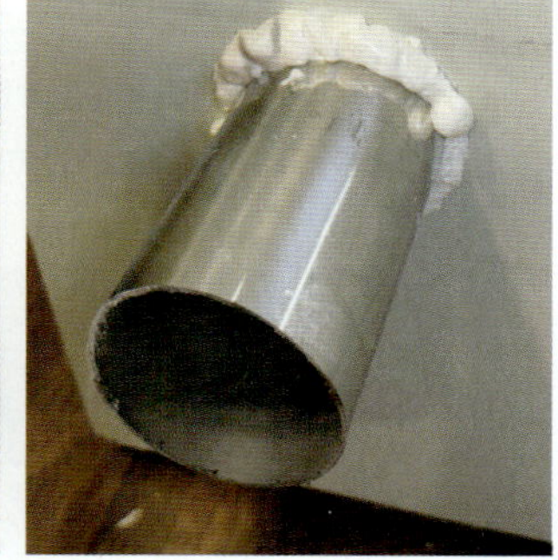

과하게 쏘아 올린 폼

step 05 폼이 굳으면서 안쪽에서 밖으로 조금 더 부풀어 오릅니다. 3~5시간 후면 거의 굳는데 이때 부풀어 오르거나 튀어나온 부분을 칼로 도려냅니다.

우레탄폼 시공이 끝난 다음에는 실리콘으로 코킹해서 마감합니다.

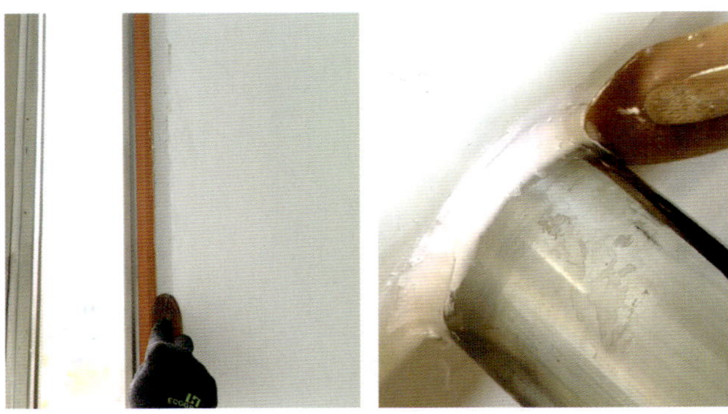

실습 일회용 노즐이 부착된 우레탄폼으로 틈 메우기

step 01

폼 총용 우레탄폼은 용량이 커서 사기 부담스러울 수 있습니다. 폼 총도 자주 쓰는 게 아니라면 굳이 사야 하나 싶을 수 있고요. 폼으로 막아야 하는 부분이 넓지 않고 폼을 쓸 일이 많지 않다면 일회용 노즐이 부착된 제품을 써도 괜찮습니다. 손잡이가 달린 노즐을 딸깍 소리가 날 때까지 위로 완전히 꺾습니다.

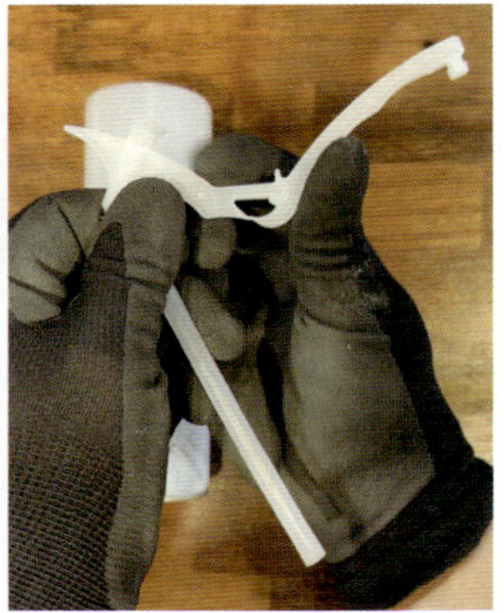

**   노즐을 폼 캔의 목에 돌려서 끼운 다음 내용물이 섞이도록 충분히 흔들어줍니다. 이번에도 역시 얼굴이 망가지겠죠.

step 03   시공법은 폼 총을 사용할 때와 같습니다. 시공 부위에 폼을 적당히 쏘아 올리고, 폼이 굳으면 튀어나온 부분을 잘라냅니다. 실리콘으로 코킹하여 마무리하면 끝입니다.

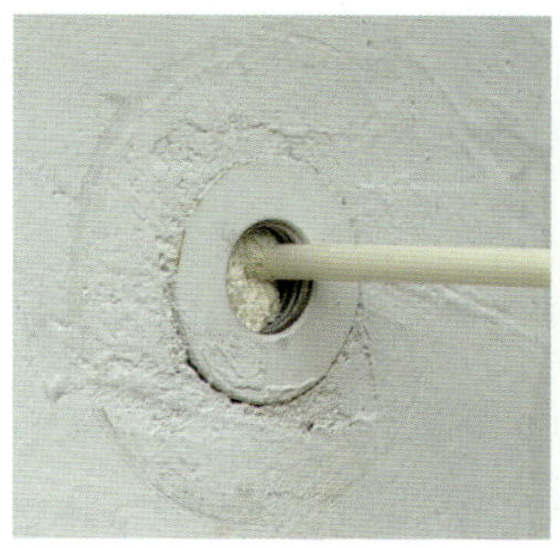

여름철 벌레와 겨울철 찬 바람을 막아내는 우레탄폼의 시공법까지 배웠습니다. 오늘부터 우리 집도 외풍과 이별입니다.

사실 난 실리콘 젬병이었다

현장에서 사수들이 내게 실리콘 총을 쥐여주면 나는 항상 손사래 치고 도망쳤다. 본문에서 보여준 실리콘 시공 기술은 전문적으로 그 일만 하는 코킹 기술자들에 비하면 한없이 잡스럽다. 페인팅처럼 밑 작업이 완벽하지 않으면 실리콘 마감이 깔끔하게 나올 수 없고, 실리콘 총의 각도와 움직이는 속도가 맞지 않으면 실리콘이 균일하게 발라지지 않는다. 이럴 때는 모두 다 없던 일로 하고 처음부터 다시 하고 싶다는 마음이 불쑥불쑥 올라왔다. (솔직히 내 성격과 정말 맞지 않는…)

이런 나였지만 정말 많은 시간을 들여 실리콘 연습을 했다. 그저 돈 때문이다. 나는 금속 공정 전문가이지만, 금속 공정을 하다 보면 새시 유리 시공도 자주 해야 한다. 자주 해야 하는 일이다 보니 실수할 기회는 충분했다. 아무도 내게 실리콘 잘 쏘는 법을 제대로 알려주지 않았다. 상관없었다. 유튜브 동영상 강의를 많이 찾아보고 집에서도 계속 연습하면 될 일이었다. 그 시간 덕분에, 우리 집 욕실과 새시에 초반에 작업했던 실리콘과 나중에 작업했던 실리콘 상태가 완전히 다르다.

각종 하드웨어 교체와 달리, 실리콘 시공은 영상과 책을 본다고 해서 절대로 한 번에 되지 않는다. 애초에 잘하겠다는 욕심은 버리는 게 낫다. 느긋한 마음이 중요하다. 손과 총과 옷이 엉망이 되겠지만, 엉망이 된 만큼 실력은 늘 것이다.

매번 웃어넘길 수 있는 자가 승자다. 정말이다. 이왕 이렇게 된 거, 누군가에게는 진실이고 누군가에게는 거짓일지 모르지만, 한마디 하겠다.

실리콘 쏘는 기술을 연마하는 데에 파이팅은 필요 없다

그냥 안되는 걸 인정하자

책대로 했는데 왜 안되냐고 항의해도 어쩔 도리가 없다

실리콘은 그냥 시간이 약이다

당장은 실리콘 총의 각도와 실리콘이 나오는 양을 조절하는 데만 초집중하자. 이것만 신경 쓰면 실력은 금방 는다. 어제 다르고 오늘 다르다. 눈에 거슬리는 작은 부분부터 시작해 보자.

작은 부품 교체부터 굵직한 부분 수리까지  3000만 원 아끼는 혼자 하는 집수리

4장

주방

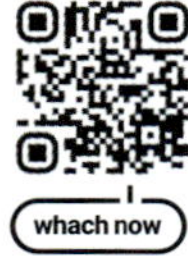

싱크대 배수구에서 냄새가 올라온다면? 물이 시원하게 내려가지 않는다면? 아예 막혀버렸다면? 생각만 해도 골치가 아프지만, 꽤 자주 일어나는 일이고 당연한 일이기도 합니다. 설거지하면 생기는 음식물 찌꺼기를 거름망이 모두 걸러내지는 못하니까요.

그나마 요즘 쓰는 배수구는 발전을 거듭한 결과물입니다. 아주 오래전, 배수관을 일자로 연결했던 시절도 있었습니다. 당시에는 음식물, 포크나 젓가락이 배수구에 들어가면 그 아래에 쌓이는 구조라 해결할 방법이 대공사밖에 없었습니다. 그래서 요즘은 배수관을 설치할 때 유연하게 구부릴 수 있도록 주름관 형태로 나옵니다. 배수관을 구부려서 물이 흘러 내려가는 방향을 꺾어주기 위해서죠. 음식물이나 포크 같은 물건이 들어가도 배수관 중간에 걸리는 구조라 대공사 없이 간단히 제거할 수 있습니다.

구부러지는 주름 배수관

싱크대 배수구를 교체하기 전에 배수구의 구조를 살펴보겠습니다. 구조를 알면 힘쓸 일이 덜어지니까요. 싱크대 배수구는 주방에서 사용한 물을 하수구로 배출하고, 음식물 찌꺼기를 걸러내며, 하수구에서 올라오는 악취를 차단하는 역할을 합니다. 일반적인 싱크대 배수구의 구조는 다음과 같습니다.

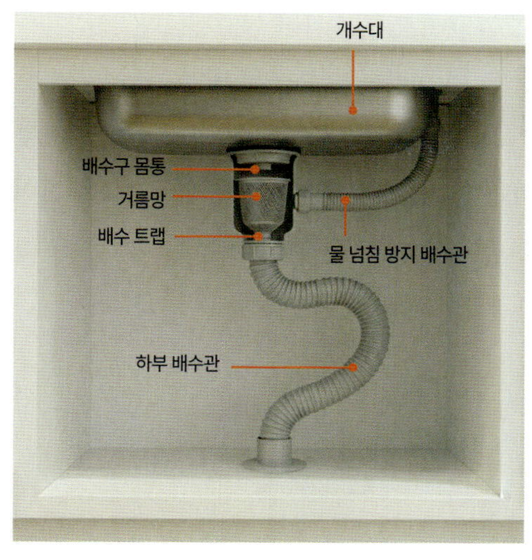

- **개수대**: 물을 받거나 흘려보내며 그릇이나 음식물을 닦고 씻을 수 있도록 한 대야입니다. 개수대 바닥에는 배수 구멍이 뚫려 있고, 상단에는 물 넘침 방지 구멍이 있어 물이 구멍 높이까지 차면 이 구멍으로 물이 빠집니다.

- **물 넘침 방지 배수관**: 개수대 상단까지 물이 차면 배수구 몸통으로 빠져 흐르게 합니다. 물 넘침 방지 구멍이 뚫린 개수대 바깥에 연결되는 관입니다.

- **배수구 몸통**: 개수대 배수 구멍에 연결되는 원통형 부품입니다. 안쪽에는 이물질이 들어가지 않도록 거름망이 놓입니다.

- **거름망**: 음식물 찌꺼기가 배수관으로 흘러 들어가지 않도록 거릅니다. 큰 음식물을 거르는 용도로 덮개를, 물을 받아두거나 배수구를 막을 때는 마개를 올립니다.

- **배수 트랩**: 싱크대 배수구의 핵심 구조 중 하나로 봉수라고도 부릅니다. 일정량의 물이 고이도록 하여 하수구에서 올라오는 악취나 해충을 막는 역할을 합니다. 냄새가 심한 경우가 아니라면 악취 방지 뚜껑 정도만 쓰는 경우도 많습니다.

- **하부 배수관**: 배수 트랩과 연결되어 개수대에서 배출된 물을 하수관으로 옮깁니다. 주름관 형태라 설치할 때 유연하게 구부릴 수 있습니다.

새 배수관을 사면 배수구 몸통, 물 넘침 방지 배수관, 하부 배수관, 거름망, 덮개, 배수 트랩이 들어 있습니다.

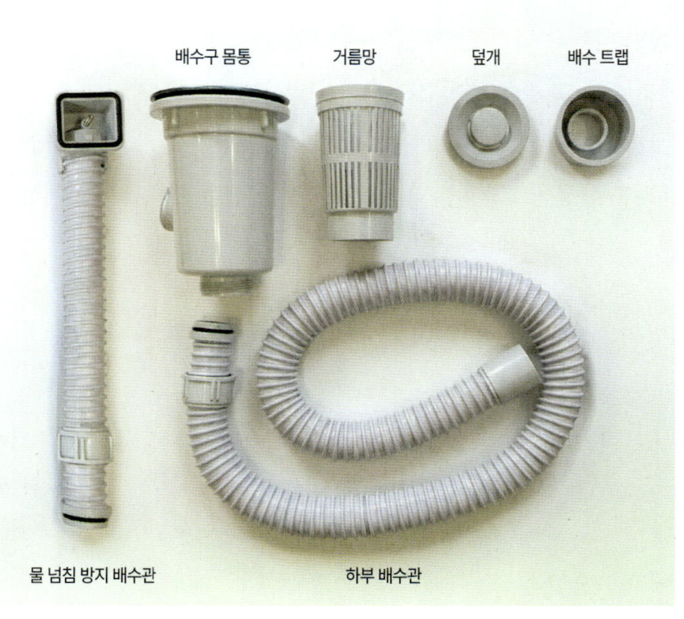

싱크 볼 상단에는 물 넘침 방지 구멍이 있고, 그 뒤쪽으로 배수관이 연결됩니다. 음식물과 오수가 배수구 아래쪽에 쌓여 내려가지 못하면, 물 넘침 방지 배수관 아래쪽으로 오물과 오수가 역류하기도 합니다. 겉보기에는 배수관 아래쪽이 잘 사용되지 않을 것 같지만 실제로는 배수관 중간 부분까지 오물과 오수가 왔다 갔다 하는 셈입니다. 싱크 볼에서 물을 한꺼번에 내려보내면 하부 배관에서 물을 전부 다 처리하지 못하기 때문입니다. 물이 다 내려갈 때까지는 오물이 역류하지만, 막히지만 않는다면 결국 곧 다 내려갑니다.

거름망 바닥은 막혀 있거나 잔구멍이 있어 물이 바로 내려가지 않습니다. 배수통에 거름망을 끼운 상태라고 가정해 보겠습니다. 물이 차면 거름망 옆쪽으로 물이 흘러 내려가는 구조입니다. 거름망 바닥은 막혀 있으므로 물이 흐르면 거름망이 살짝 위로 뜹니다. 오물은 아래쪽 가장자리에 남고, 물은 넘치면서 흘러 내려갑니다. 가장자리에 쌓이는 찌꺼기는 새 물이 차면 조금씩 배수구로 내려가고 일부는 배수관 주름에 낄 수밖에 없습니다. 배수관이 막히지 않았더라도 위생을 고려한다면 최소 2년에 한 번은 배수관을 교체하라고 하는 이유입니다.

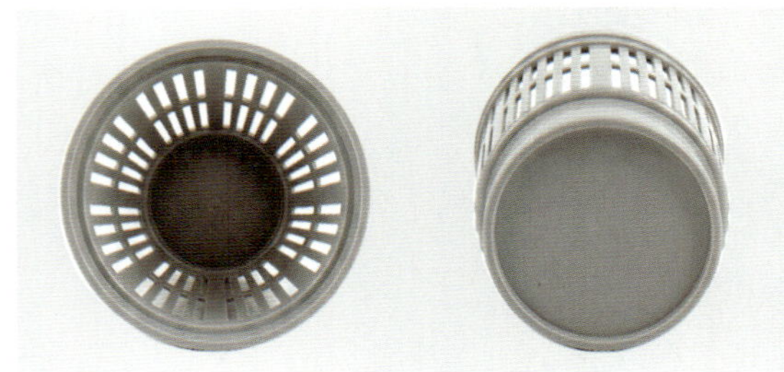

막혀 있는 거름망 바닥

평소에는 내려앉아 있는 거름망

물이 흘러 들어갈 때 살짝 뜨는 거름망

배수관을 살 때 알아야 할 내용을 짚고 가겠습니다. 첫째, 배수통은 대형(지름 18.5cm)과 소형(지름 11.5cm)이 있습니다. 설치된 싱크 볼에 맞는 크기로 사세요. 둘째, 물 넘침 방지 구멍이 있는 싱크 볼인지 확인합니다. 물 넘침 방지 구멍이 없다면 물 넘침 방지 배수관이 없는 배수관을 삽니다. 물 넘침 방지 구멍 모양에 따라 배관 접합부가 달라질 수 있으니 이 역시 맞는 것을 확인하고 삽니다. 셋째, 냄새에 예민하다면 하수구 악취가 올라오는 것을 막아주는 S 트랩이 포함된 제품을 사도 좋습니다. 넷째, 거름망과 덮개와 마개는 플라스틱 제품과 스테인리스 제품이 있습니다. 이것저것 헷갈릴 수 있는데 걱정하지 않아도 됩니다. 설치법은 거의 같기 때문입니다. 싱크 볼과 맞는지만 확인하세요.

싱크대 배수통 교체하기

step 01

싱크 볼 상단에 난 물 넘침 방지 구멍에 박힌 피스를 뺍니다. 싱크 볼 바깥쪽에 피스와 연결되어 있던 배수관을 뺍니다. 배수관에는 오물이나 오수가 들어 있으므로 바로 아래에 통을 두고 흘려보냅니다. 배수통과 연결된 배수관 아랫부분도 돌려서 뺍니다.

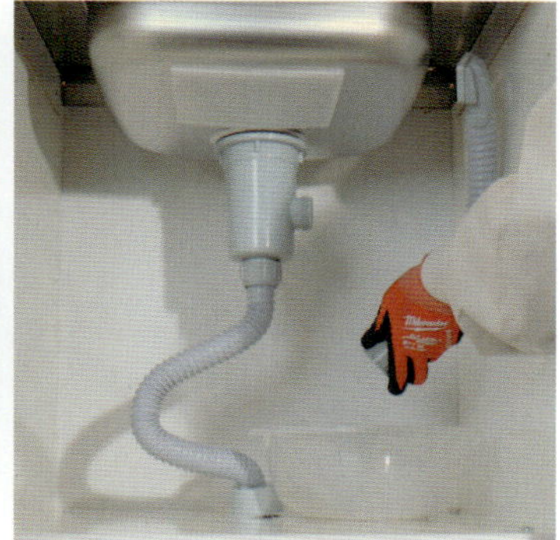

step 02

배수통에 연결된 하부 배수관도 돌려서 뺍니다. 하부 배수관에도 오물이나 오수가 있으므로 아래에 둔 통에 흘려보냅니다. 배수통도 마저 손으로 돌려서 뺍니다.

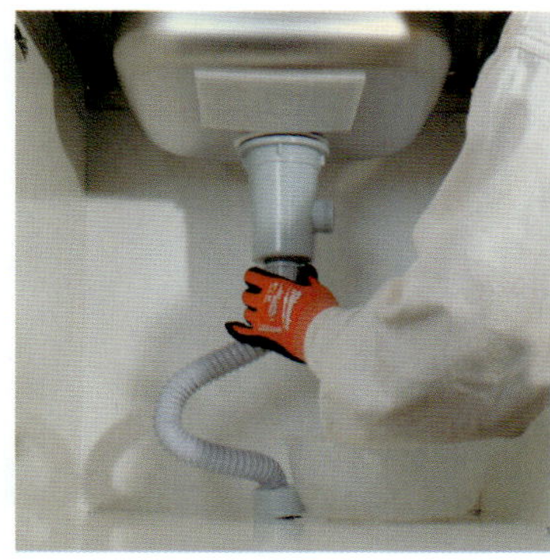

오래된 배수구라면 배수통이 안 빠질 수 있습니다. 손으로 돌려서 빠지지 않을 때는 고무벨트 렌치를 이용하면 편합니다. 저는 해외직구 쇼핑몰인 알리에서 이 공구를 3,000원에 샀는데 저렴한 제품이 많습니다. 배수통을 고무벨트에 끼우고 벨트를 조인 다음 풀려는 방향으로 돌리면 힘을 조금만 줘도 쉽게 풀립니다. 어느 정도 풀리면 손으로 돌려 뺍니다.

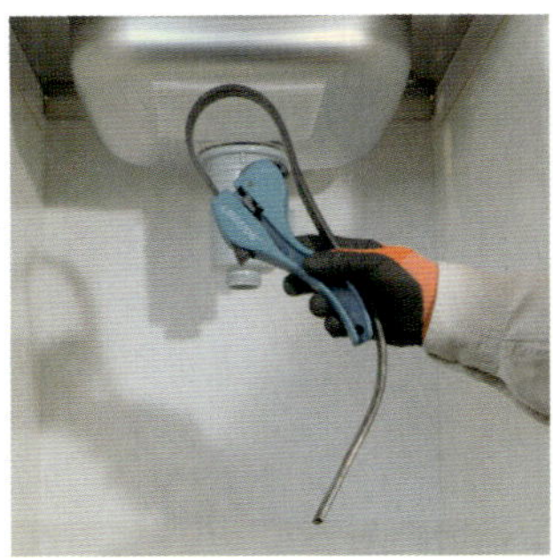 

step 03   싱크 볼 바닥에 끼워진 스테인리스 링을 빼냅니다. 링을 빼면 싱크 볼 바닥 홀이 보이는데, 구멍 가장자리가 매우 날카로우므로 늘 주의합니다.

step 04   새로 산 배수관 제품에 동봉된 피스를 싱크 볼 상단의 물 넘침 방지 구멍에 끼웁니다. 방금 끼운 피스와 연결되도록 싱크대 바깥쪽에 물 넘침 방지 배수관을 끼운 다음 한 손으로 고정합니다. 남은 한 손으로 끼워둔 피스를 박아 배수관을 고정합니다.

 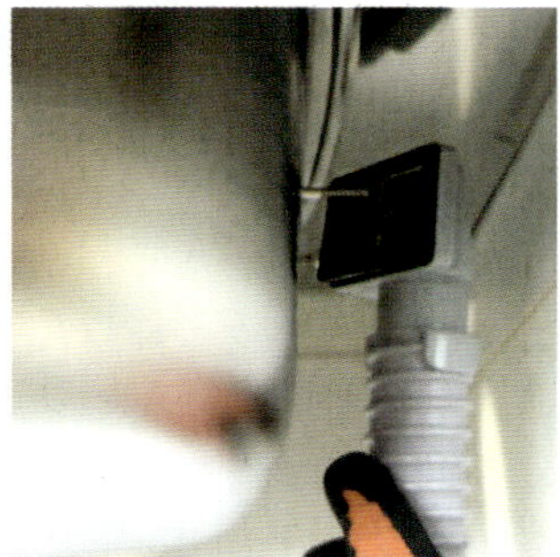 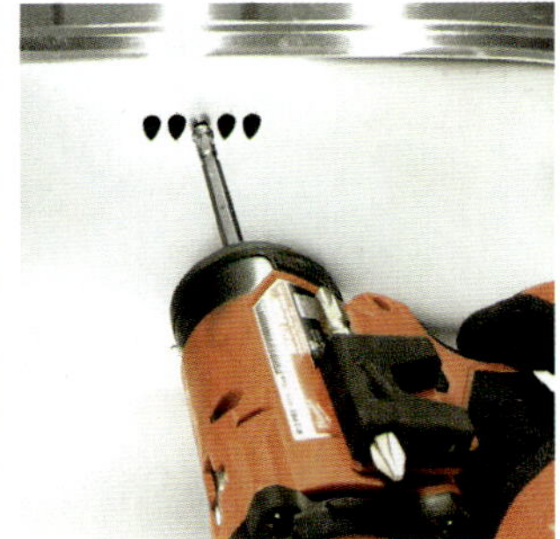

싱크대 바닥에 스테인리스 링을 끼우고 돌아가지 않도록 한 손으로 링을 고정합니다. 링과 배수통이 맞물리도록 한 다음, 한 손으로 배수통을 돌려서 끼웁니다. 이때 배수통 옆쪽에 뚫린 구멍과 물 넘침 방지 배수관이 마주 볼 수 있도록 방향을 맞춰주는 게 좋습니다. 링을 고정한 손과 배수통을 돌리는 손을 잘 맞춰가면서 위치를 조정하면서 세게 조입니다. 배수통 옆쪽 구멍에 물 넘침 방지 배수관을 연결합니다.

step 06

이제 배수통 아래쪽에 하부 배수관을 끼울 차례입니다. 이때 하부 배수관 길이는 너무 짧거나 길지 않아야 합니다. 적당히 구부러질 정도로 길이를 맞춘 다음 커터 칼로 자릅니다. 일자 형태가 되지 않도록 주의합니다. 자른 하부 배수관을 배수통에 끼우고, 아래쪽도 끼우면 완성입니다.

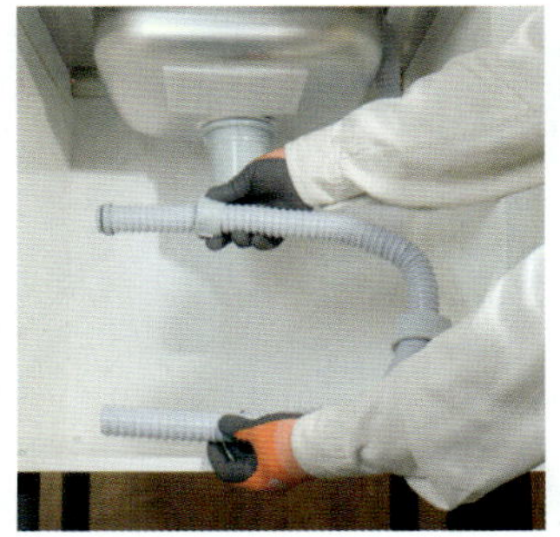
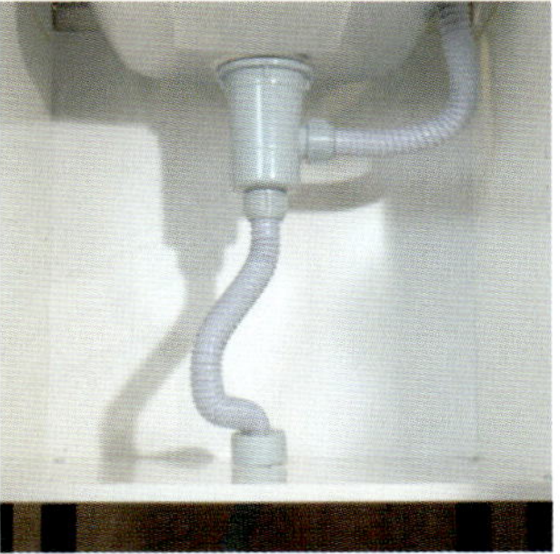

step 07

싱크 볼 바닥에 거름망을 끼우고 덮개를 놓습니다. 싱크 볼에 물을 담는다면 마개를 덮으면 됩니다.

생각보다 쉽게 싱크대 배수구를 교체했습니다. 물론 실습 환경과 내 집 환경이 달라 헷갈릴 수 있고, 배관에서 생각보다 많은 오수와 오물이 나와 놀랄 수 있습니다. 하지만 한 번만 작업해 보면 더 이상 배수구 막힘이나 냄새가 두렵지 않을 겁니다.

주방용 수전은 어느 날 갑자기 물이 새거나 목이 부러지는 경우가 흔합니다. 수전은 설치할 때 구멍이 몇 개 필요하냐에 따라 원홀 수전과 투홀 수전으로 나뉘고, 어디에 설치하느냐에 따라 싱크대 상판형과 벽면형으로 나닙니다.

싱크대 상판형 원홀 수전   벽면 부착형 투홀 수전

먼저 싱크대 상판형 수전을 교체해 보겠습니다. 준비물은 워터 펌프 플라이어, 멍키스패너, 새 수전입니다.

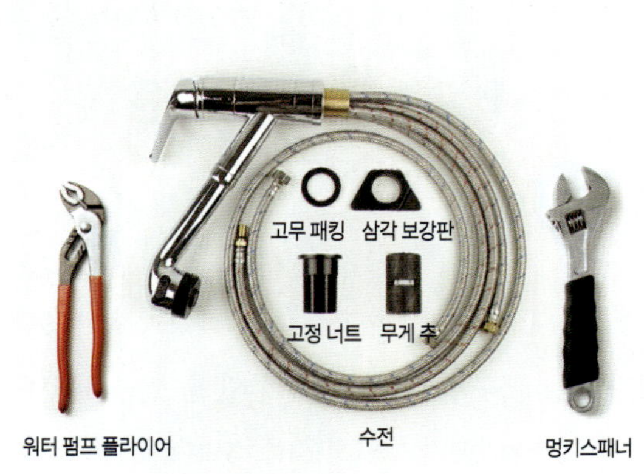

워터 펌프 플라이어   수전   멍키스패너

싱크대 상판 설치형 수전

싱크대 상판 설치형 수전 교체하기

step 01 싱크대 상판형 수전이 설치된 곳이라면 싱크대 밑에 온수와 냉수 밸브가 있습니다. 이 경우에는 수도 계량기의 주 밸브에 손대지 않아도 됩니다. 실습에서는 수전 호스가 잘 보이도록 배수관을 제거해 두었습니다.

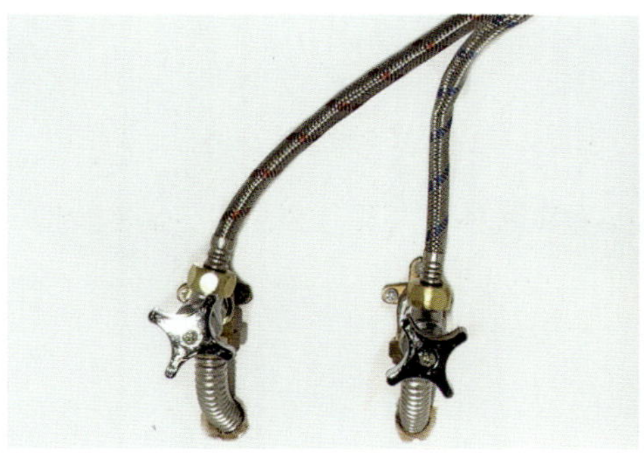

step 02 먼저 온수와 냉수 밸브를 잠급니다. 멍키스패너로 밸브 뒤쪽에 붙은 너트를 시계 반대 방향으로 돌려 풀어주고, 손으로 마저 돌려서 밸브에서 호스를 빼냅니다. 온수와 냉수 호스도 분리하면 고여 있던 물이 나오므로 바닥에 수건이나 양동이를 준비해서 물을 받습니다.

step 03 혼합 호스에 붙어 있는 무게추를 분리합니다. 무게추는 수전 헤드를 당겼다 놓았을 때 원래 위치로 돌아가도록 당기는 역할을 합니다. 혼합 호스도 분리해야 합니다. 워터 펌프 플라이어로 호스 중간에 있는 너트를 잡은 채, 멍키스패너로 너트를 왼쪽으로 한두 번만 돌리면 풀립니다. 손으로 마저 돌리면 쉽게 빠집니다. 역시 고인 물을 양동이에 흘려보냅니다.

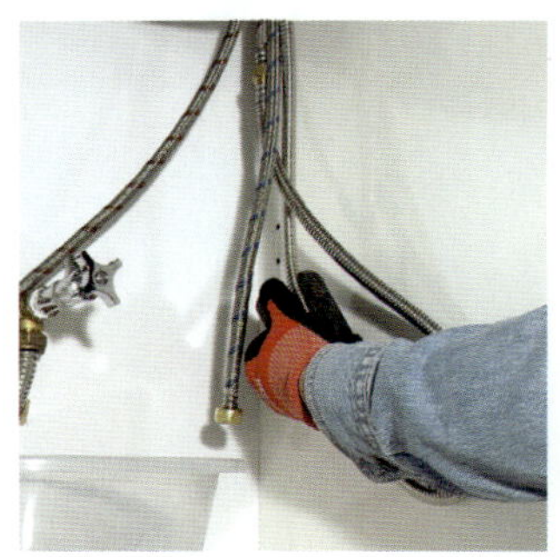

위쪽에 붙은 하부 고정 너트를 왼쪽으로 돌려 분해합니다. 하부 고정 삼각 보강판과 고무 패킹도 왼쪽으로 돌려 분해합니다. 싱크대 상단 구멍에서 수전을 끌어 올리면 아래에 있던 호스까지 깔끔하게 빠집니다.

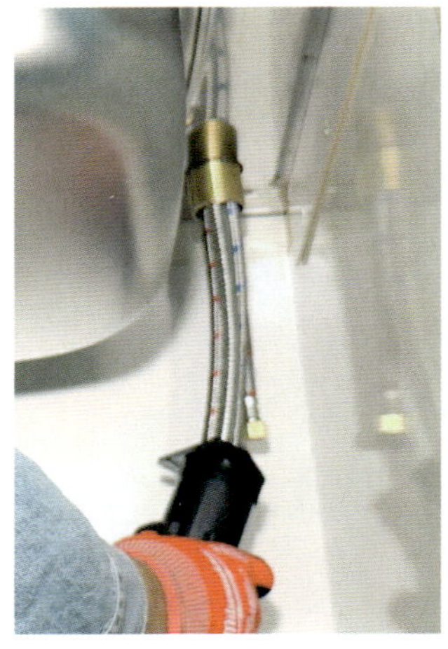 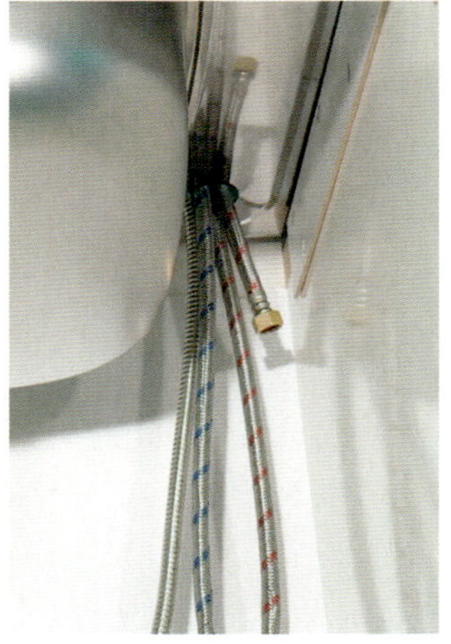 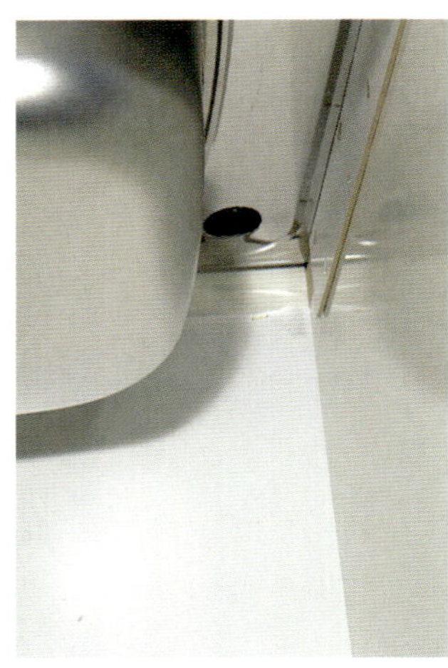

하부 고정 너트, 하부 고정 삼각 보강판, 고무 패킹에서 호수를 뺄 때는 긴 혼합 호스를 먼저 뺀 다음에 짧은 호스를 하나씩 빼야 쉽게 빠집니다.

step 05

새 수전을 꺼내면 고무 패킹이 2개 보입니다. 제품마다 고무 패킹의 색이 다르기도 하고 같기도 합니다. 수전 호스 전부를 검은색 고무 패킹 안쪽으로 통과시킵니다. 고무 패킹을 황동 끝부분까지 끌어 올립니다.

싱크대 위쪽 구멍에 **step 05**에서 조립한 수전을 그대로 넣습니다. 긴 혼합 호스를 먼저 넣고 짧은 호스들(온수 호스, 냉수 호스, 짧은 혼합 호스)을 넣으면 잘 들어갑니다. 위치를 대충 맞춰줍니다. 하부 고정 삼각 보강판 위에 남은 고무 패킹을 놓고, 싱크대 상단 구멍 아래에 내려온 호스를 차례로 집어넣습니다.

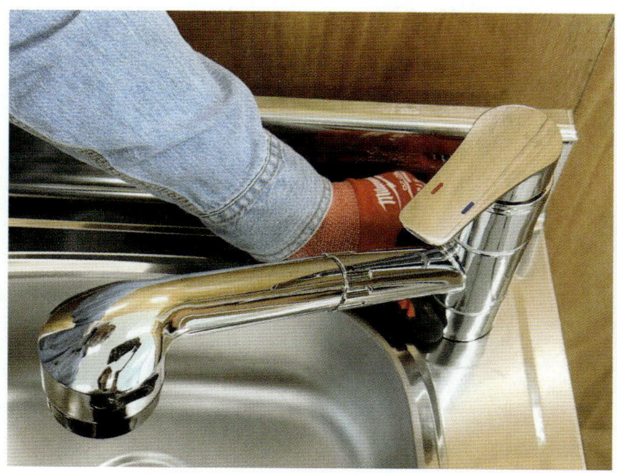
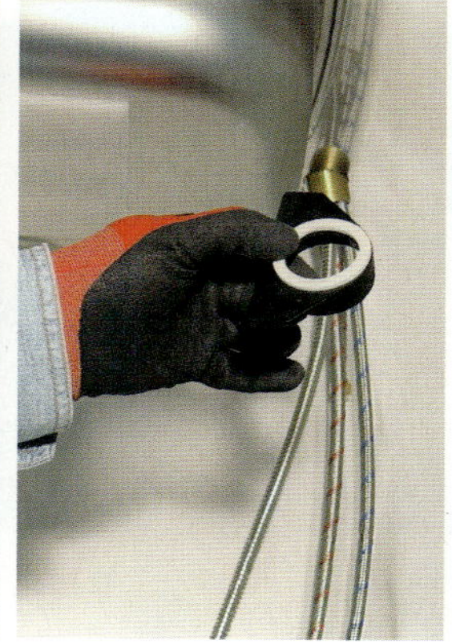
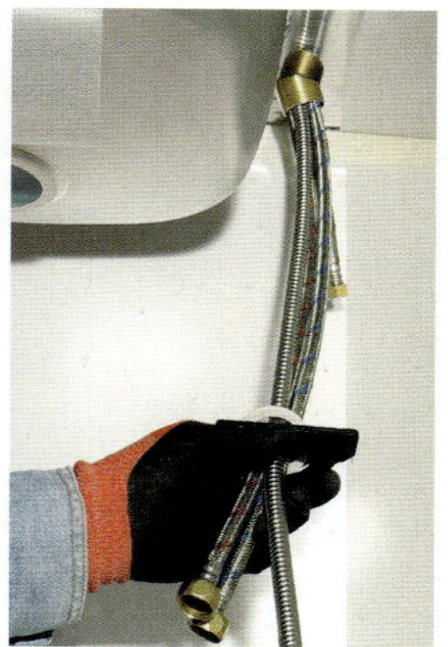

step 07

같은 방법으로, 플라스틱 하부 고정 너트에 냉·온수 호스, 메인 호스 순대로 통과시킵니다. 호스를 넣을 때는 호스가 서로 꼬이지 않도록 일렬로 배열해야 합니다. 중간중간 정리해 주세요.

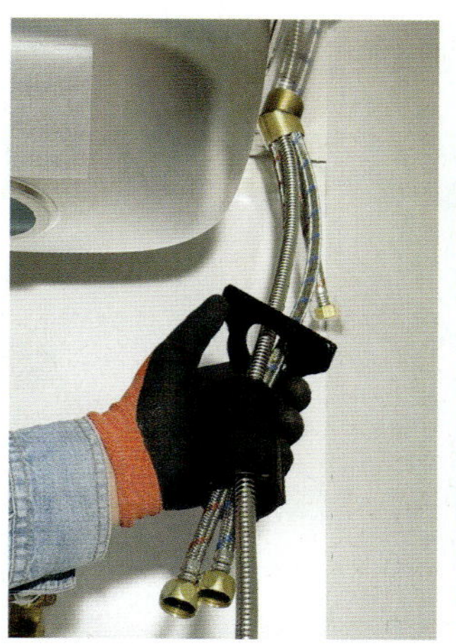
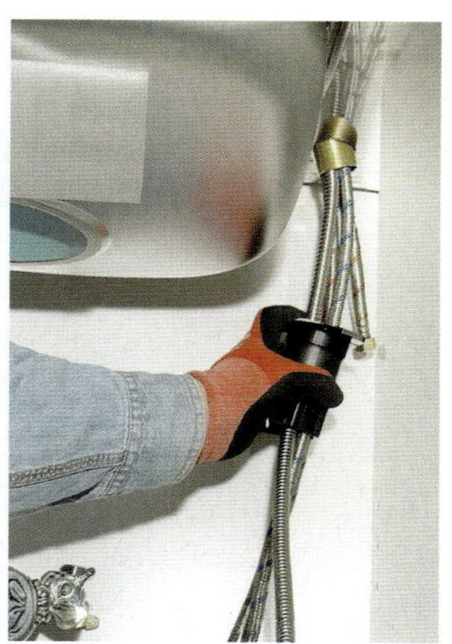

step 08

고무 패킹, 하부 고정 삼각 보강판, 하부 고정 너트에 짧은 혼합 호스를 마저 넣고 위로 끌어 올립니다. 플라스틱 하부 고정 너트를 살살 돌려 끼웁니다. 꽉 조여질 때까지 꽤 많이 돌려야 합니다.

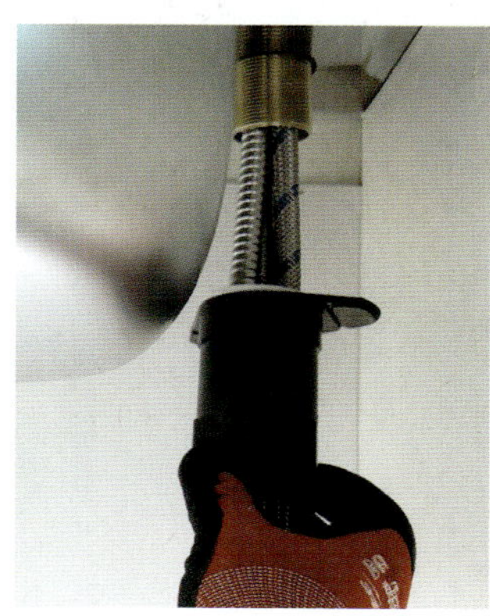
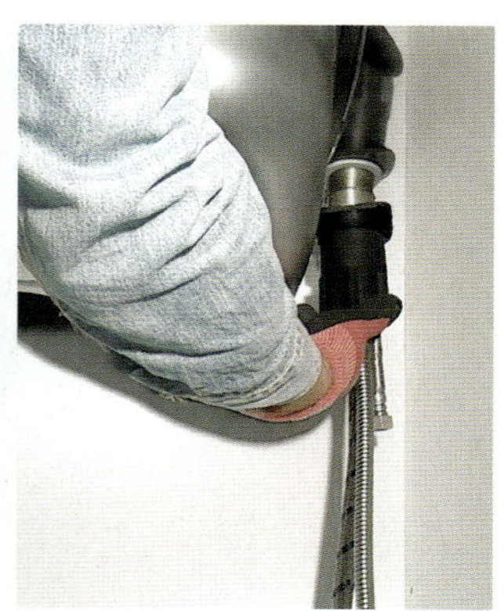

긴 혼합 호스를 짧은 혼합 호스와 연결합니다. 혼합 호스 연결 너트를 워터 펌프 플라이어로 잡고, 멍키스패너로 너트를 돌려서 조여줍니다.

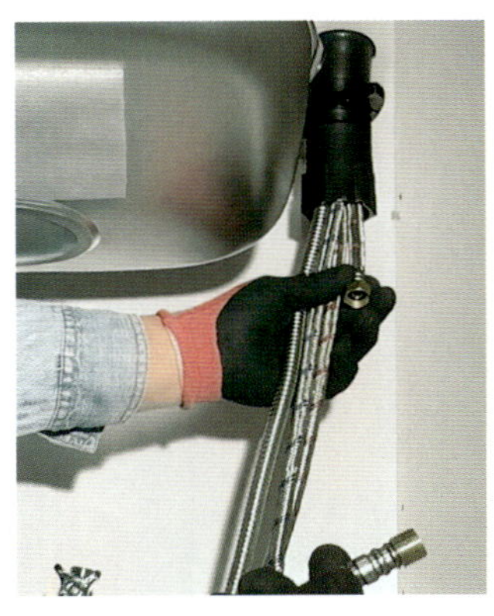
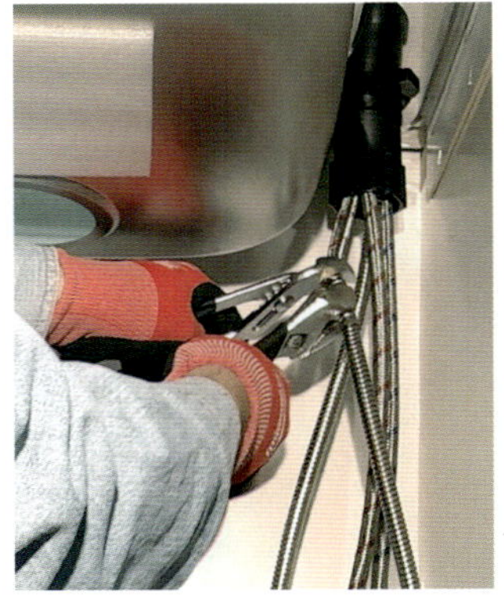

온수 밸브와 냉수 밸브에 온수 호스와 냉수 호스를 차례로 연결합니다. 손으로 대충 돌려 끼운 다음 멍키스패너로 조여줍니다. 이때 너무 조이면 황동 너트의 나사산이 망가질 수 있으므로 주의합니다. 망가지면 대공사입니다. 더 이상 돌아가지 않을 정도만 조이면 됩니다.

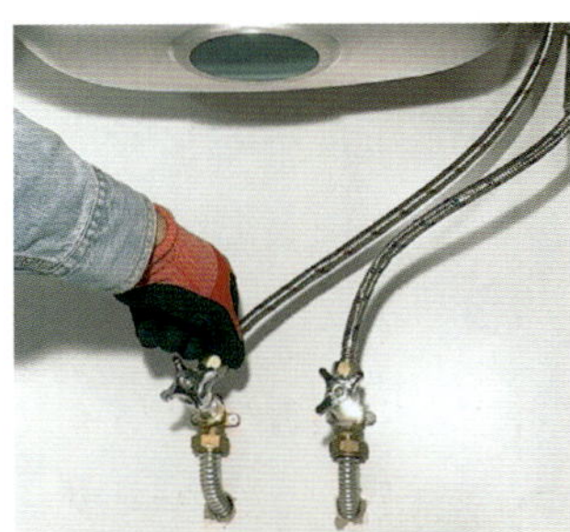
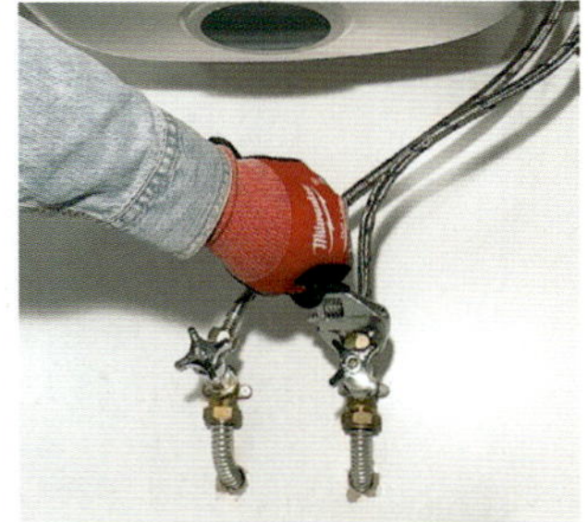

무게추를 혼합 호스에 끼웁니다. 이때 위에서 40cm 정도 되는 위치에 끼우고 클립으로 고정합니다. 온수 밸브와 냉수 밸브를 연 후 수전을 열어서 물이 잘 나오는지 확인합니다. 물이 나오는 상태에서 오늘 설치한 호스 중 새는 부분이 없는지 확인합니다.

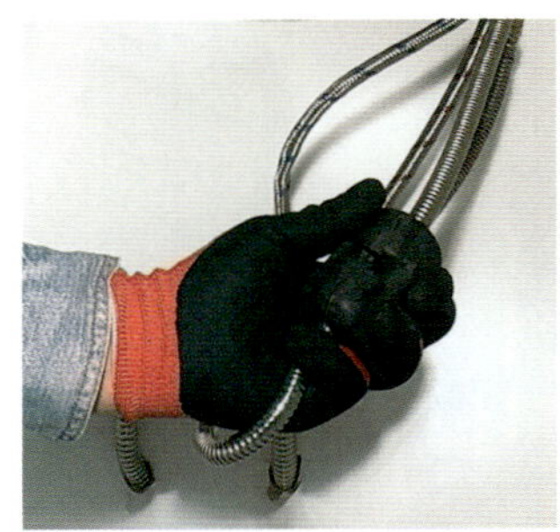
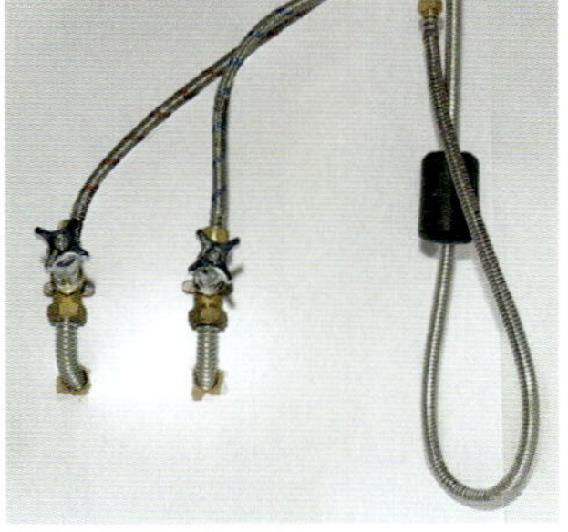

바로 이어서 벽면 부착형 수전을 교체해 보겠습니다. 벽면에 수전을 설치하는 작업은 싱크대 상단에 설치하는 것보다 훨씬 수월합니다. 준비물은 멍키스패너, 서비스 니플, 테플론 테이프, 새 수전입니다.

서비스 니플은 서비스 소켓이라고도 부릅니다. 기존 수도 배관이 벽 안쪽으로 깊숙이 박혀 있으면 수전을 연결하기가 까다로운데, 이때 배관 길이를 연장해 주는 연결 부속이 서비스 니플입니다. 단, 기존 수도 배관과 서비스 니플 사이가 조금이라도 뜨면 물이 샐 수 있으므로 연결 부분을 테플론 테이프로 충분히 감아 틈을 막아줘야 합니다. 서비스 니플 크기는 보통 30mm를 많이 쓰는데, 수도 배관이 깊이 박혀 있다면 더 긴 걸로 사야 합니다.

벽면 부착형 싱크대 수전 교체하기

step 01

벽면 부착형 싱크대 수전을 교체하려면 집으로 들어오는 수도관의 밸브를 잠가야 합니다. 수전함을 열고 수도관 밸브를 잠급니다.

step 02

기존 수전을 떼어내야 합니다. 멍키스패너로 수전 본체와 편심을 잇는 너트를 시계 반대 방향으로 돌려서 풉니다. 수전 본체가 분리됩니다.

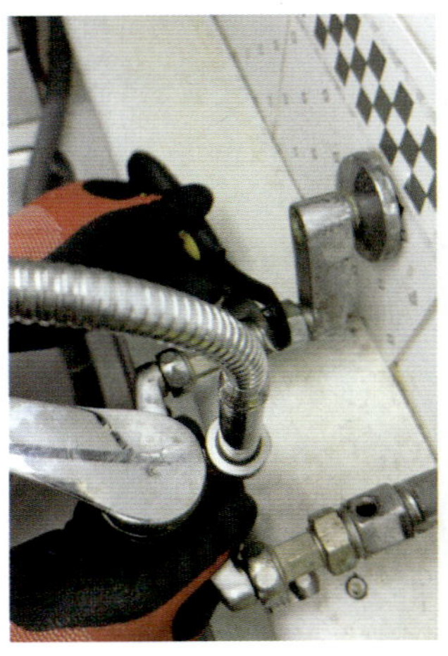
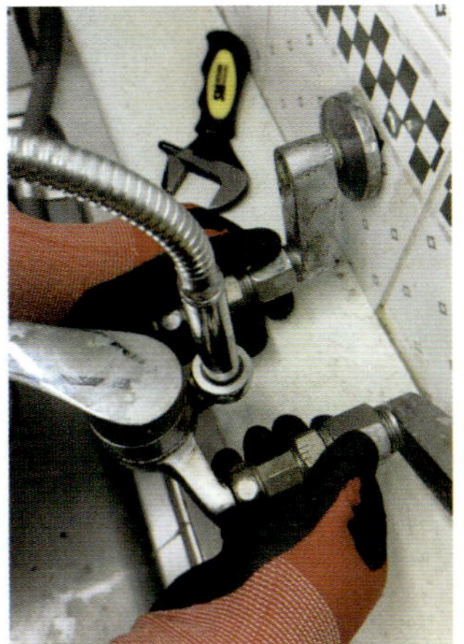
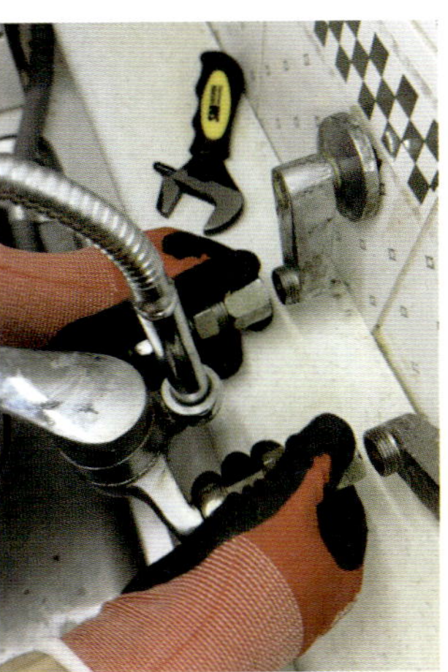

step 03

편심은 손으로 쉽게 풀리지 않으므로 망치로 살살 쳐서 풉니다. 세게 치면 안쪽에 있는 배관의 나사산이 부러질 수 있으므로 주의합니다.

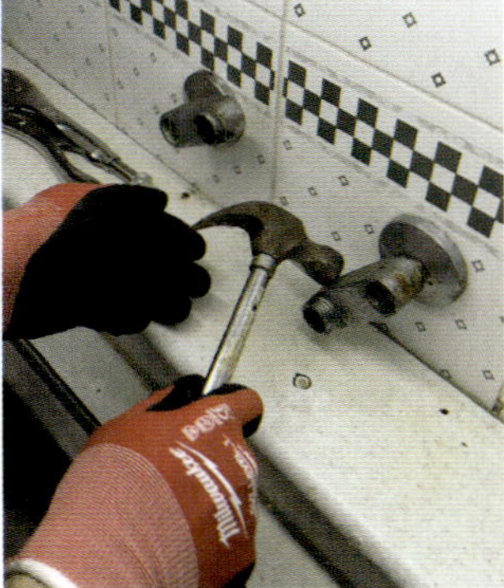

배관 안에 물이 남아 있을 수 있으므로 아래에 수건을 깔아두면 좋습니다.

편심과 배관 덮개를 제거하고, 배관 안쪽을 깨끗이 닦습니다. 만약 출수 배관이 벽 안쪽에 깊숙이 들어가 있다면 서비스 니플을 이용해 배관 길이를 늘여야 합니다.

step 05

테플론 테이프를 손으로 꼬아서 실처럼 만듭니다. 꼰 테플론 실을 새로 산 서비스 니플의 나사산 부분에 감습니다. 실은 나사산이 돌아가는 방향으로부터 두 칸 정도만 여분을 남겨두고 끝까지 감습니다. 이렇게 두 칸 정도 띄워야 나중에 끼우기가 편합니다. 테플론 실이 감긴 부분을 테플론 테이프로 15번 정도 감아줍니다. 그래야 틈이 생기지 않습니다. 같은 방법으로 서비스 니플을 1개 더 만듭니다.

벽에 박힌 배관에 서비스 니플을 끼웁니다. 구멍이 작아 손으로 끼우기 어려우므로 멍키스패너를 씁니다.

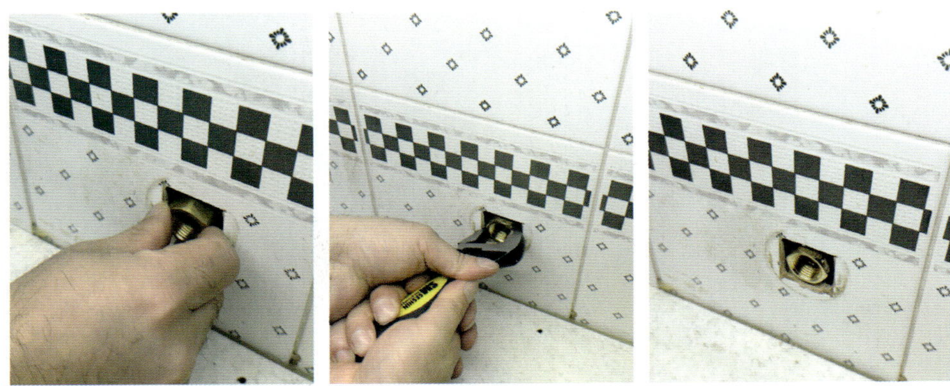

배관 구멍에 배관 덮개를 대고 테플론 테이프를 감은 편심을 배관에 끼운 후 돌립니다. 수전 본체에 맞게 편심 기울기
를 조절합니다.

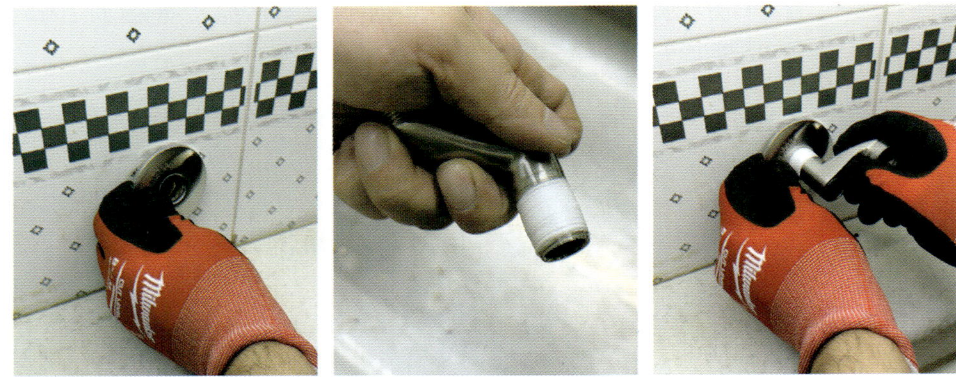

수전에 고무 패킹을 삽입합니다. 수전에 붙은 너트를 편심에 끼워 돌립니다. 너무 세게 조이면 나사산이 깨지므로 살
살 돌려서 끼웁니다.

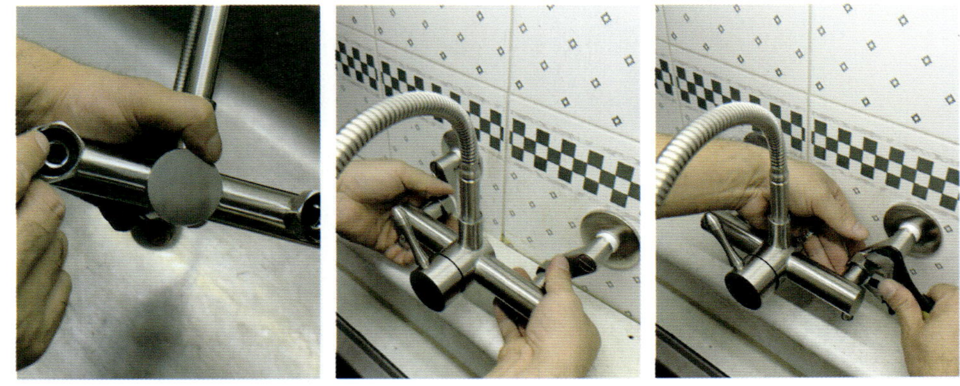

수도함에서 수도관 밸브를 열고, 수전 핸들을 올려 물이 나오는지 확인합니다.

수전 주위에 물이 새지 않는지도 확인합니다.

수전 하나만 바꿔도 주방 분위기가 확 달라집니다. 물론 집안 환경은 실습 환경과 다르므로 생각하지도 못한 문제가 생겨 애를 먹을 수 있습니다. 그렇다 해도 일단 교체 작업을 시작하면 방법을 찾을 것이고 결국 해낼 겁니다. 뚝딱 해내면 으쓱할 테고, 조금 힘겹게 해내더라도 뿌듯함을 느낄 겁니다.

음식을 해 먹다 보면 하루에도 몇 번씩 싱크대 수납장을 여닫습니다. 싱크대 수납장은 MDF(톱밥 같은 나뭇가루를 압착하여 만든 판자)에 필름을 붙인 형태가 많은데 생각보다 수명이 긴 편입니다. 반면 수납장 문에 달린 경첩은 생각보다 수명이 짧습니다. 시간이 지나면 조절 나사가 풀어져 문이 틀어지거나 문을 닫을 때 소리가 커져 깜짝깜짝 놀라기도 합니다. 이럴 때는 십자드라이버 하나로 빠르게 해결할 수 있습니다. 물론 교체도 어렵지 않습니다.

싱크대 경첩을 교체하려면 장에 맞게 설치해야 합니다. 문의 종류에 따라 아웃도어 경첩, 인도어 경첩, 반 도어 경첩 중 선택합니다. 아웃도어 경첩은 문을 열었을 때 문짝이 장 측면을 덮는 형태로, 문을 닫았을 때 장 측면이 보이지 않습니다. 인도어 경첩은 문을 열었을 때 문짝이 장 측면 안쪽으로 들어가는 형태로, 문을 닫았을 때 장 측면과 문짝이 평평하게 일치합니다. 반 도어 경첩은 문 2개가 맞닿아 열릴 때 쓰는 경첩으로, 장 측면을 문짝이 절반씩 덮는 형태입니다. 싱크대 경첩에는 주로 아웃도어 경첩을 씁니다.

아웃도어 경첩

인도어 경첩

반 도어 경첩

다음으로 경첩의 두께, 각도, 홀컵 크기를 확인해야 합니다. 경첩 두께는 장 측면 두께가 10~15mm이면 9mm(18T) 경첩, 18mm 이상이면 7mm(15T) 경첩을 씁니다. 경첩 각도는 80도, 110도, 135도, 180도가 있는데, 싱크대 경첩은 주로 110도를 씁니다. 홀컵 크기는 기존 경첩을 제거한 후 뚫린 구멍 크기를 확인하면 되는데, 싱크대 경첩은 주로 35mm를 씁니다. 이외에도 문이 부드럽게 닫히길 원하면 댐핑 경첩(유압식)을 쓰고, 장에 나사를 박고 싶지 않다면 무타공 경첩을 고릅니다.

설치된 장에 맞는 경첩을 산 후 직접 교체해 보겠습니다. 실습에서는 '아웃도어, 18T(두께), 110도(각도), 35mm(홀컵 크기) 댐퍼 내장형 경첩'을 사용합니다. 경첩에 뚫린 구멍 4개 중 왼쪽 2개는 가구 측면에, 오른쪽 2개는 문짝에 고정되도록 피스를 박는 위치입니다. 댐퍼는 뒤집어보면 확인할 수 있습니다.

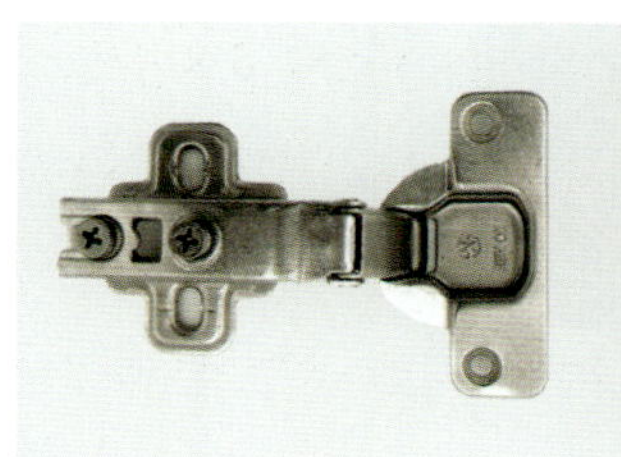

경첩을 펼친 모습

왼쪽은 가구/오른쪽은 문짝에 고정

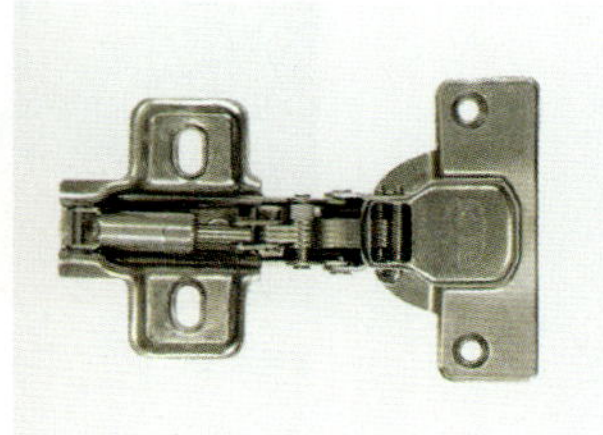

뒤집은 모습(댐퍼를 확인할 수 있음)

싱크대 경첩을 수리하고 교체하기 전에 경첩의 구조를 대략 살펴보겠습니다.

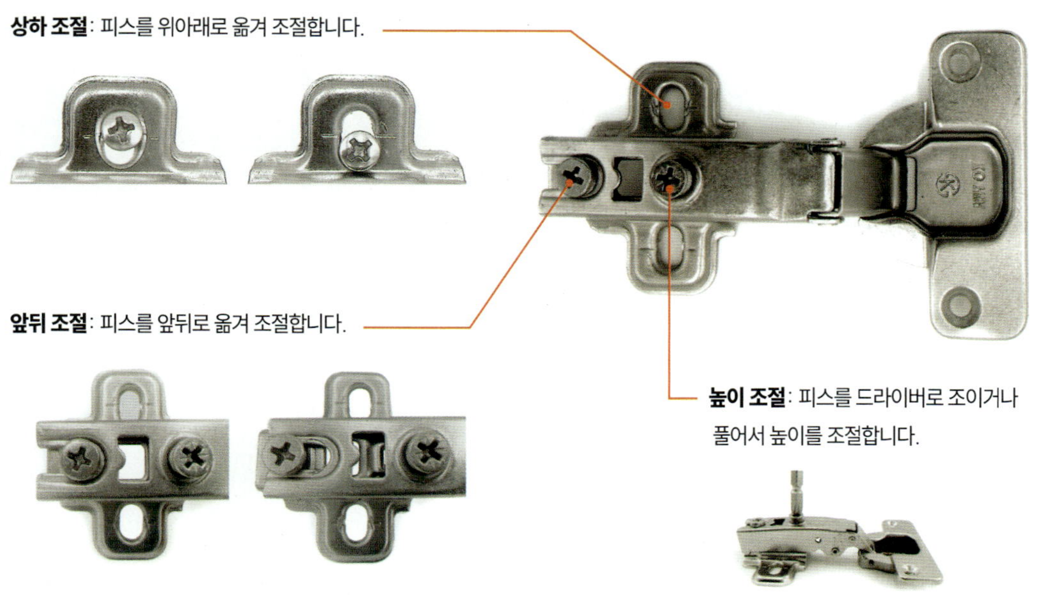

싱크대 경첩 손보기

step 01 댐퍼 경첩이라면 구멍을 새로 뚫지 않고 문 높이를 조절할 수 있습니다. 상하 조절 피스를 살짝 푼 다음 문 높이를 조절하고 다시 피스를 조이면 손쉽게 조절됩니다. 장을 옆에서 봤을 때 문이 앞쪽으로 벌어진 경우가 있습니다. 이럴 때는 앞뒤 조절 피스를 풀었다가 위치에 맞게 다시 조여주면 문이 뜨는 정도를 조정할 수 있습니다.

상하 조절

앞뒤 조절

step 02 높이 조절 피스를 시계 방향으로 돌리면 문이 닫히는 방향으로 이동합니다. 시계 반대 방향으로 돌리면 문이 열리는 방향으로 이동하겠죠? 해보면 별로 어렵지는 않습니다.

높이 조절

싱크대 경첩 교체하기

step 01 문을 닫을 때마다 끼익하는 소리가 난다면 일반 경첩을 쓰는 경우입니다. 댐퍼 경첩으로 교체하면 문이 부드럽게 닫히고 소리도 덜 납니다. 댐퍼 경첩으로 교체해 보겠습니다. 기존 싱크대 경첩에 박힌 피스 4개를 모두 풀어 분리합니다.

step 02 새로 산 댐퍼 경첩을 이전 경첩과 똑같은 위치에 고정합니다. 싱크대 장 쪽에 문을 고정할 때는 열어놓은 채로 피스를 박으면 훨씬 편할 겁니다. 간단히 교체됩니다.

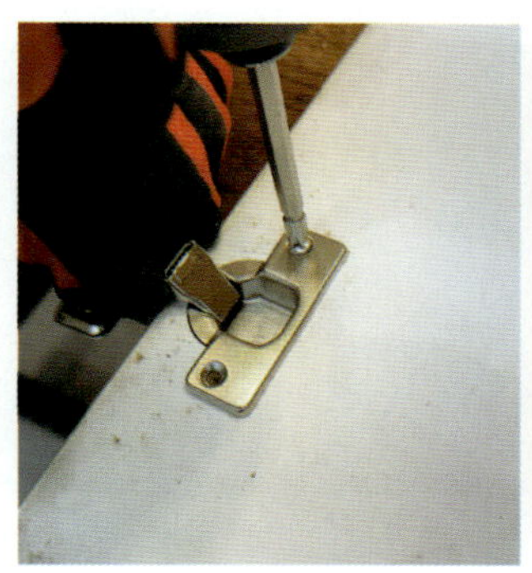 

싱크대 경첩의 원리와 구조를 익히고 교체하는 방법까지 익혀보았습니다. 경첩은 싱크대 장뿐 아니라 옷장이나 욕실 장 등 거의 모든 장에 붙어 있는 부속품이라 수리법과 교체법을 익혀두면 여러모로 유용합니다. 물론 조금씩 차이가 나지만 기본 구조와 교체법은 동일하기 때문입니다. 이제 싱크대 장, 옷장, 욕실 장 문에서 소리가 나거나 삐걱대도 전혀 걱정스럽지 않을 겁니다. 다만 댐퍼 경첩을 시공한 후에 스스로 닫히는 속도 이상으로 문을 억지로 힘을 줘서 열거나 닫으면 경첩 수명이 급격히 짧아집니다. 평소 문을 천천히 여닫길 권합니다.

이사를 할 때 수압이나 냉난방과 관련한 창호는 자세히 확인하고 문제가 있으면 바로 수리나 교체를 진행하지만, 주방 후드는 놓치는 경우가 많습니다. 꼼꼼한 사람조차 주방 후드는 내부까지 보는 경우가 드물고 필터 정도만 점검합니다. 그런데 막상 음식을 해 먹으려고 하면 굉장히 찜찜합니다. 그제서야 후드 내부를 보는데 안 봤으면 모를까, 보고 나면 도저히 그냥 둘 수 없는 경우가 흔합니다. 후드를 열면 아래 그림과 같은 상황이 흔합니다. 5년만 써도 이 정도로 더러워집니다. 팬과 날개는 물론 모터 축에도 기름이 가득 낍니다. 이 정도면 RPM, 즉 모터가 돌아가는 속도가 줄어들고 내부 베어링에도 기름이 끼어 팬이 가동될 때 덜컥거리는 소리가 나기도 합니다.

전셋집이라면 집주인에게 주방 후드 교체를 요구할 수 있지만(물론 요구한다고 교체해 준다는 보장은 없습니다), 이사를 마친 후에는 그마저도 힘들죠. 청소와 교체, 둘 중 하나를 선택해야 합니다. 일단 청소하기로 마음먹었다면 하나씩 모두 분해한 후 청소하고 조립해야 합니다. 무엇 하나 쉽지 않습니다. 게다가 알루미늄 배관에 낀 기름은 청소할 수 없으므로 무조건 교체해야 합니다. 이런 어려움 때문에 보통 청소보다는 교체를 권합니다.

다행히 주방 후드는 비싸지 않고, 시공법도 무척 쉽습니다. 조금 두렵겠지만 일단 주방 후드 필터를 빼서 내부를 살펴봅시다. 운 좋게 필터만 청소해도 될 만큼 깨끗할 수도 있습니다. 그렇다면 필터부터 청소해 보겠습니다.

주방 후드 필터 청소하기

step 01   필터를 청소해 보겠습니다. 싱크 볼 또는 큰 대야에 필터를 놓고 필터가 잠길 정도로 배수구 청소 용액을 붓습니다. 기름때 정도에 따라 물에 희석해 쓸 수도 있지만 원액을 그대로 써야 하는 경우가 많습니다. 2~3분 정도 지나면 기름때가 떨어져 나옵니다. 장갑을 끼고 필터를 뒤집어둡니다. 5분 정도 지나면 수돗물로 충분히 헹궈냅니다. 새것처럼 바뀝니다.

step 02   싱크 볼 크기가 작거나 큰 대야가 없다면 세탁 비닐에 필터를 넣고 과탄산소다를 골고루 뿌립니다. 온수를 잠길 정도로 붓고 비닐째 흔들어서 기름을 녹여줍니다. 이때는 마스크를 꼭 착용해 주세요. 10분 정도 지나면 수돗물로 깨끗이 헹궈냅니다. 역시 새것처럼 바뀝니다.

 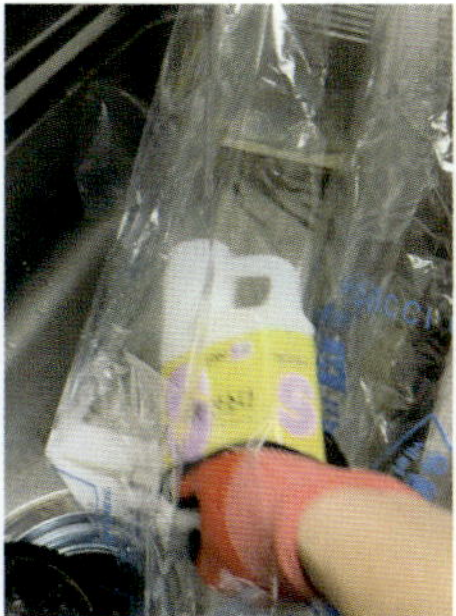 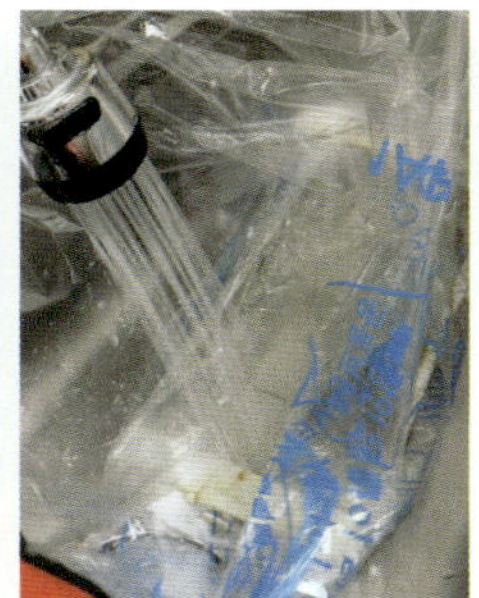 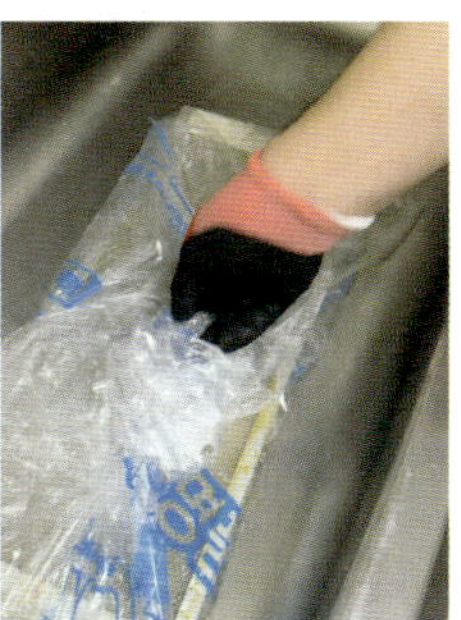

주방 후드를 교체하기로 마음먹었다면 우리 집 주방에 맞는 후드를 사야 합니다. 먼저 기존 후드의 크기를 잽니다. 보통 폭은 250~300mm, 길이는 600mm입니다.

인터넷 쇼핑몰에서 '주방 후드'를 검색하면 5만 원대 제품부터 100만 원이 훌쩍 넘는 제품까지 다양하게 보입니다. 일반형은 5~10만 원 정도면 충분합니다.

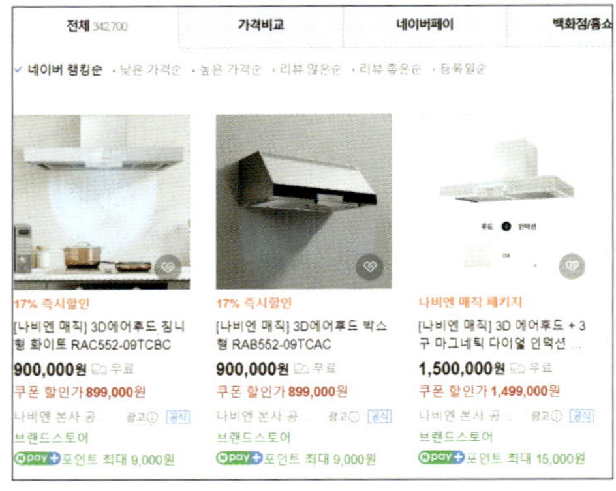

주방 후드는 다음과 같이 구성되어 있습니다. 제품을 사면 보통 주방 후드 본체, 케이블 타이, 주름 배관, 고정 피스가 옵니다. 직접 교체해 보겠습니다.

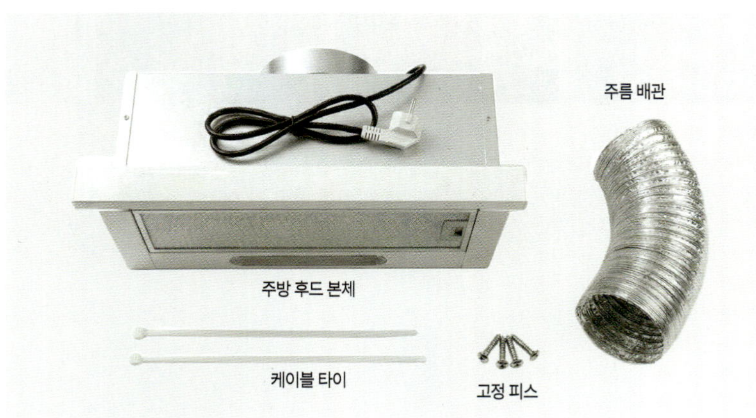

주방 후드 교체하기

step 01 주방 후드가 설치된 장의 문을 열면 후드가 보입니다. 주방 후드의 전원선을 빼고 배관을 분리합니다. 배관은 케이블 타이로 묶여 있거나 피스가 박혀 있을 수 있습니다.

step 02 후드 본체를 고정하는 브래킷에서 피스를 뺍니다. 이때 후드 본체가 떨어지지 않도록 손으로 받치면서 작업해야 합니다. 후드 본체가 쉽게 분리됩니다.

이제 새 주방 후드를 달아봅시다. 먼저 새 주름 배관을 조립합니다. 기존 위치에 피스를 박으면 됩니다. 연기가 장 안으로 스며들지 않도록 실리콘으로 코킹하면 더 좋습니다. 다음으로 후드 본체를 벽면에 고정합니다. 왼손으로 후드를 받친 채 왼편 고정판에 피스를 하나 박고, 대각선 방향의 피스를 하나 더 박으면 후드가 고정되어 아래로 떨어지지 않습니다. 후드 무게가 가벼워 힘들지는 않습니다. 나머지 피스를 마저 박아 단단히 고정합니다.

주름 배관을 후드 본체의 배기관에 끼웁니다. 아주 딱 맞아서 끼우기가 쉽지 않습니다. 알루미늄이 찢어질 수 있으니 살살 돌려가면서 조심스럽게 끼웁니다. 다 끼웠다면 짧은 피스를 박아서 고정하거나 케이블 타이로 고정합니다.

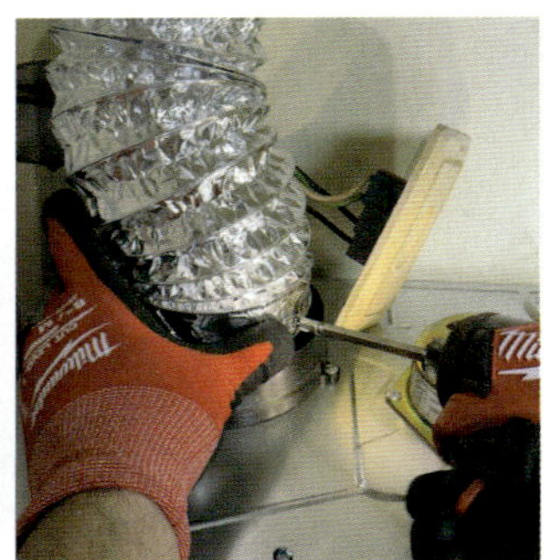

전원을 연결합니다. 후드를 열면 자동으로 등이 켜지도록 스위치를 설정합니다. 이어서 팬의 속도를 조절하는 스위치를 설정합니다. 설치가 간단히 끝났습니다.

주방 후드 교체를 직접 한다니, 그동안 엄두가 나지 않았을 겁니다. 하지만 막상 해보니 너무 간단해서 그동안 왜 미뤘나 싶을 수 있습니다. 그 정도로 쉬우니 꼭 도전해 보길 권합니다. 이제 우리 집 주방 시설 관리도 내 손으로!

목수 집에 제대로 된 문짝 하나 없다

전·월세 계약은 보통 2년이다. 집을 2년 정도 쓰면 여기저기 소모품이 상하고, 집주인은 그런 부분을 귀신같이 찾아내 퇴거 전에 보수해 놓고 가라고 한다.

"목수 집에 제대로 된 문짝 하나 없다"라는 말이 있다. 안 닫히는 나무 문짝에 삐거덕대는 싱크대 선반이 우리 집에도 넘쳐났다. 다행히 극도로 귀찮아 미뤄뒀던 보수를 '오늘의현장' 채널에서 집 수리 교육 영상의 소재로 다뤄 해결했고, 그런 방식으로 하나씩 보수·교체하면서 우리 집 소모품 (도어락부터 방문 손잡이까지)은 최상의 컨디션을 유지하고 있다. 지금은 영상 소재로 쓰기 위해 뭐가 고장 났는지 더 살피는 게 버릇이 되었을 정도다.

SNS 채널을 운영하다 보면 다양한 댓글과 디엠을 받는데, 그중 상당수는 "왜 이렇게 쉬워 보이는 가?"였다. 혹자는 "누가 보기에 쉬워 보인다면 그 사람은 기술자다"라고 말한다. 틀린 말은 아니다. 하지만 그 말은 용접이나 절단 같은 전문 시공 기술 안에서만 통하는 말이다.

기본 집수리는 - 정말 쉽다

평소 늘 접하는 하드웨어(싱크대 수전, 주방 후드 등)는 사용만 했지 고장 날 수 있다는 건 생각해 본 적도 없을 것이다. 그러니 한번 고장 나면 머릿속이 먹먹해진다. 전문가를 불러야 하나? 문이 제대로 닫히지 않는 고장 난 싱크대 경첩은 또 어떤가? 전문가를 부르기에는 멋쩍지만 그냥 쓰려 니 여간 불편한 게 아니다.

책에 담긴 글과 사진만 봐서는 따라 하기 힘들 수 있다. 하드웨어는 집마다 다르고 고장 난 상황도 조금씩 달라서다. 책은 지면이 한정되어 있어 꼭 필요한 글과 사진만 담아서일 수도 있다. 그래도 시작해 보자. 일단 드라이버로 분해하고 조립하다 보면 책에서 배우지 못한 기술을 스스로 익힐 수 있다. QR 코드를 스캔해 '오늘의현장' 채널의 영상도 확인하자. 그래도 막힐 수 있지만, 그렇게 이런저런 나만의 방법을 찾다 보면 분명 실력이 는다.

완전히 손에 익히고 나면 주변 가족이나 친구들에게 인기몰이 한번 할 수 있을 거라 장담한다. 그렇다고 "나 그거 할 줄 안다"라며 나서지는 말자. 여기저기서 불러대면 상당히 귀찮을 수 있다. 힘들어도 티를 낼 수 없는데 대개 보상도 없다. 그러니 나서서 자랑은 말길….

'오늘의현장' 채널의 팔로워 중 25% 이상이 여성이다. 나는 이 점이 굉장히 흐뭇하다. 적어도 이 25%의 여성이 내 영상에 관심이 있고 이해하고 있다는 뜻이라서다.

난도가 최상급인 옥상 방수 페인트 도장을 따라 하고 성공시킨 결과를 디엠으로 보내준 아이 엄마가 있었다. 채널을 운영하면서 뛸 듯이 기뻤던 순간 중 하나다. 내가 영상에서 "기본 집수리는 정말 쉽다"라고 한 말이 거짓이 아니라는 걸 증명해 준 순간이기 때문이다.

주방 후드?
아마 그분은 지금 발가락으로 교체하고 있지 않을까 싶다
쉽다! 집수리!

오늘의현장 인스타그램   오늘의현장 유튜브

작은 부품 교체부터 굵직한 부분 수리까지  3000만 원 아끼는 혼자 하는 집수리

5장

욕실

샤워기 교체

샤워기를 교체하는 방법은 매우 쉽습니다. 멍키스패너 하나만 있으면 될 정도죠. 그런데도 책에서 다루는 건, 집수리 초보자가 처음 시도하기에 적합한 작업이기 때문입니다. 직접 해 보면서 어렵지 않다는 걸 알면 다른 작업으로 더 쉽게 넘어갈 수 있거든요. 가끔 샤워기 헤드는 어떻게 청소하고 얼마나 자주 교체하는 게 좋은지 묻는 분이 있습니다. 헤드는 분리해서 끓는 물에 10분 이상 열탕 소독하길 권하고, 6~12개월 주기로 교체하길 권합니다. 요즘에는 샤워기 줄도 금속 재질 대신 실리콘 재질로 바꾸는 분이 많습니다. 금속 호스는 틈새에 물때가 끼어서 세균이 번식하기 쉬운데, 매번 세척하기는 또 쉽지 않습니다. 실리콘 재질로 바꾸면 간단히 해결될 문제입니다. 자, 지금부터 샤워기 헤드와 호스를 바꿔보겠습니다. 새 샤워기(헤드와 호스)와 멍키스패너를 준비합니다.

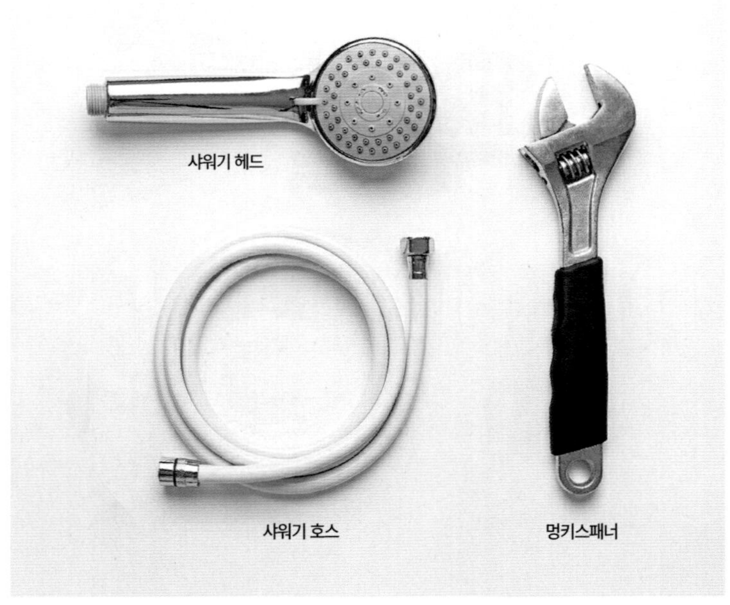

 ## 실습 샤워기 헤드와 호스 교체하기

step 01 기존 샤워기 호스는 그대로 쓰고 헤드만 바꾸고 싶다면 공구는 전혀 필요 없습니다. 기존에 쓰던 샤워기 헤드를 돌려서 호스에서 뺍니다. 새 샤워기 헤드를 호스에 연결한 후 돌려서 조이면 끝납니다.

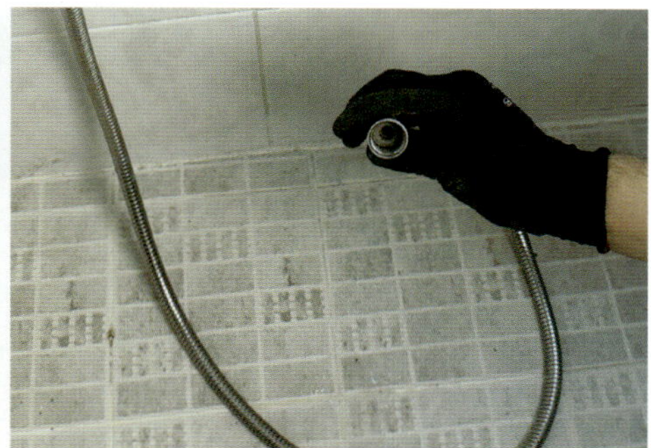
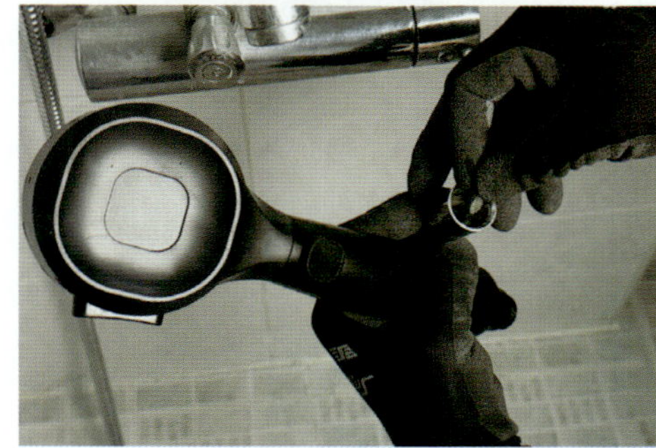
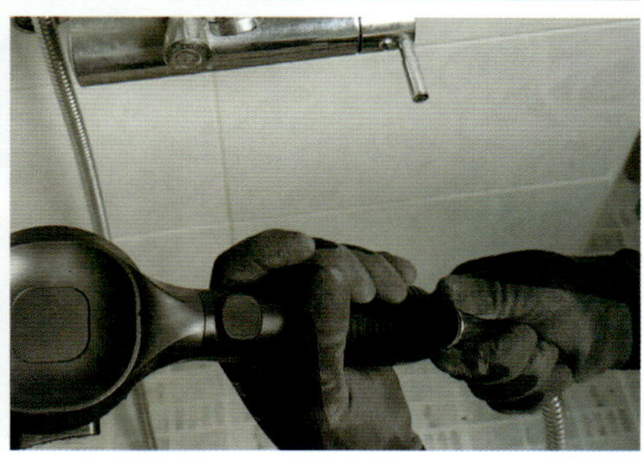

특별한 경우가 아니라면 샤워기 헤드와 호스의 연결 부위는 나사산의 크기와 폭이 어떤 제품이든 동일합니다. 따라서 샤워기 헤드를 구입할 때는 규격을 고민할 필요 없이 원하는 샤워기 헤드를 고르기만 하면 됩니다. 해바라기 샤워기라고 부르는 레인 샤워기도 헤드는 돌리기만 하면 빠지므로 공구 없이도 쉽게 교체할 수 있습니다.

step 02 샤워기 호스를 교체하고 싶다면 수전이 잠긴 상태에서 멍키스패너로 호스와 수전 연결부 너트를 시계 반대 방향으로 돌려 풀어서 제거합니다. 수전의 입수 밸브는 잠그지 않아도 됩니다. 새 호스를 가져옵니다.

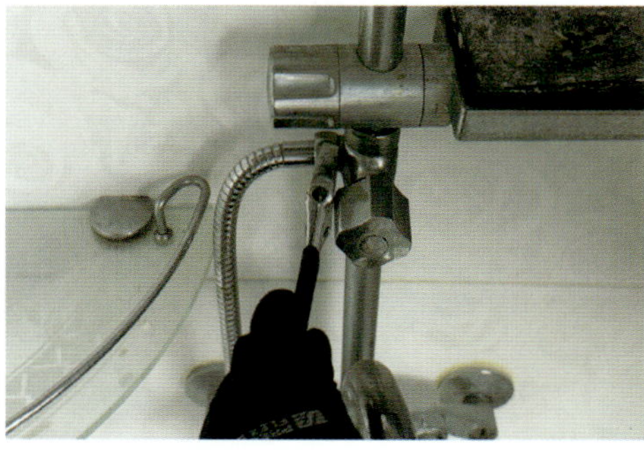

새 호스를 수전 연결부에 끼우고 너트를 시계 방향으로 조입니다. 너무 꽉 조이면 나사산이 망가지므로 주의합니다.
반대 방향에 샤워기 헤드를 끼운 후 조입니다. 물을 틀어서 샤워기 헤드나 호스에 누수가 있는지 확인합니다.

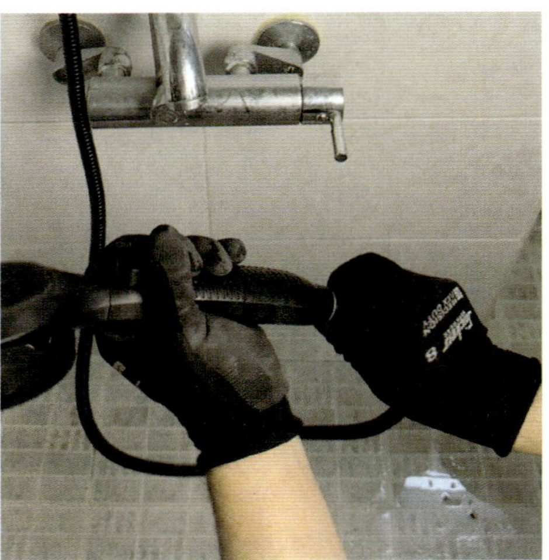

이쯤 되면 욕실 샤워기 수전 전체를 교체하고 싶을 수 있습니다. 충분히 할 수 있습니다. 이미 우리는 132쪽에서 '벽면 부착형 싱크대 수전 교체하기'를 배웠기 때문입니다. 방법이 동일하므로 원한다면 시도해 보세요. 욕실 샤워기 수전을 교체할 수 있다면 레인 샤워기도 충분히 교체할 수 있습니다. 집수리 기술이 부쩍 는 것 같지 않나요?

세면대나 싱크대를 사용할 때 물이 시원하게 내려가지 않으면 은근히 짜증 납니다. 배수관이 막힌 경우인데 대개 완전히 막힌 것도 아니라 뚫는 것도 의미가 없습니다. 배수관이 오래되면 냄새가 나기도 합니다. 이럴 때는 배수관만 교체해도 문제가 해결되는 경우가 많습니다.

배수관을 교체하려면 먼저 배수구가 벽면에 있는지 바닥에 있는지 확인해야 합니다. 다리가 있는 세면기 중 반 다리는 배수구가 벽면인 경우가 많고, 긴 다리는 배수구가 바닥인 경우가 많습니다. 배수구 위치를 확인한 후 맞는 배수관을 사야 합니다. 요즘 나오는 배수관은 물마개 일체형인 경우가 많습니다. 책에서는 바닥형 배수관과 벽면형 배수관 중 바닥형 배수관만 다룹니다. 교체 방법 자체는 어렵지 않지만 경험이 없는 사람이 괜히 도전했다가 타일이나 배관을 깨트리는 일이 많아서입니다.

바닥형 배수 세면대

바닥형 배수관

벽면형 배수 세면대

벽면형 배수관

세면대 배수관 교체하기

step 01

물마개만 청소해도 배수 문제가 해결되기도 합니다. 똑딱이 물마개라면 몸통을 눌러서 빼고, 몸통에 붙은 이물질과 머리카락 등을 깨끗하게 닦아냅니다. 배수관 위쪽에 낀 이물질과 머리카락까지 제거하고 물마개 몸통을 다시 끼웁니다. 똑딱이 물마개는 분리가 쉬워 청소하기에도 유리하고 별도로 구매할 수 있습니다.

물마개가 세면기 구멍에 난 막대를 눌러서 여닫는 방식이라면 분리되지 않습니다.

step 02

물마개 청소를 해도 물이 시원하게 내려가지 않는다면 배수관 전체를 교체해야 합니다. 세면기 아래를 보면 배수관이 보입니다. 하부 배수관을 고정한 육각 볼트를 40mm(벌림 크기) 이상 되는 멍키스패너로 풀어줍니다.

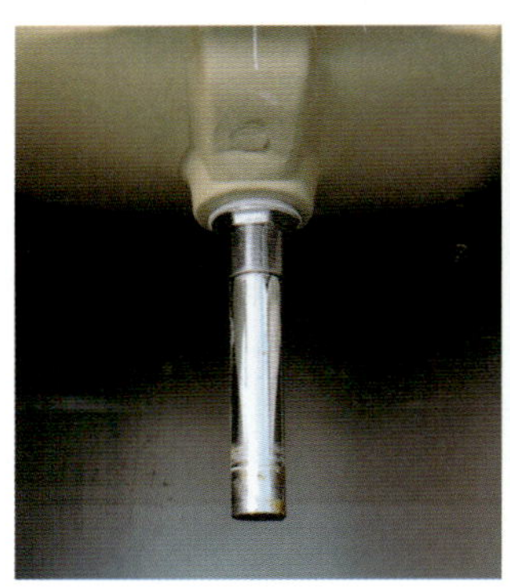

step 03

바로 위에 있는 고무 패킹을 벤치로 잡아떼거나 커터 칼로 잘라냅니다. 배수관을 세면기 위로 올리면 쉽게 빠집니다.

세면기에 뚫린 구멍을 보면 옆쪽에 파인 홈이 보입니다. 새로 산 배수관 머리에도 양쪽에 구멍이 나 있습니다. 홈에 맞춰 배수관 머리를 끼웁니다.

step 05

요즘 나오는 배수관은 고무 패킹이 일체형이므로 공구가 없어도 쉽게 설치할 수 있습니다. 세면기 아래로 내려온 배수관에 하부 배수관 머리를 꽂은 다음 돌려서 조이면 끝납니다. 조일 때 물마개가 함께 돌지 않도록, 오른손은 물마개를 눌러주고 왼손은 고무 패킹이 밀착되도록 꽉 조여줍니다. 바로 아래쪽에 있는 원통형 플라스틱 나사를 돌리면 배수관 길이를 조절할 수 있습니다. 원하는 길이로 적당히 조절합니다.

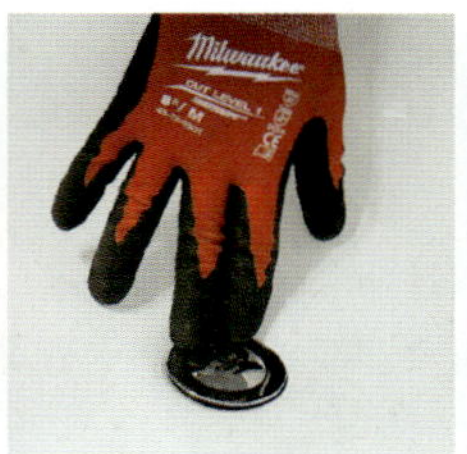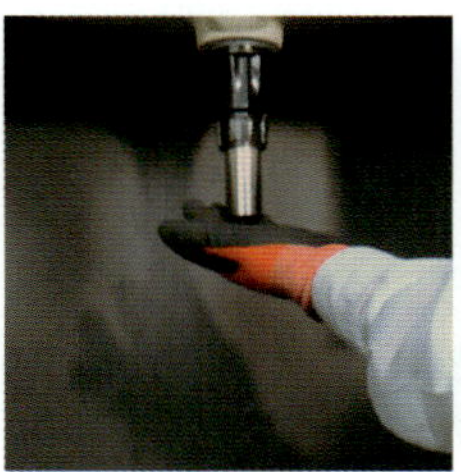

step 06

하부 배수관을 상부 배수관에 끼우기 전에, 하부 배수관의 안쪽 구조를 살펴보겠습니다. 맨 위를 보면 큰 이물질을 걸러주는 거름망이 하나 보입니다. 뚜껑을 열면 더 잘 보입니다. 거름망을 빼서 살펴보면 싱크대 배수관의 구조와 거의 비슷합니다. 구조를 확인했다면 다시 원래대로 조립해 주세요.

요즘 배수관은 큰 거름망이 들어 있는 구조가 대부분입니다. 이런 구조면 뚫어뻥이나 다이소에서 파는 배관 청소용 막대기로는 결코 문제가 해결되지 않습니다.

아래쪽 배수 호스를 먼저 하부 배수관(메인 배수관)에 연결한 뒤 상부 배수관에 꽂아 넣습니다. 왼쪽으로 조이면 완전히 고정됩니다.

 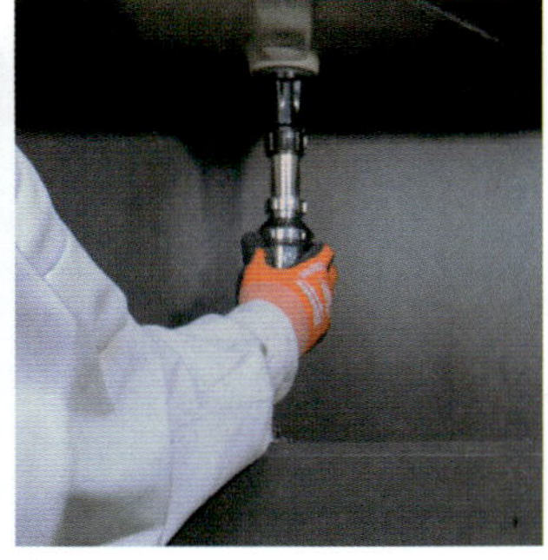 

배수가 잘되도록 그림처럼 관을 곡선으로 바꿔주면 좋습니다. 요즘 나오는 세면대 배수관은 호스를 일자형으로 시공해도 전혀 문제없습니다. 구조를 보면 알 수 있듯이 큰 이물질은 배수구 아래로 내려가지 못하도록 막아주는 망이 있기 때문입니다.

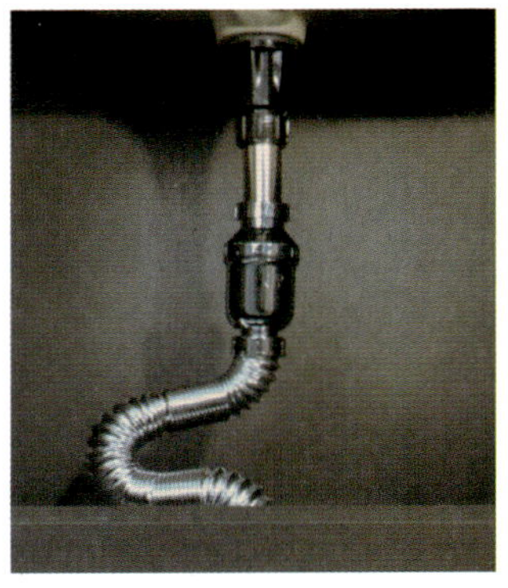

숙련자가 아니라면 배수관 교체 작업을 직접 하라고 권하지 않습니다. 차례로 분리해서 청소만 해도 말끔하게 해결될 것입니다. 다만 배수관을 교체해보면 구조를 익힐 수 있어서 해결책이 쉽게 나옵니다.

배수관과 달리 세면기는 깨지는 경우가 드물어 교체할 일이 없습니다. 다만 오래 쓴 만큼 흠집이 생길 수 있고, 흠집 난 부분이 내내 거슬리기도 합니다. 그럴 때는 세면기를 교체해 보는 것도 좋습니다. 생각보다 어렵지 않거니와 세면기를 바꾸고 나면 욕실 분위기가 확 밝아져 만족도도 높아지기 때문입니다.

먼저 세면기, 배수관, 수전을 삽니다. 세면대 배수관과 마찬가지로 수전 역시 배수구 위치가 벽면인지 바닥인지 확인하고 그에 맞춰서 삽니다. 단, 이번 실습에서도 벽면형 배수관은 다루지 않습니다. 또한 새로 지은 아파트에는 수전이 도기에 매립된 형태가 많아 일반인이 접근하기 어려울 수 있습니다. 도기를 분해하면서 깨트릴 수 있기 때문입니다. 숙련자가 아니라면 이 역시 직접 하라고 권하지 않습니다. 다만 비매립형이라면 바닥형 배수관과 시공법이 동일하므로 도전해 볼만 합니다.

수전이 도기에 매립된 벽면형 세면대 배수관

세면기를 준비했다면 새 수전, 멍키스패너, 링 스패너, 벤치, 커터 칼, 수평대, 사인펜, 칼브릭, 해머 드릴과 드릴 비트를 준비합니다.

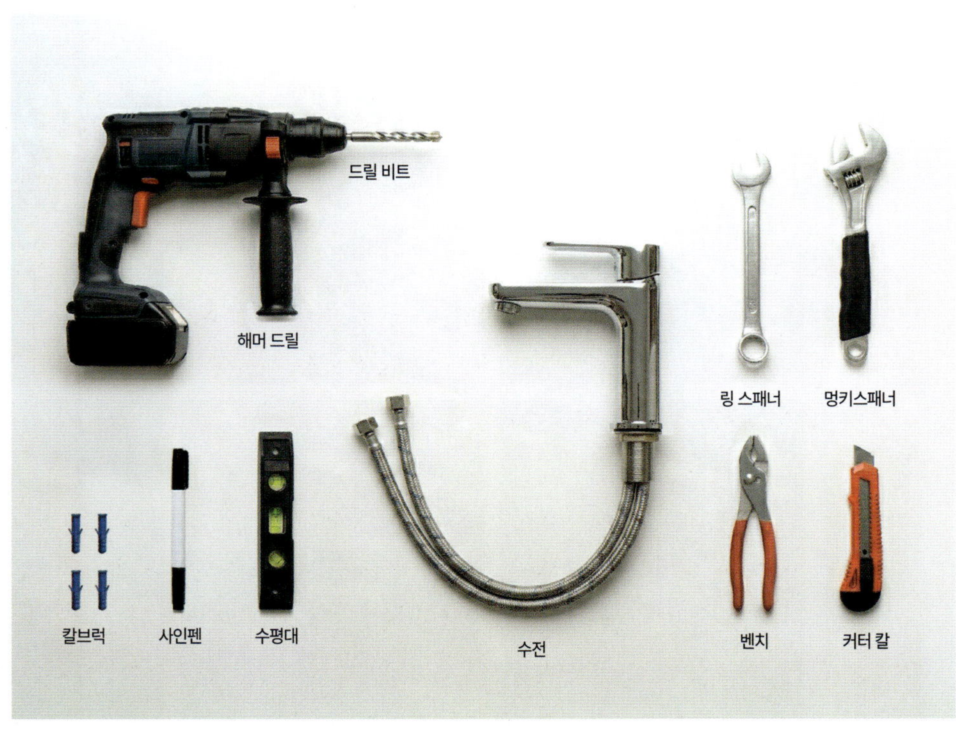

세면기와 수전 교체하기

step 01 냉·온수 밸브를 잠급니다. 멍키스패너로 수전 아래쪽 호스를 풉니다. 커터 칼로 기존 세면기에 발라진 실리콘을 잘라 냅니다.

 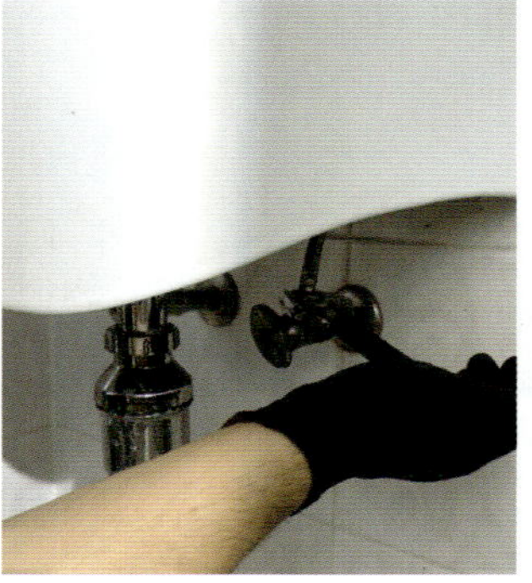 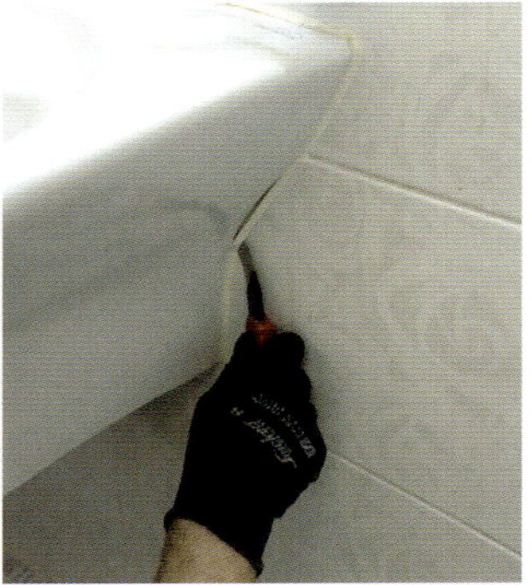

step 02 바닥에 누운 채로 세면기 내부를 보면 세면기를 고정한 너트가 보입니다. 너트는 크기가 보통 12mm이므로 12mm 링 스패너(깔깔이)를 사용해 풀어줍니다.

  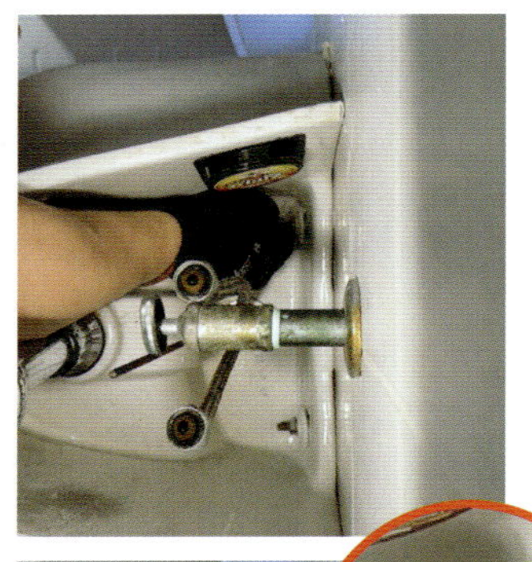

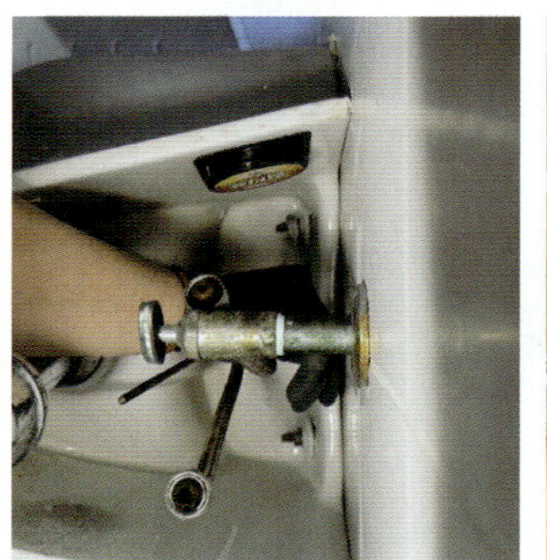  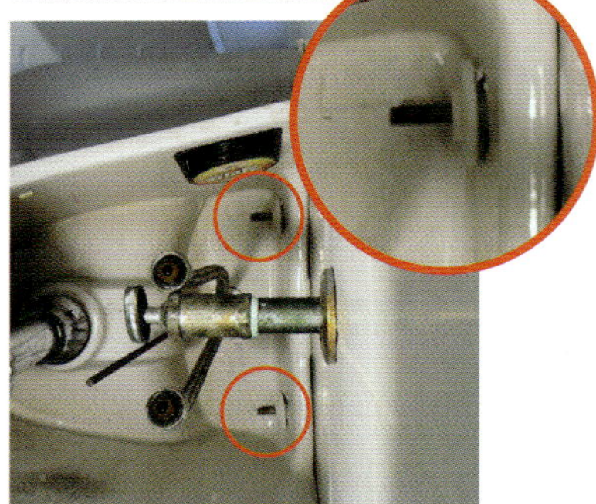

반 다리 세면기는 받쳐주는 내용물이 따로 없어서 너트를 분해할 때 자칫하면 바닥에 떨어져 깨질 수 있습니다. 따라서 반 다리 세면기를 교체한다면 누군가 세면기를 잡아줘야 합니다. 만약 혼자 작업하는 경우라면 어깨나 손으로 세면기를 받치며 작업하기 바랍니다.

새 세면기를 설치할 때는 냉·온수 배관의 위치를 확인해야 합니다. 냉·온수 배관은 보통 수직으로 평행하게 놓여 있습니다. 이 말은 구멍을 잘못 뚫어 배관을 뚫으면 대공사의 참사를 맛본다는 말입니다. 따라서 배관도를 보면서 작업해야 가장 안전하지만, 배관도가 따로 없다면 기존 세면기에 뚫려 있던 구멍 위치를 참고해서 작업해도 됩니다.

실습에서도 배관을 기준으로 구멍이 살짝 오른쪽으로 치우쳤음을 알 수 있습니다. 고정 위치가 기존 세면대와 동일한 세면기를 구입하면 이 과정을 생략할 수 있어 위험 부담이 덜합니다. 꼭 맞는 제품을 살수록 시공 난도가 낮아집니다.

step 04

수전 위치를 대략 잡아 타공 위치를 가늠해야 합니다. 긴 다리 세면기라면 그림처럼 세면기를 올린 후에 수평대로 수평을 맞춥니다. 반 다리 세면대도 수평 잡는 법은 동일합니다.

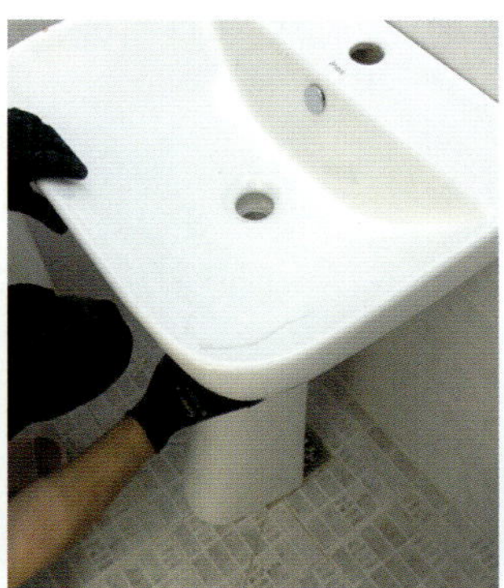

step 05

구멍 위치는 사인펜으로 표시하는 게 일반적이지만, 그림처럼 사인펜이 들어갈 공간이 없는 경우도 있습니다. 이럴 때는 뒤쪽 꼭지를 누르면 형광색 도료가 가스와 함께 분사되는 스프레이 표시기가 유용합니다. 구멍 위치를 모두 표시했다면 세면기를 다시 빼둡니다.

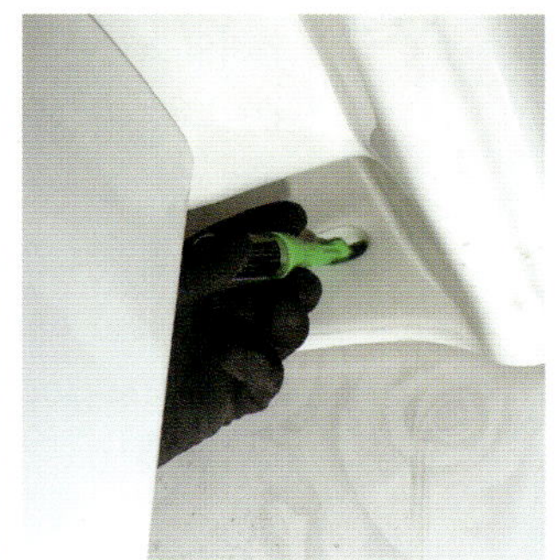

표시한 부분에 구멍을 내야 합니다. 실습에서는 제품에 동봉된 앵커가 12mm이므로 12mm 드릴 비트로 구멍을 내야 합니다. 하지만 바로 구멍을 내면 타일이 깨질 수 있으므로, 6~8mm 타일용 드릴 비트로 구멍을 뚫고 그 구멍 위로 12mm 드릴 비트를 써서 구멍을 냅니다.

실습에서는 로터리 해머 드릴을 썼지만, 이 정도는 일반 해머 드릴로도 충분합니다. 제품마다 동봉된 앵커 크기가 다를 수 있습니다. 크기를 확인한 후에 드릴 비트의 크기를 결정하세요.

step 07

앵커가 고정되도록 칼브럭을 넣어줘야 합니다. 구멍에 칼브럭을 끼우고 망치 목 부분을 잡고 깊게 쳐서 넣어줍니다. 이때 타일이 깨지는 일이 많으므로 주의합니다. 더 이상 들어가지 않으면 튀어나온 부분을 커터 칼로 잘라냅니다.

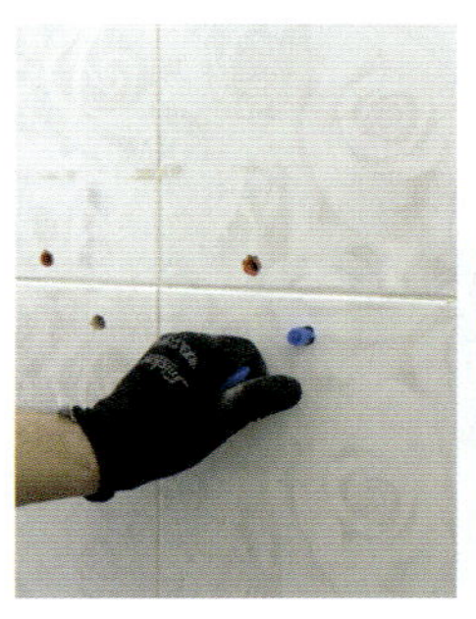 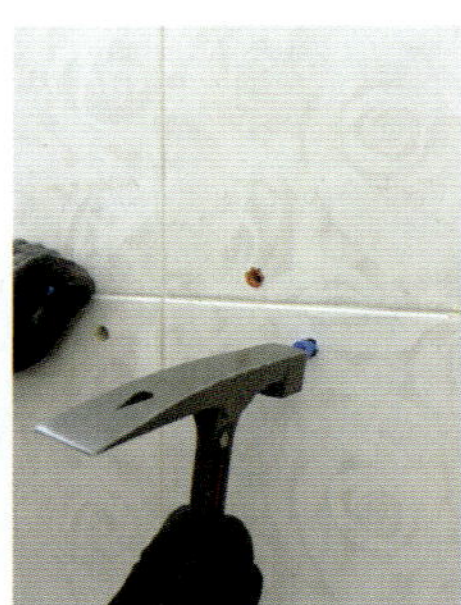 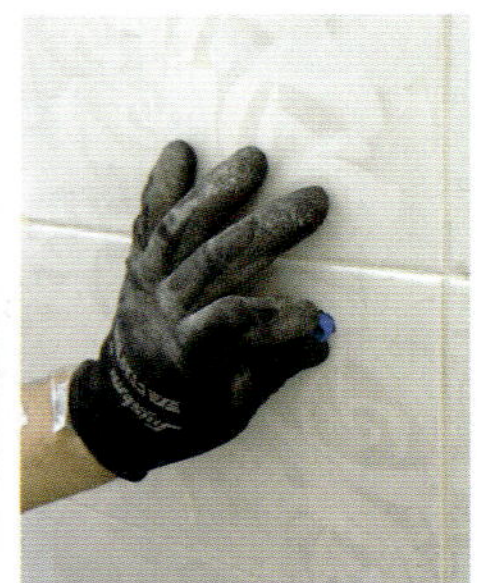 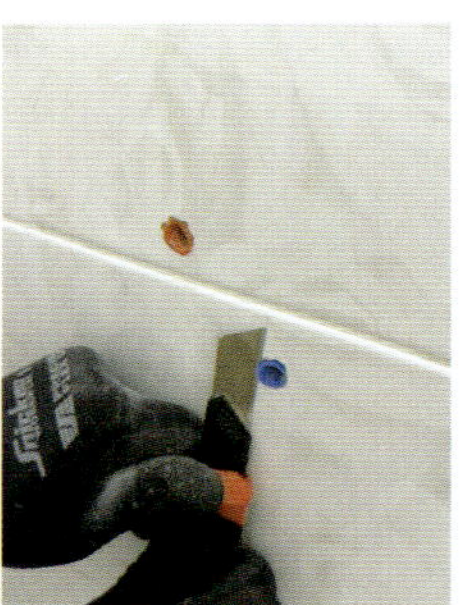

step 08

앵커의 뾰족한 부분을 칼브럭의 구멍에 넣고 해머 드릴 또는 멍키스패너로 돌려서 안쪽으로 들어가게 합니다. 나사산이 전부 들어갈 때까지 박습니다.

  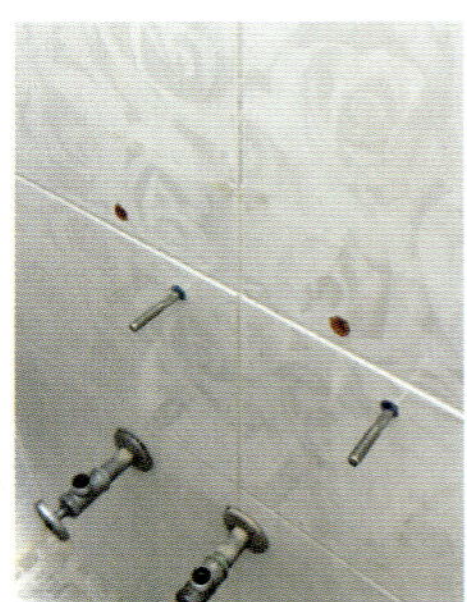

세면기에 수전을 끼워서 조립합니다. 세면기 위쪽 구멍에 냉·온수 밸브를 넣고 아래쪽 구멍에 고무 패킹과 금속 와셔를 차례로 끼운 다음 긴 육각 볼트를 돌려서 고정합니다.

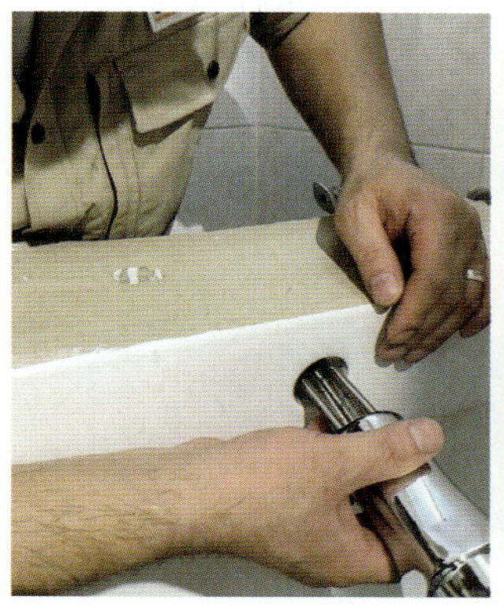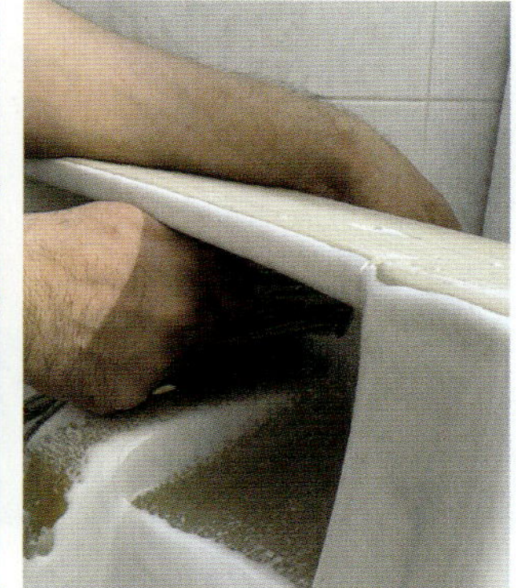

step 10

세면기 안쪽 구멍에 앵커가 들어가게 배치하고, 세면기가 앞으로 쏟아지지 않을 정도로만 너트를 조여놓습니다. 이때 고정용 부속이 세면기 안쪽으로 튀어나오는데, 돌출된 부분이 반드시 벽 쪽을 향하게 배치합니다.

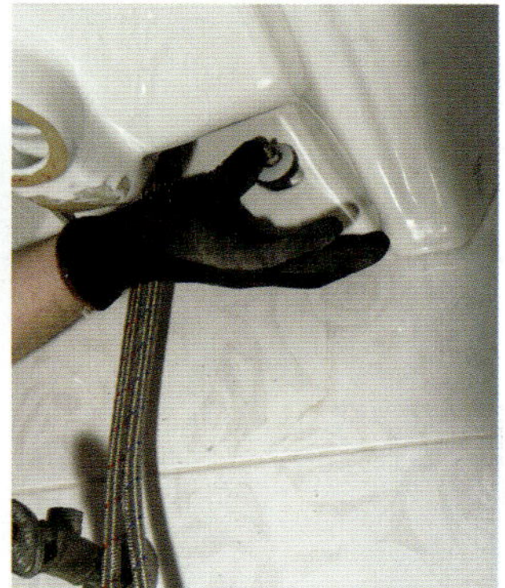

step 11

배수관을 마저 연결합니다. 배수관 연결은 154쪽에서 자세히 다루었으니 참고하길 바랍니다.

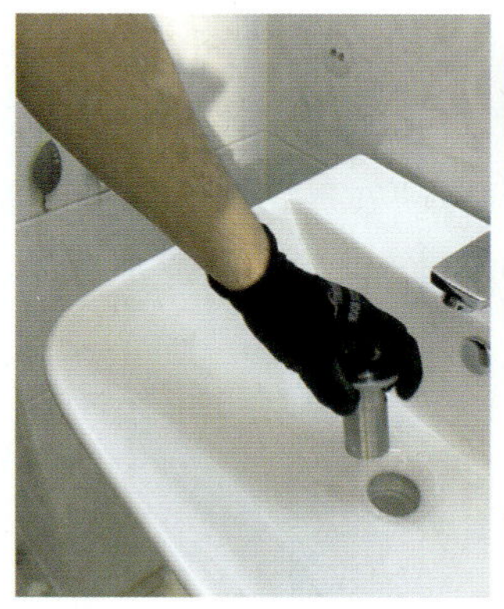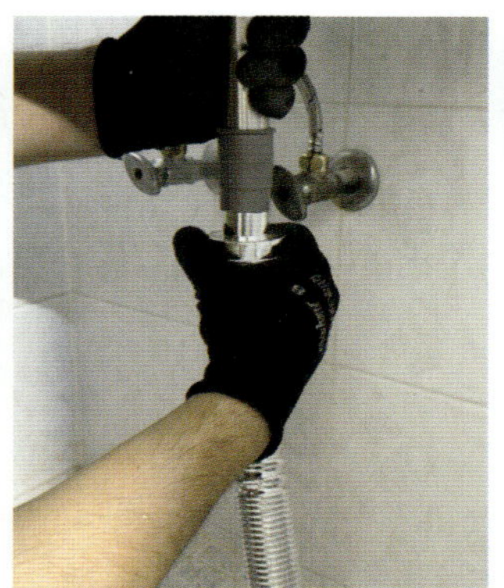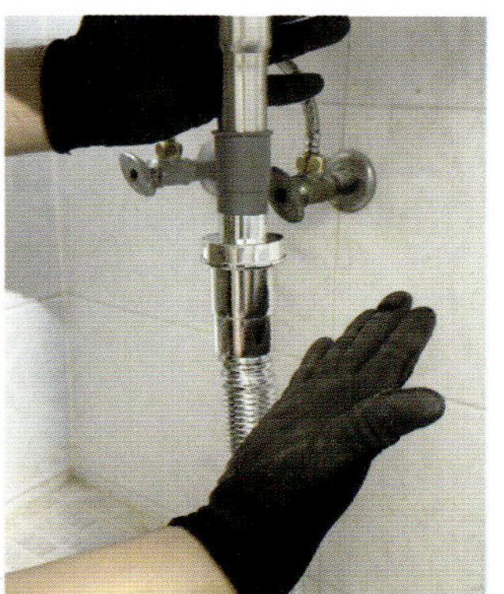

**   세면기를 살짝 들어서 다리에 해당하는 도기를 끼웁니다.

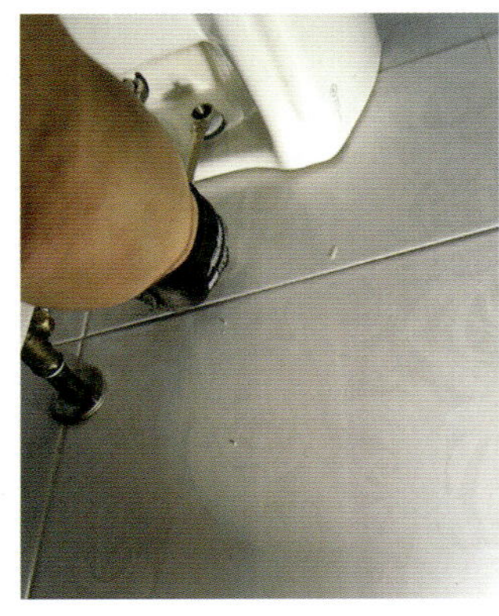 

step 13   수평대를 놓고 수평을 확인하며 세면기를 맞추고, 앞서 덜 고정한 너트를 완전히 조여서 고정합니다. 링 스패너로 흰색 부속이 딸깍 소리가 날 때까지 밀어 넣어 고정합니다. 수평을 다시 한 번 확인하고 반대쪽도 조여줍니다.

이렇게 쉽게 욕실 분위기를 바꿀 수 있습니다. 선반과 거울까지 달아도 1시간이면 충분히 작업할 수 있습니다. 세면대에서 얼굴을 씻을 때마다 뿌듯한 마음에 기분도 더 상쾌해질 겁니다. 벽면과 도기 사이는 실리콘을 발라 틈을 메워주면 청소하기가 훨씬 편합니다. 실리콘 시공은 104쪽 '실리콘 시공하기'를 참고해서 작업하길 권합니다.

최근에는 여러 브랜드에서 새로운 배기 방식을 적용한 환풍기를 개발하고 있습니다. 날개 구조도 예전에는 축류 팬(프로펠러 모양의 날개)이 대부분이었는데 요즘은 소음이 적고 효율이 높은 원샘 팬(다람쥐 쳇바퀴 모양의 날개)도 많이 쓰는 추세입니다.

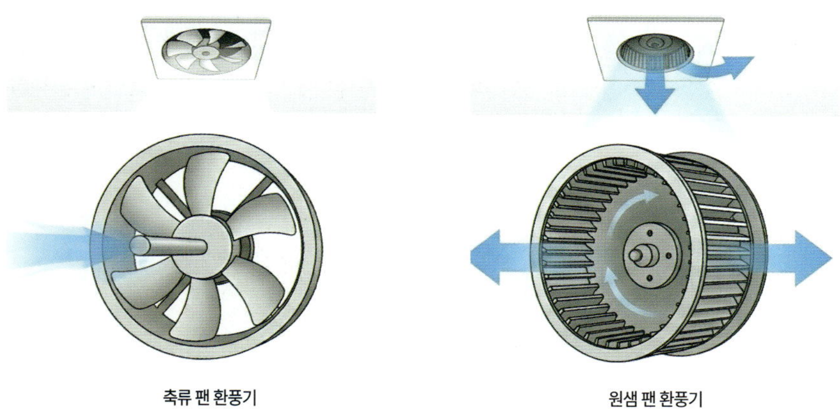

축류 팬 환풍기   원샘 팬 환풍기

덮개 역시 예전에는 날개가 보이는 형태가 많았다면 요즘은 날개를 숨기는 형태가 많습니다.

가장 대중적인 환풍기(날개가 보이는 구조)

요즘 환풍기(날개가 보이지 않는 구조)

환풍기도 소모품입니다. 시간이 지나면 모터가 닳아 소리도 나고 냄새도 잘 빼내지 못합니다. 환풍기 소리가 거슬리거나 환기가 덜 된다 싶으면 바꾸길 권합니다. 가격도 비싸지 않은 편입니다. 2~3만 원대도 많고, 4~5만 원대면 꽤 괜찮습니다.

다만 환풍기를 살 때는 다음 세 가지를 확인해야 합니다. 첫째, 천장 구멍의 크기입니다. 가정용 환풍기는 몸체를 천장 안쪽으로 넣는 형태가 대부분입니다. 따라서 이미 뚫어둔 천장 구멍에 교체할 환풍기가 들어가는지 확인해야 합니다. 그라인더가 있다면 크기에 맞게 뚫으면 되지만, 그라인더가 없다면 기존 크기와 같은 제품으로 사야 설치할 수 있습니다. 그라인더는 손에 익는 데 시간이 많이 가는 공구이자 부상 위험도 큰 공구입니다. 초보자라면 규격이 같은 제품을 구입해서 천장에 구멍을 뚫는 과정을 넘어가길 권합니다.

둘째, 천장 내부의 여유 공간입니다. 환풍기 본체가 들어갈 공간이 충분하지 않으면 환풍기를 설치할 수 없으므로, 기존 제품과 형태·크기가 비슷한 제품을 고릅니다.

셋째, 전원 공급 방식이 플러그형인지, 전선 직결형인지, 잭 타입인지를 확인하고 기존 설치 방식과 맞는 제품을 사야 합니다. 플러그형이나 잭 타입 제품을 구입하는 것이 좋지만, 호환 제품이 전선 직결형 제품밖에 없다면 전선 연결 단자를 구입해서 함께 사용해야 작업하기가 수월합니다.

새 제품을 사면 환풍기, 케이블 타이, 고정나사가 세트로 들어 있습니다. 천장에 구멍을 뚫어야 한다면 그라인더와 마스크, 종이와 커터 칼이 필요하고, 전선 직결형 제품이라면 절연 장갑과 절연 테이프가 필요합니다. 모든 준비물이 마련되었다면 교체해 보겠습니다.

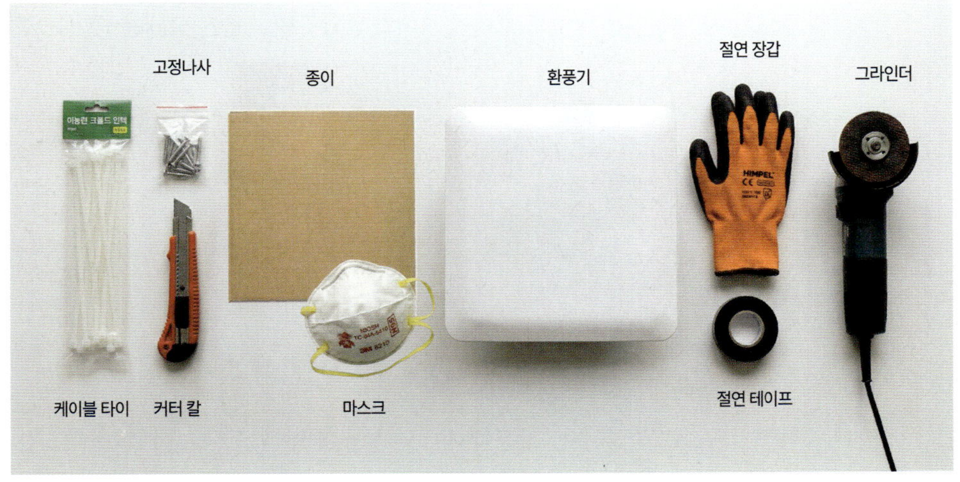

step 01 먼저 환풍기 스위치를 내립니다(전체 차단기를 내리지 않아도 됩니다). 기존 환풍기 커버 틈새에 일자 드라이버를 넣고 아래쪽으로 내리면 커버가 벗겨집니다. 귀퉁이에 박힌 고정 피스를 모두 뺍니다.

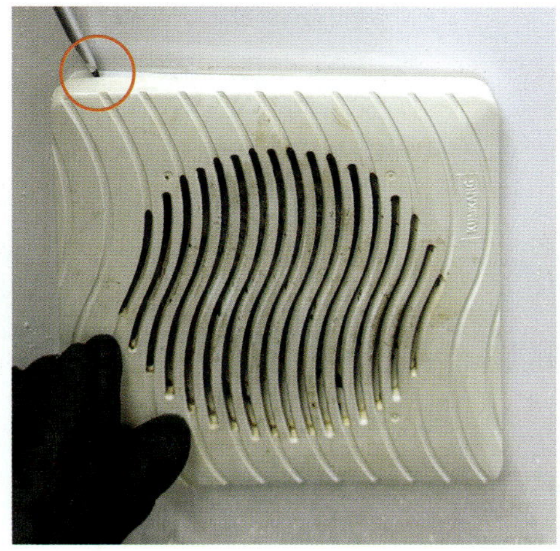
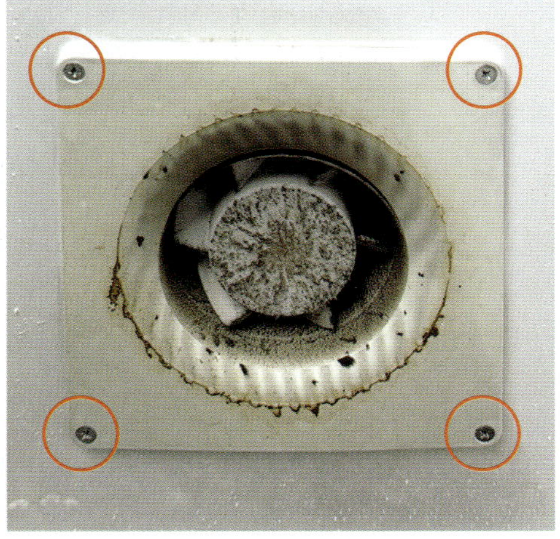

step 02 환풍기를 천장 아래로 빼면 배기관과 전선이 나옵니다. 기존 배기관을 고정한 케이블 타이나 덕트 테이프를 제거하고 전선도 잘라냅니다. 배기관도 깔끔하게 잘라냅니다.

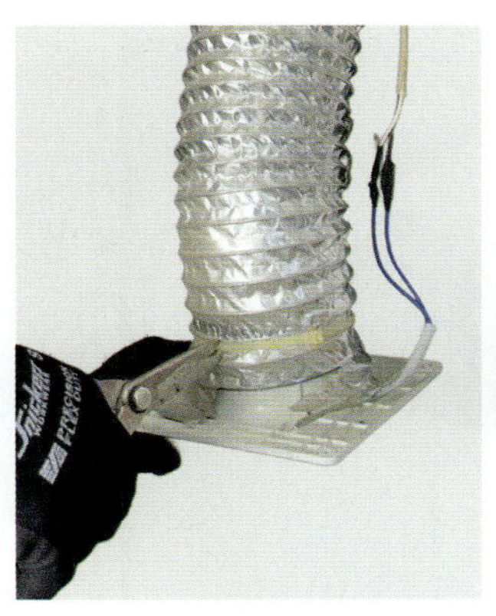
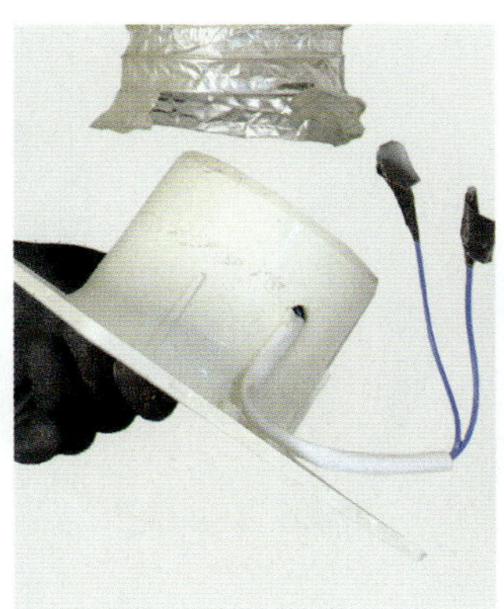
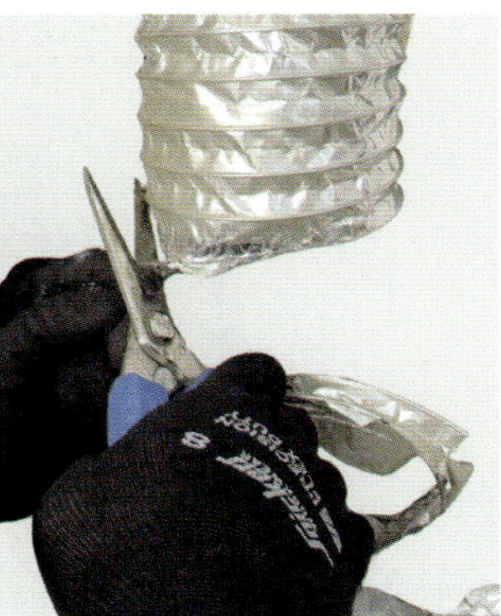

새 환풍기가 기존 환풍기보다 크면 천장에 구멍을 뚫어야 합니다. 새 환풍기 길이를 잽니다. 실습에 사용할 제품은 190mm인데, 귀퉁이에 피스를 박아서 고정해야 하므로 저는 여유 있게 타공 크기를 165mm로 정했습니다. 두꺼운 종이에 가로와 세로가 165mm인 정사각형을 그리고, 칼로 잘라냅니다.

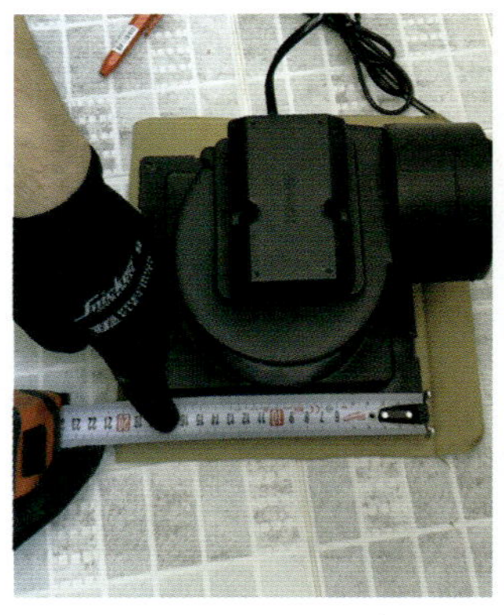

환풍기를 천장에 바로 대고 절단 면을 그리지 마세요. 자칫 잘못해서 천장에 피스를 고정할 부위까지 잘라내면 낭패입니다. 앞에서도 말했지만 이런 부담을 줄이려면 기존 제품과 규격이 같은 제품을 구입하세요.

종이를 천장에 대고 절단 면을 그립니다. 그라인더로 절단 선을 잘라 천장에서 떼어냅니다. 구멍을 다 뚫었으면 환풍기의 몸체가 구멍 안으로 들어가는지 확인합니다.

그라인더가 없으면 천장 타공 작업을 할 수 없습니다. 그라인더 대신 멀티커터를 써도 되지만 그라인더가 없는데 멀티커터가 있을 리 만무합니다. 그라인더를 언제 또 쓸까 싶지만, 집수리를 하다 보면 쓸 일이 많으니 1개 정도는 사두길 권합니다. 다만 그라인더는 감을 익히는 데 시간이 걸리고, 부상 위험도 따르는 공구라 충분히 연습하여 감을 익힌 후에 사용하길 권합니다. 그라인더 사용법은 256쪽에 있는 QR 코드를 스캔하면 영상으로 확인할 수 있습니다. 천장을 타공할 때는 분진이 상당히 많이 나옵니다. 작업할 때 꼭 마스크를 쓰기 바랍니다.

step 05　실습하는 제품은 전선 직결형 제품이므로 전선을 연결해야 합니다. 기존 배선 2개와 환풍기 배선 2개의 피복을 벗기고, 색상과 관계없이 각각 연결한 다음 절연 테이프로 꼼꼼히 감아줍니다.

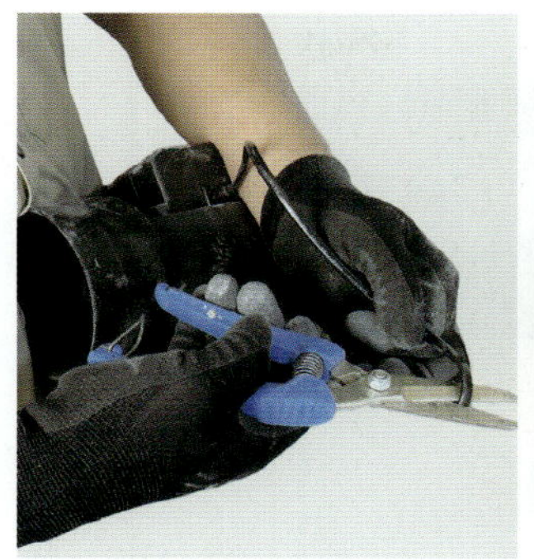 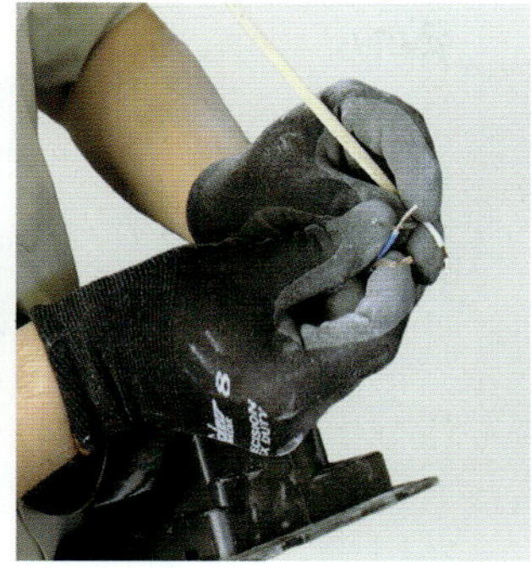 

플러그형이나 잭 타입 제품이라면 전선 연결 과정 없이 바로 꽂기만 하면 됩니다. 요즘은 플러그형이 대부분이라 위 과정을 거치지 않을 가능성이 높습니다. 직결형 제품이라도 전선 연결이 서툴다면 전선 연결 단자를 이용하길 권합니다.

step 06　환풍기를 천장에 끼우기 전에 환풍기 전원을 켜서 제대로 작동하는지 확인합니다. 원통형 날개가 잘 돌고 공기 차단 댐퍼가 잘 닫힌다면 스위치를 내립니다.

step 07　혼자 작업하는 경우라면 동봉된 케이블 타이를 배관 부분에 끼워서 살짝만 걸어둡니다. 이후 배관을 연결하고 케이블 타이를 조입니다. 케이블 타이를 배관에 미리 걸어둬야 한 손으로 환풍기를 잡고 한 손으로 케이블 타이를 조일 수 있습니다.

 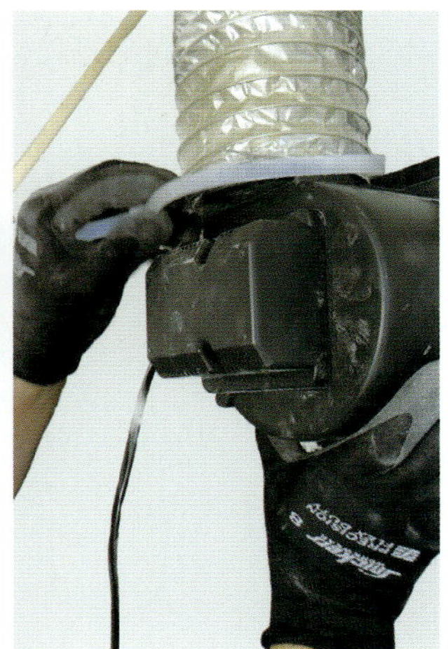

케이블 타이 끝부분은 깔끔하게 잘라냅니다. 저는 공기가 새지 않도록 덕트 테이프를 두 번 더 감았습니다. 배선과 배관을 잘 정리해서 천장 위로 밀어 넣고, 각 귀퉁이에 피스를 박습니다. 내부와 외부 커버를 하나씩 위치에 맞게 끼운 다음 환풍기 스위치를 올립니다. 스위치에 불이 들어오고 환풍기 도는 소리가 들리면 완성입니다.

제습 기능까지 있는 큰 환풍기도 타공 크기만 다를 뿐 설치법은 같습니다. 그라인더를 능숙하게 다룰 수 있게 되었을 때 도전해 보세요. 타공 크기만 주의하면 나머지는 어렵지 않으니, 더욱 쾌적한 실내 환경을 쉽게 만들 수 있을 겁니다.

양변기 보수

양변기는 교체할 일이 거의 없습니다. 하지만 물탱크 내부 부속은 소모품이어서 언제라도 고장 날 수 있으니, 부속 교체 방법을 알아두면 여러모로 유용합니다. 분해는 조립의 역순이므로 양변기 부속을 어떻게 조립하는지 보여드리려 합니다. 이와 반대로 하면 분해법이 되겠지요. 실습에서는 물탱크 안쪽을 보기 편하도록 반쪽을 미리 잘랐고, 하부 도기 역시 미리 제거해 두었습니다.

양변기 부속품은 왼쪽 그림과 같습니다. 이 부속품들을 바르게 설치하면 오른쪽 그림과 같습니다.

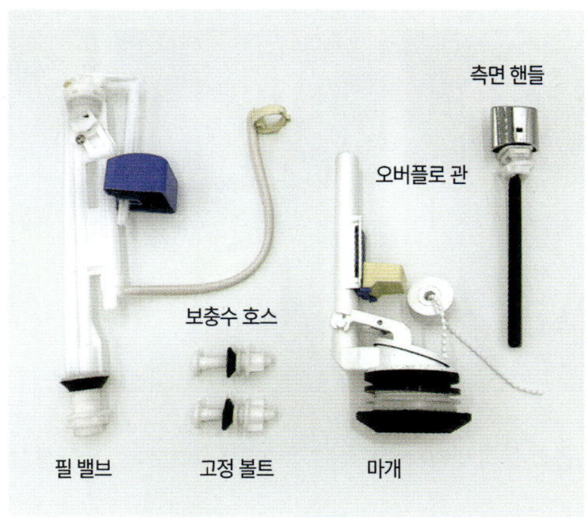

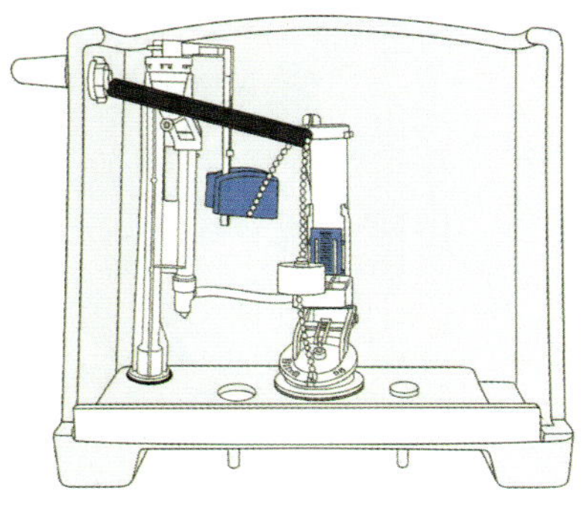
조립을 마친 상태

실습 양변기 부속 설치하기

step 01 물탱크 밑면을 보면 가운데 큰 구멍 1개, 큰 구멍 양쪽에 난 작은 구멍 2개, 옆면에 난 배수 구멍 1개가 보입니다. 작은 구멍 2개는 하부 도기를 연결하는 구멍인데, 물탱크와 하부 도기를 고정할 부속을 만들어보겠습니다. 볼트 머리에 고무 패킹을 끼웁니다.

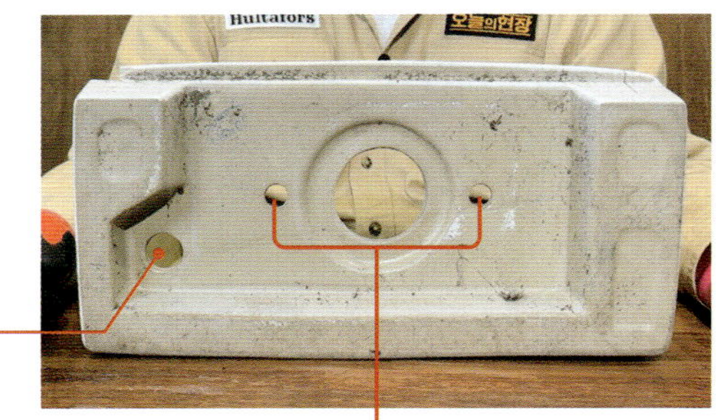

step 02 하부 도기 연결 구멍 2개에 볼트를 끼웁니다. 앞에서 끼운 볼트에 육각 너트를 끼우고 단단히 고정합니다. 나비 너트는 하부 도기와 연결하는 데 쓰므로 일단 둡니다.

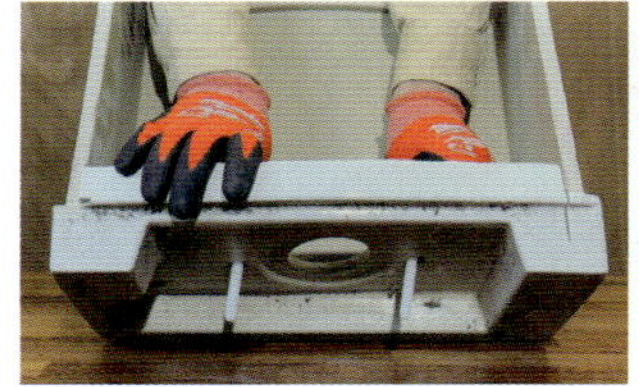

step 03 도기 가운데에 있는 큰 구멍에 오버플로 관을 끼웁니다. 이때 오버플로 관을 배수구 방향으로 30도 정도 기울여 놓는 것이 적당합니다. 오버플로 관 밑면에 와셔와 육각 너트를 차례로 끼우고 단단히 조입니다.

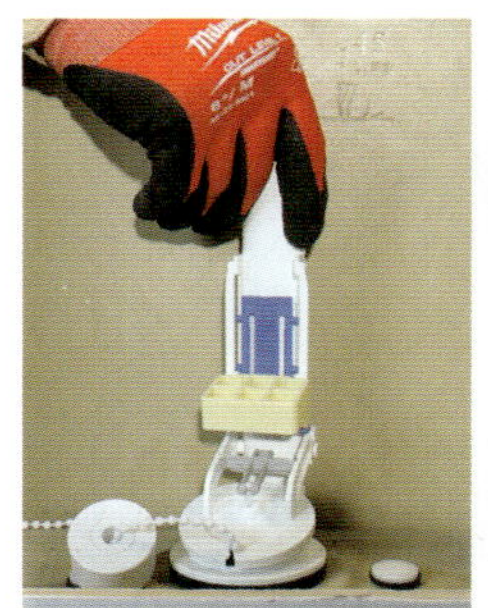
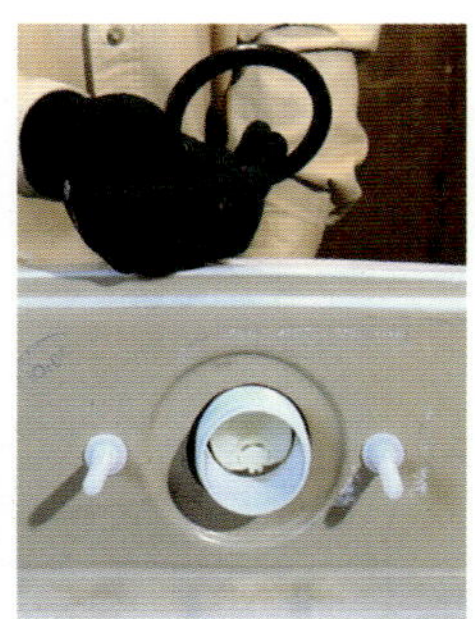
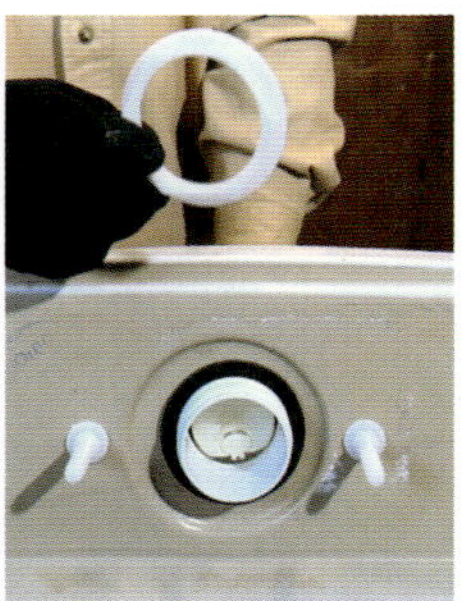
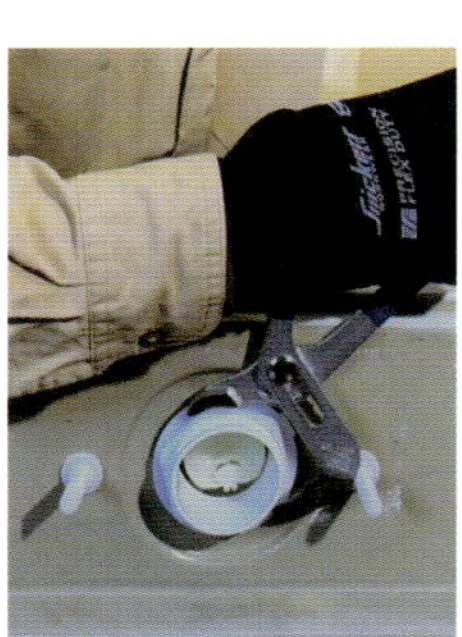

오버플로 관은 물탱크에 물이 과도하게 찼을 때 물이 넘치지 않도록 변기 본체로 흘려보내는 안전장치입니다.

밀결 패킹을 육각 너트에 끼우고 조입니다. 밀결 패킹은 보통 넓은 면이 위로 가야 합니다.

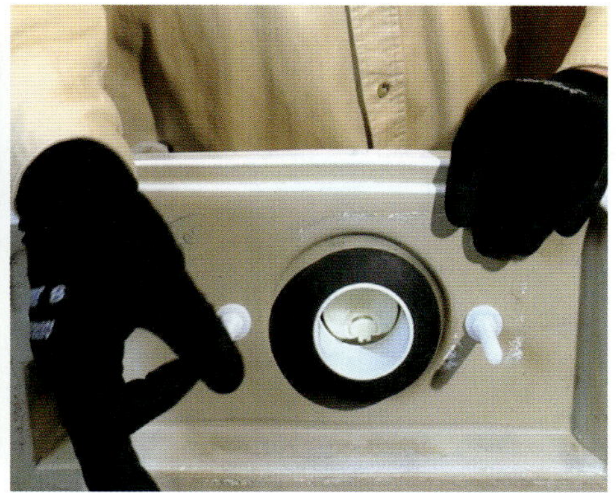

step 05

필 밸브에 보충수 호스를 끝까지 끼워 넣습니다.

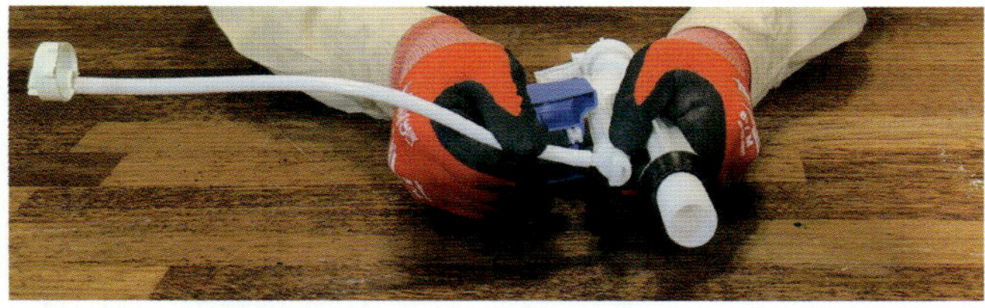

필 밸브는 물탱크에 물을 채우는 역할을 하며, 볼 탑이라고도 부릅니다.

step 06

배수 구멍에 필 밸브를 끼웁니다. 필 밸브 밑면에 육각 너트를 끼우고 단단히 조입니다.

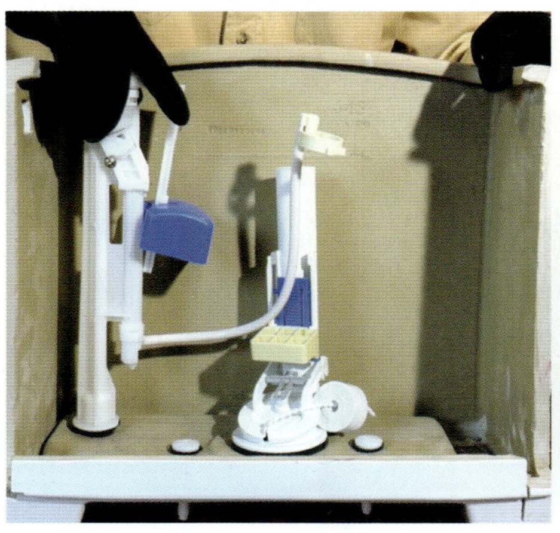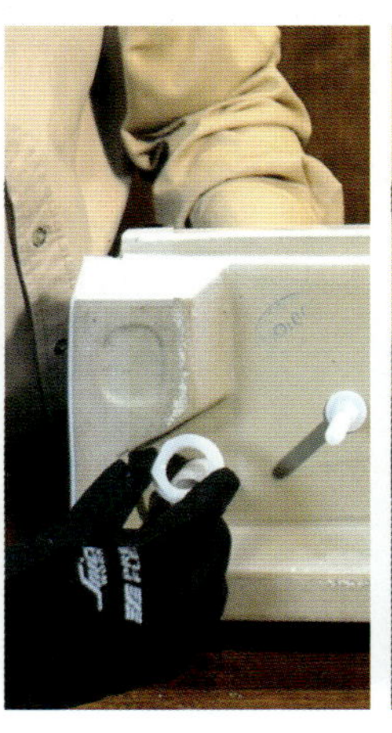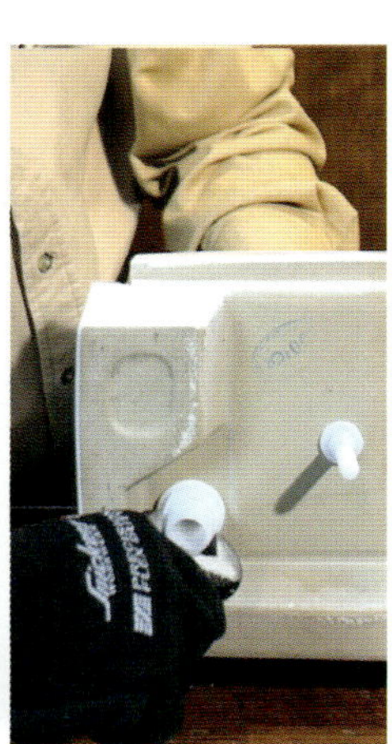

앞서 필 밸브에 연결해 둔 보충수 호스를 오버플로 관 위쪽에 끼웁니다.

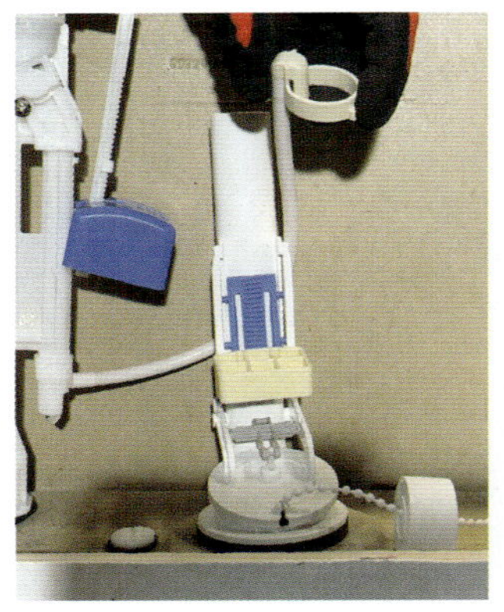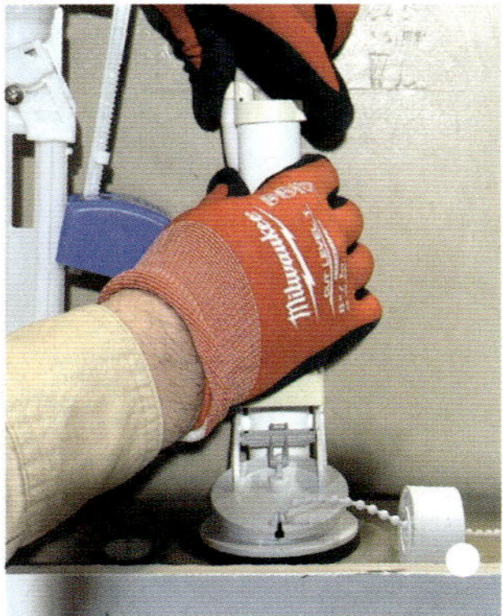

step 08

측면 핸들을 물탱크 옆쪽에 난 구멍에 넣고 너트로 고정합니다.

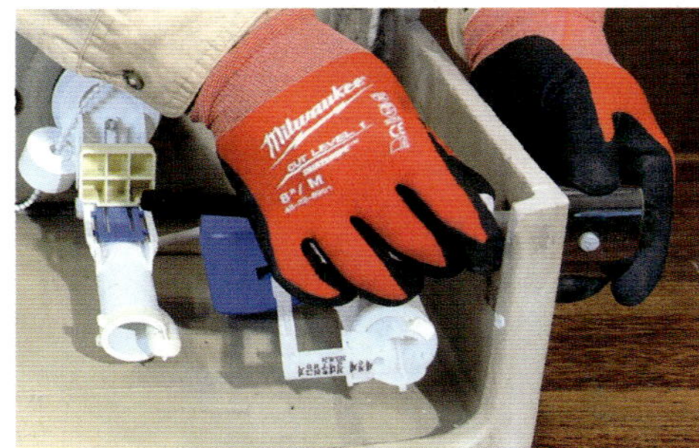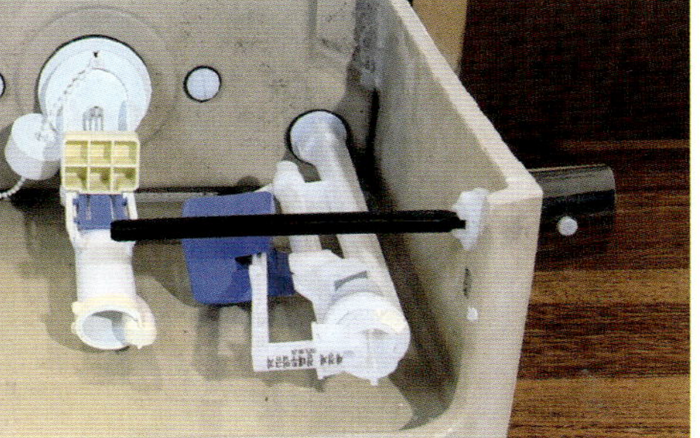

step 09

마개 줄을 측면 핸들의 앞쪽 구멍에 끼웁니다. 줄이 너무 팽팽하거나 너무 늘어지지 않게 적당히 조절한 다음 딸깍 소리가 날 때까지 앞쪽으로 당겨서 정리합니다. 남은 줄은 구슬을 3개 정도만 남기고 가위로 잘라냅니다.

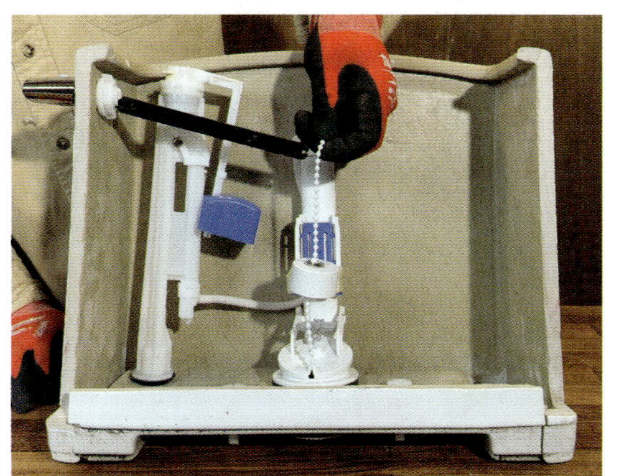

step 10 조립이 끝났으므로 하부 도기에 고정 볼트를 끼우고 **step 02**에서 남겨둔 나비 너트로 단단히 조입니다. 아래에서 보면 오른쪽 그림과 같습니다.

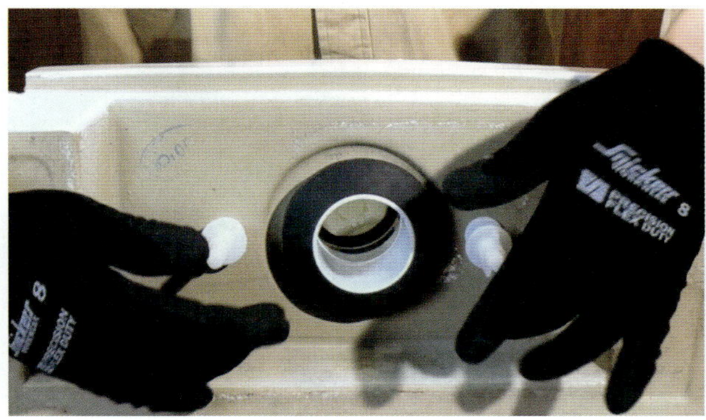

step 11 급수 호스 중 뾰족한 부분을 필 밸브에 끼우고 돌려서 물이 안 샐 정도로만 조입니다. 급수 호스를 앵글 밸브에도 연결합니다. 밸브를 열면 물이 차오릅니다.

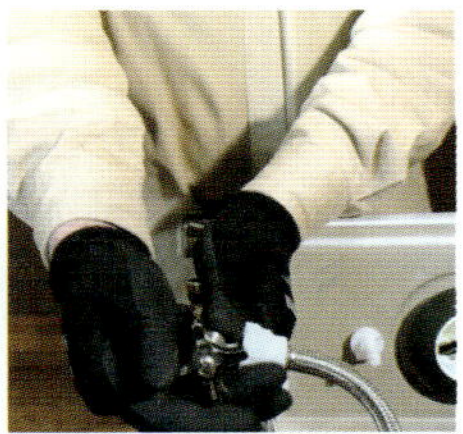

step 12 필 밸브 중간에 보면 수위 조절용 부구가 달려 있습니다. 부구의 잠금쇠를 풀고 위아래로 움직이면 물탱크의 물 높이가 조절됩니다.

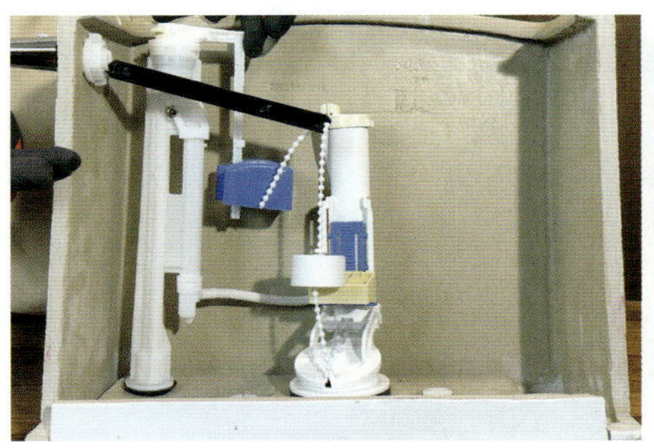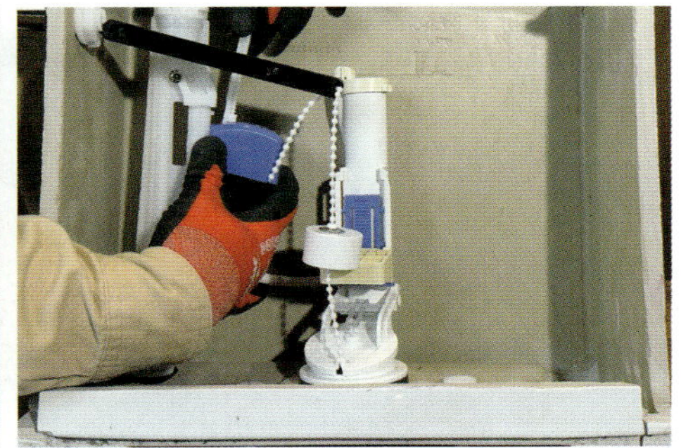

step 13 측면 핸들에는 '대'와 '소'가 표시되어 있습니다. 대가 표시된 부분을 1초간 누르면 물탱크 전체에 담긴 물이 내려가고, 소가 표시된 부분을 누르면 50% 정도만 내려가 물을 아낄 수 있습니다. 단, 이 소 스위치 기능은 설치한 다음 최소 5회 이상 작동한 후부터 제대로 작동합니다.

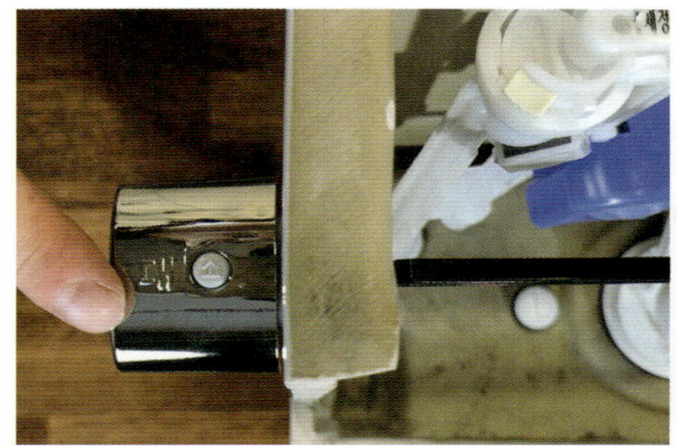 

step 14 잔수 조절 통 높이를 끝까지 올리면 마개가 닫히는 속도가 1초 정도 빨라지고, 높이를 내리면 마개가 1초 정도 늦게 닫힙니다. 다만 요즘 나오는 제품은 잔수 조절 통 높이가 고정된 경우가 많습니다. 이런 제품은 사용자가 따로 조정할 수 없으므로 그대로 사용합니다.

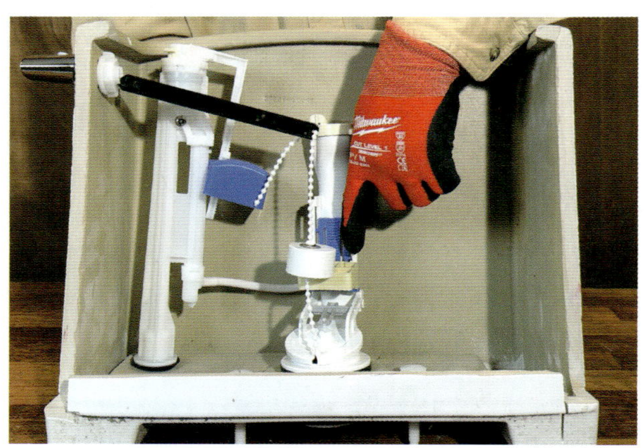

변기의 부속품 전체를 교체하려면 이렇게 물탱크를 분해한 상태에서 조립하는 것이 훨씬 편합니다. 또한 변기 탱크에 문제가 있으면 전체 수압에도 영향을 미친다는 점을 알아두면 좋습니다. 하부 도기를 포함한 변기 전체를 교체하는 방법은 제품 종류와 배관 상태에 따라 너무 다르므로 한 가지 기준만으로 설명하기에는 무리가 있어 다루지 않습니다.

타일 보수

타일 기술은 전문가끼리도 공유하지 않는 기술이라 일반인은 접근이 막혀 있었습니다. 타일 공정이 항상 인테리어 공정의 마지막인 데다, 타일 시공 특성상 시공자 외에는 현장에 들어가지 못하도록 막아둬서 더욱 비밀스러운 작업이기도 합니다. 물론 사정이 이렇다 해도 시공이 쉬웠다면 셀프 시공도 꽤 대중화되었을 겁니다. 그런데 타일만큼은 셀프 시공이 많지 않지요. 이유는 단순합니다.

보통 벽면이나 바닥에 타일을 시공하는데 두 곳 모두 물(습기)이 많은 곳이라 방수층이 상하지 않도록 조심해서 작업해야 합니다. 자칫 잘못 건드렸다가 누수가 생기면 대공사입니다. 타일 단차도 매우 신경 써야 합니다. 타일에 걸려서 넘어지면 큰일이기 때문입니다. 기술 난도도 높은데 이것저것 신경 써야 할 일이 많고, 자칫 대공사로 이어지는 일이 많다 보니 전문가에게 맡기는 게 낫다고 판단합니다.

이런 이유로 책에서도 타일 시공 전체를 다루지는 않았습니다. 대신, 초보자도 쉽게 시도할 수 있는 깨진 타일 보수법을 다룹니다. 살다 보면 타일이 한두 개씩 깨지는 일이 꽤 생기고, 그때마다 전문가를 부를 수는 없는 노릇입니다. 게다가 아무리 한두 개라 해도 깨진 타일은 위험하고 눈에 거슬리니 빠르게 보수하는 게 좋습니다.

타일 시공은 크게 떠붙임 공법과 압착 공법으로 나뉩니다. 떠붙임 공법은 타일 뒷면에 모르타르(시멘트 반죽)을 떡처럼 두껍게 떠서 붙이는 방식으로 현장에서는 떠발이라고 부릅니다. 바닥이 고르지 않거나 벽면이 울퉁불퉁할 때 모르타르의 두께를 조절하여 수평과 수직을 맞출 수 있습니다. 접착력이 높은 편이지만 타일과 벽 사이에 공간이 생겨 백화 또는 동파를 일으키기도 합니다. 압착 공법은 바닥 또는 벽면에 모르타르나 타일 접착제를 얇게 펴 바르고 타일을 눌러 붙이는 방식입니다. 바닥과 벽면이 평평하고 고를 때 쓰기 좋고, 접착면이 넓어 접착력도 뛰어납니다.

시공법은 간단히 이 정도만 살펴보고 실습하면서 더 알아보겠습니다. 준비물은 사각 타일, 커터 칼, 정, 망치, 시멘트 제거용 금속 스크레이퍼, 타일용 에폭시, 타일용 접착제, 평탄 클립 쏘개, 원형 평탄 클립, 줄눈용 백시멘트, 스펀지 헤라, 청소용 스펀지입니다.

실습   깨진 타일 보수하기 _ 떠붙임 공법

step 01

먼저 깨진 타일을 제거해야 합니다. 옆 타일에 영향이 덜 가도록 줄눈을 긁어냅니다. 줄눈이 V자 형태로 파지도록 커터 칼을 살짝 눕혀 여러 번 그으며 파냅니다. 오래된 줄눈이라도 파낼 때 먼지가 많이 나고 힘도 꽤 듭니다. 옆에 있는 멀쩡한 타일을 건드리지 않도록 주의하면서 망치로 깨진 타일을 마저 깨트려 꺼냅니다. 타일을 떼어내면 이전에 작업한 방식을 알 수 있습니다. 아래 그림처럼 떠붙임 공법으로 작업하면 빈 곳이 많습니다. 예전에 화장실 벽면을 주로 시공하던 방식인데, 제가 선호하는 방식은 아닙니다.

떡붙임 공법으로 시공된 상태라면 벽에 붙어 있는 덩어리를 정으로 조심스럽게 쳐서 제거하고 남아 있는 부분도 깨끗하게 제거합니다.

기존 떡붙임 공법에서는 접착제로 시멘트와 모래를 혼합한 모르타르를 주로 썼는데, 요즘은 타일용 접착제와 에폭시를 섞어서 접착제를 만듭니다. 책에서는 애니타일 접착제를 사용하지만, '타일 접착제'라면 어느 브랜드 제품이든 다 괜찮습니다. 타일용 접착제와 에폭시를 1:1 비율로 덜어냅니다.

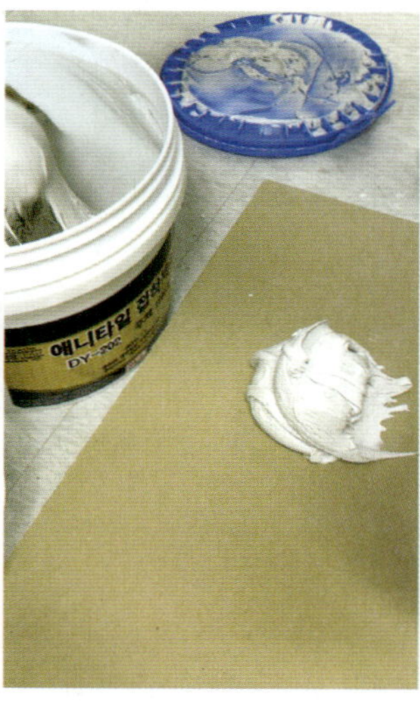

넓은 합판에 덜면 섞을 때도 편합니다. 타일용 접착제와 에폭시는 섞기 전에는 잘 굳지 않습니다. 필요한 만큼 덜어 쓰고 뚜껑을 잘 닫아두면 꽤 오래 보관할 수 있습니다.

마블이 사라질 때까지 잘 섞으며 반죽합니다.

step 05

벽과 타일 사이에 반죽이 들어가야 합니다. 보수할 타일이 바로 옆에 있는 타일과 같은 높이가 될 수 있게 반죽을 떠서 네 군데에 올립니다. 반죽이 너무 많으면 타일이 튀어나오고 너무 적으면 쑥 들어갑니다. 눈대중으로 높이를 맞추며 반죽 양을 조정합니다. 타일을 벽에 붙입니다.

step 06

이대로 두면 타일이 천천히 아래로 내려앉으므로, 타일 아래쪽에 쐐기형 평탄 클립을 박습니다. 눈대중으로 사면의 폭을 맞추고, 쐐기로 나중에 들어갈 줄눈 공간을 확보합니다. 원형 평탄 클립이 있다면 옆 타일과 보수 타일의 높이를 정확히 맞출 수 있습니다. 이렇게 고정해 둔 채 하루 정도 지나면 접착제가 굳습니다.

 하루가 지나면 평탄 클립을 모두 제거합니다. 줄눈용 백시멘트(여기서는 홈멘트)를 물에 갭니다. 점도가 적당해지도록 물의 양을 조절하여 반죽합니다. 스펀지 헤라로 타일 위에 반죽을 바르고 꾹꾹 눌러가며 줄눈을 채웁니다. 처음 바를 때는 타일이 꽤 지저분해지는데, 신경 쓰지 말고 줄눈을 꼼꼼하게 채우는 작업에 집중합니다.

 줄눈이 모두 채워지면 스펀지에 물을 적셔서 꽉 짜냅니다. 타일에 남은 백시멘트 찌꺼기를 깨끗이 닦아냅니다. 한 번에 다 닦아낼 수 없습니다. 여러 번 반복해서 닦아야 합니다.

깨진 타일 보수하기 _ 압착 공법

step 01

압착 공법으로 시공한 바닥 면을 보수해 보겠습니다. 줄눈을 제거하는 방법은 떠붙임 공법에서 배운 방법과 같습니다. 타일에 금만 간 경우라면 그림처럼 금 간 부분을 정과 망치로 조심스럽게 때려가며 떼어냅니다.

줄눈을 미리 제거하지 않으면 망치로 타일을 타격했을 때 충격이 사방으로 퍼지며 멀쩡하던 옆 타일마저 깨질 수 있습니다. 꼭 줄눈을 제거한 후 망치로 조심스럽게 때리세요.

step 02

압착 공법으로 시공한 바닥 면이라 세라픽스 같은 타일용 에폭시가 붙어 있습니다. 마찬가지로 정과 망치로 깨끗하게 떼어내고 먼지와 불순물까지 청소기로 빨아들입니다.

step 03 바닥 면에 타일용 본드를 넓게 바릅니다(타일용 접착제+에폭시 반죽을 그대로 써도 됩니다. 177쪽 참고). 타일용 본드 양은 타일을 눌렀을 때 테두리 부분으로 본드가 튀어나오지 않을 정도면 됩니다. 바닥 면 테두리 부분만 빼고 바닥 면 전체에 타일용 본드를 채운 후 타일을 붙입니다.

step 04 이후 높이를 맞추는 과정과 줄눈을 시공하는 방법 등은 앞의 실습과 같습니다.

"전문가가 하니 쉬워 보인다"라는 말이 틀린 말은 아닙니다. 하지만 타일 몇 개 깨졌다고 전문가를 부를 수는 없습니다. 그러니 한번 도전해 보세요. 생각보다 어렵지 않고, 만족도는 상당히 높은 작업입니다. 오늘부터 우리 집 욕실 보수도 내 손으로!

인테리어의 완성은 욕실이다

꽤 자주 듣는 말이다. 그래서 욕실 인테리어는 여타 공정보다 집약적이고 비용이 많이 드는 편이다. 1.5평 정도라도 변기와 세면대 교체는 기본이고 배관과 타일까지 교체해야 해서, 견적을 내면 1000만 원은 가볍게 넘긴다.

살던 집이나 이사할 집을 수리할 때 욕실을 빼고 하는 사람들이 있다. 욕실만 빼도 1000만 원 넘게 절약되니 예산이 넉넉지 않다면 마음이 흔들리는 게 당연하다. 하지만 나는 이왕이면 예산을 늘리고, 도저히 늘릴 수 없다면 차라리 다른 곳을 빼더라도 욕실만큼은 꼭 수리하라고 강조한다. 온 집의 수리가 만족스러울수록 수리되지 않은 욕실은 눈에 더 거슬린다. 욕실에 머무르는 시간은 생각보다 훨씬 많고, 물을 쓰는 공간이라 곰팡이가 쉽게 생겨 아무리 청소를 열심히 해도 수리하지 않은 욕실은 거슬리고 불편하다.

'그때 돈 좀 써서 수리할걸' 후회해도 늦는다. 이때는 선택지가 셀프 시공뿐인데, 책에서는 세면대와 수전과 환풍기 교체만 다루었다(3장에서 배운 실리콘 내용도 적용할 수는 있다). 변기 교체와 타일 전체 보수를 다루지 않은 이유는 이 부분이 배관과 직접 연관되어 있고, 집마다 상황이 천차만별이기 때문이다. 함부로 가르치려 들었다가 낭패를 볼 수 있어서다.

수도가 지나가는 배관에 구멍을 1개만 잘못 뚫어도 온 집 안이 순식간에 물바다가 될 수 있다. 나는 그런 위험까지 감수하라고는 차마 말할 수 없다. 그리고 전체 타일 시공은 사진과 글만으로 설명하기에는 한계가 있다. 영상도 마찬가지다. 아직 채널에서도 영상을 따로 만들지 못한 이유다.

욕실에서 이 두 가지(변기 교체와 타일 전체 보수)를 뺀 나머지는 셀프 시공도 추천한다. 그것만으로도 상당한 비용을 절약할 수 있다. 보통 1~1.5평 욕실의 타일은 기술자를 불러도 200만 원이면 교체해 주고, 변기 역시 50만 원이면 1시간 안에 뚝딱 교체해 준다. 욕심이 과하면 화를 부른다. 위험을 감수하면서까지 내가 할 만큼 비싼 작업이 아니라는 말이다.

욕실 보수에 들어가는 돈은 개운하게 하루를 시작하게 만들 힘을 주고, 지친 몸을 따뜻하게 풀어내며 하루를 마감할 수 있도록 돕는 돈이다. 아낄 땐 제대로 아껴야 하지만, 쓸 땐 제대로 쓰자! 다른 곳은 몰라도 욕실은 전문가를 제대로 쓰면 시공 비용이 절대 아깝지 않을 거라고 장담한다. 다시 한 번 당부한다.

화장실 전체 타일을 셀프 시공하는 건 절대 권하지 않는다
만일 이 작업을 할 수 있게 되었다면 당신은 이미 직업을 바꿔도 될 수준이다

작은 부품 교체부터 굵직한 부분 수리까지  3000만 원 아끼는 혼자 하는 집수리

6장

창과 문

방충망 교체

여름만 되면 그동안 보이지 않던 방충망 구멍과 틈새가 드러납니다. 날벌레가 한두 마리 늘어나기 시작하면 여지없습니다. 강아지나 고양이가 뜯어놓기도 하고 새가 날아와 찢어놓기도 하니까요. 일단 응급 처방으로 다이소에 가서 방충망 보수 테이프를 사 구멍 난 곳에 붙이는 경우가 많은데, 잘 붙지도 않거니와 겨우 붙여놔도 바람이 들거나 비를 맞으면 며칠 새 금방 떨어집니다. 지금부터 다이소 보수 테이프는 잊어주세요. (그렇지만 물구멍을 막아주는 방충망 스티커는 다이소 제품도 좋습니다.)

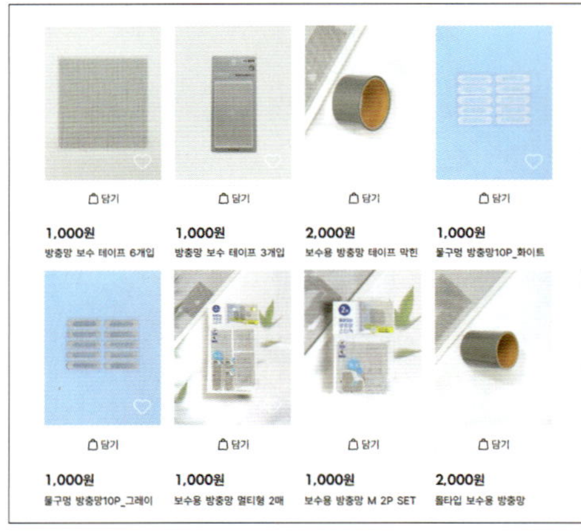

다이소에서 판매하는 다양한 방충망 보수 테이프

임시방편으로 쓰기 좋은 다이소 방충망 보수 테이프

여름이 시작되면 아파트 게시판에 방충망 교체 광고가 자주 올라옵니다. 아예 아파트 단지 안에 차를 끌고 와서 장사를 하는 분도 있고요. 그런데 폭×높이가 900×1800mm인 방충망 하나만 교체해도 15~20만 원입니다. 창문이 크고 무거운데 모든 창의 방충망을 교체해야 한다면 전문가에게 맡기는 게 낫습니다. 하지만 창문이 작고 한두 개만 교체하는 경우라면 직접 바꿔보길 권합니다. 비용이 절약될 뿐만 아니라, 생각보다 교체 작업이 어렵지 않고 한 번 배워두면 문제가 생겼을 때 바로 교체할 수 있기 때문입니다.

방충망을 교체하려면 가장 먼저 방충망을 사야 합니다. 방충망은 크게 알루미늄 방충망, 스테인리스 방충망, 미세 방충망으로 나뉩니다. 알루미늄 방충망은 가장 흔하게 쓰는 방충망으로 가격이 저렴하고 시공이 간편하지만, 시간이 지나면 부식되어 쉽게 찢어집니다. 최근에는 알루미늄 방충망의 단점을 보완한 파이버 글라스 방충망도 많이 씁니다. 알루미늄 방충망만큼 시공이 간편하지만, 강도가 높고 부식되지 않아 내구성이 높습니다. 스테인리스 방충망은 부식에 강해 반영구적으로 쓸 수 있지만, 무거워서 설치하기가 까다롭고 가격대가 높습니다. 미세 방충망은 모노필라멘트 같은 합성 섬유로 구멍을 촘촘하게 짠 방충망이라 날벌레와 먼지를 잘 차단하지만, 통풍이 덜 되고 먼지가 잘 낍니다. 용도와 주거 환경에 맞게 선택하면 됩니다.

책에서는 알루미늄 방충망으로 실습하지만 어떤 방충망이든 시공법은 동일합니다. 스테인리스 방충망과 미세 방충망이 알루미늄 방충망에 비해 결이 드세어 시공하기 까다롭지만, 그마저도 몇 번 해보면 금방 손에 익습니다.

다음으로 방충망을 새시(금속제로 만든 창틀)에 고정하는 고무 개스킷(이음새나 접합부를 메우는 데 쓰는 얇은 판 모양의 패킹)이 필요합니다. 개스킷 두께는 두꺼우면 두꺼울수록 시공이 까다롭습니다. 하이새시(PVC 소재로 만든 창틀)는 5.5~5.8mm, 알루미늄 새시라면 5.8~6mm를 권합니다. 물론 전문 기술자라면 하이새시에 6mm 개스킷을 시공하기도 합니다. 하지만 초보자라면 쉽지 않습니다. 방충망이 빠지지만 않으면 되므로 초보자라면 5.5mm로 시공하길 권합니다.

이외에도 집게, 방충망 밀대, 커터 칼이 필요합니다. 방충망을 쇼핑몰에서 검색하면 일정 규격으로 잘라서 나오는 세트 상품도 많은데 생각보다 비쌉니다. 방충망과 고무 개스킷은 미터 단위로 판매하므로 따로 구매하는 편이 낫습니다. 준비물이 모두 마련되었다면 직접 교체해 보겠습니다.

이 실습은 방충망 교체 전문가가 아닌 초보자를 대상으로 합니다. 그렇다 보니 아주 전문적인 기술보다는 실패하지 않고 방충망을 교체하는 법에 초점을 맞췄습니다. 그동안 봐온, 빠른 속도로 진행되는 전문가의 방충망 교체 영상은 머릿속에서 지우길 바랍니다.

 실습 **방충망 교체하기**

step 01

창짝을 창틀에서 분리하면 작업하기가 훨씬 편합니다. 기존 방충망에서 고무 개스킷의 끝부분을 찾습니다. 꼬챙이나 드라이버를 이용해 개스킷 끝을 끌어 올린 후 뜯어냅니다. 굵은 개스킷은 힘을 줘야 뜯기고, 오래된 개스킷은 삭아서 조금만 당겨도 끊길 수 있습니다. 개스킷을 바깥쪽으로 향하게 한 상태에서 당기면 한결 수월하게 빠집니다.

step 02 기존 방충망을 제거하고 새 방충망을 창문 크기에 맞게 잘라야 합니다. 위·아래·왼쪽 가장자리는 개스킷을 끼우는 골에서 1cm, 오른쪽은 5~10cm 정도 여유 있게 자릅니다. 방충망을 위·아래·왼쪽에서 1cm씩 튀어나오도록 놓고, 오른쪽 위와 아래를 집게로 집어 방충망을 고정합니다.

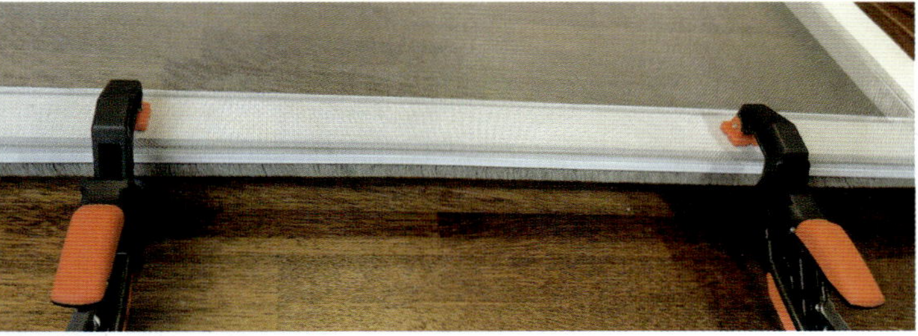

step 03 왼쪽 모서리는 맨 왼쪽 그림처럼 창짝 홈이 시작되는 부분과 맞닿도록 방충망을 45도로 자릅니다. 이때 너무 안쪽으로 자르지 않도록 주의합니다. 오른쪽 모서리는 45도로 자른 다음에 접어두면 작업하기가 편합니다.

step 04 개스킷은 창짝 틀을 모두 두를 정도로 충분히 길게 자릅니다.

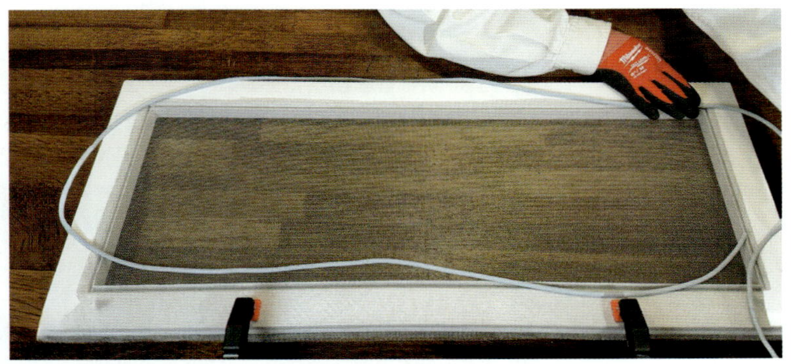

방충망 밀대의 일자형 롤러로 왼쪽 가장자리에 개스킷이 들어갈 골을 내줍니다. 전문가 영상처럼 한 번에 밀어내려 하지 말고, 길만 내준다는 마음으로 천천히 밀어냅니다. 중간중간 방충망이 밀리지 않도록 왼손으로 방충망 끝을 잡고 오른손으로 천천히 밀면 됩니다. 반대 방향으로 돌아올 때는 골이 깊게 생기도록 안쪽을 깊게 누르면서 밀어냅니다.

오늘의 팁 tip

골을 낼 때 처음에는 안쪽으로 살짝 골이 생기게 롤러를 밀고, 반대 방향으로 돌아올 때는 바깥쪽으로 살짝 골이 생기도록 안쪽을 눌러가며 밀어냅니다. 이 작업이 깔끔하게 되어 있어야 개스킷을 넣을 때 고생하지 않습니다. 방충망 밀대에는 롤러가 2개 있는데, 한쪽 날은 홈이 있는 계단형이고, 한쪽 날은 매끄러운 일자형입니다. 주로 Y자형 밀대를 쓰는데, 아래쪽 손잡이에는 개스킷을 모서리에 끼울 때 쓰는 꼬챙이가 달려 있습니다.

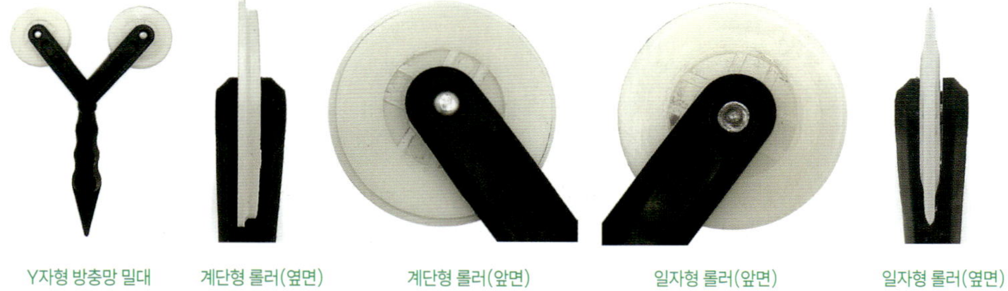

Y자형 방충망 밀대 · 계단형 롤러(옆면) · 계단형 롤러(앞면) · 일자형 롤러(앞면) · 일자형 롤러(옆면)

같은 방법으로 방충망 위·아래·오른쪽 가장자리에 골을 냅니다. 골에서 튀어나온 방충망은 커터 칼이나 가위로 깔끔하게 정리합니다.

step 07   방충망의 위쪽 모서리에서 5cm 정도 간격을 띄우고, 밀대의 꼬챙이를 사용해 골 안쪽으로 개스킷을 2~3cm 끼워 넣습니다.

 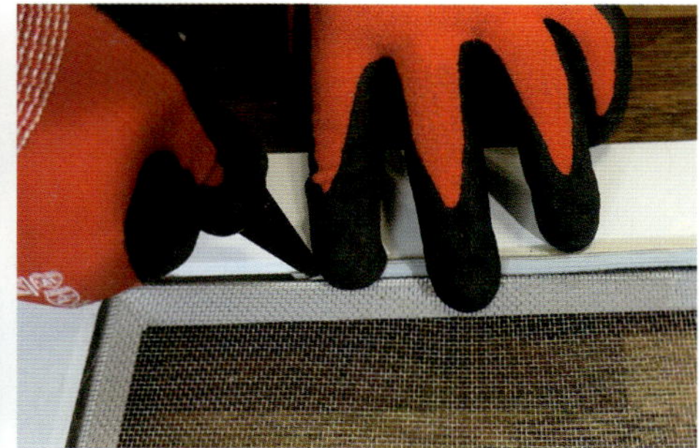

step 08   개스킷 끝이 고정되면 왼손으로 개스킷을 누르고, 오른손으로 계단형 롤러를 사용해 개스킷을 방충망 골로 밀어 넣습니다. 왼손과 오른손을 조금씩 움직여 나아가며 밀어 넣습니다.

계단형 롤러에서 튀어나온 부분이 창틀 안쪽을 향하게 해서 작업합니다.

step 09   여러분도 시간이 지나면 전문가가 찍은 유튜브 영상처럼 롤러를 쭉쭉 밀어낼 수 있겠지만 지금은 따라 하지 마세요. 천천히 밀어 넣고 중간중간 개스킷이 깊게 들어가는지 확인해 주세요. 모서리가 나오면 밀대 꼬챙이로 개스킷을 깊게 밀어 넣고 다시 롤러로 밀어내 주세요.

위·왼쪽·아래 가장자리에 개스킷을 다 넣었다면 이제는 오른쪽 가장자리도 작업해야 합니다. 집게를 풀고 방충망이 평평해지도록 살짝 당긴 채로 일자 롤러로 골을 낸 후, 반대 방향으로 돌려 골을 내줍니다. 방충망을 팽팽하게 당긴 상태에서 롤러를 세게 누르면 방충망이 찢어질 수 있으니 주의합니다.

step 11

같은 방법으로 밀대 꼬챙이로 모서리에 개스킷을 밀어 넣고, 계단형 롤러로 골에 개스킷을 밀어 넣습니다.

비슷한 작업을 여러 번 반복하다 보면 조금씩 속도가 붙습니다. 순간 우쭐해져서 롤러를 세게 밀다 방충망 안쪽으로 롤러가 넘어가기도 합니다. 이때 방충망이 늘어지거나 찢어지면 작업을 처음부터 다시 해야 합니다. 초보자라면 차분하게, 천천히, 살살 여러 차례 왔다 갔다 반복하며 작업하길 권합니다.

step 12

다시 모서리를 만나면 밀대 꼬챙이로 개스킷을 밀어 넣습니다.

개스킷 시작 부분과 맞닿도록 개스킷을 조금 여유 있게 가위로 자릅니다. 개스킷을 마저 끼워 넣으면 끝납니다.

개스킷 바깥으로 튀어나온 방충망을 잘라내야 합니다. 개스킷 골 안쪽으로 커터 칼을 깊게 집어넣고 잘라냅니다. 이 때 한 번에 자르지 말고, 개스킷이 손상되지 않도록 천천히 조금씩 잘라냅니다. 롤러 끝으로 방충망 안쪽을 살짝 눌러서 긁어줍니다. 들뜬 부분이 밀착되면서 모양이 깔끔하게 잡힙니다.

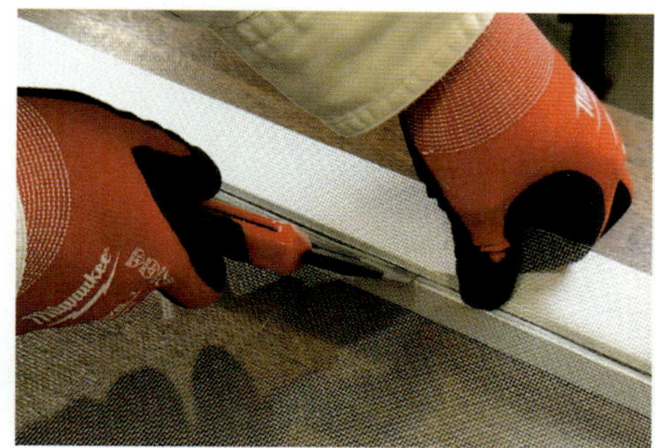

방충망 1개를 교체하고 나면 집 창문에 달린 방충망을 다 바꾸고 싶어질 겁니다. 알루미늄 방충망 1롤은 20m로 10만 원 정도 듭니다. 이만한 양이면 우리 집은 물론 부모님 댁 방충망까지 모두 교체할 수 있습니다. 1롤도 전혀 부담스럽지 않을 겁니다. 이제 우리 집 방충망 교체도 내 손으로!

방충망에 이어 창호도 살펴보겠습니다. 창호는 고품질 제품일수록 냉난방 효율이 높고 방음력도 뛰어납니다. 하지만 같은 아파트에 같은 제품이라도 시공자의 기술력과 숙련도에 따라 효율이 달라지기도 합니다. 또한 창호는 한 번 시공하면 교체하기가 매우 까다롭습니다. 철거부터 시공과 보양 작업까지 전문가가 아니면 엄두조차 내기 힘듭니다. 말 그대로 대공사입니다.

창호 교체는 집수리 범위를 넘어서는 대공사이므로 책에서 다루지 않습니다. 다만 창호를 사용하면서 불편한 부분을 다루려고 합니다. 집에는 생각보다 많은 창호가 있고, 창호 부속품은 소모품이라 생각보다 자주 문제를 일으키므로 창호 보수 방법을 배워두면 꽤 유용합니다. 대표적인 보수 작업으로 창짝 높낮이 조정과 창틀 레일 보수를 살펴보겠습니다.

창호는 재질에 따라 크게 PVC 창호(하이새시), 알루미늄 창호, 목재 창호, 시스템 창호로 나뉩니다. 책에서는 가정용 창호 대부분을 차지하는 PVC 창호만 다룹니다.

집 안 창문을 모두 닫아보세요. 그중 기울어진 채로 닫히는 창문이 있을 겁니다. 높이가 맞지 않아 문을 잠그려면 끌어 올린 상태에서 크레센트(초승달 모양 손잡이가 달린 미닫이문의 잠금장치)를 걸어야 하고, 애써 걸어도 창문이 들린 채로 잠깁니다.

창짝이 창틀에 딱 맞지 않고 들뜬 상태

창짝을 끌어 올리며 크레센트를 걸어야 하는 상태

창짝 밑면을 들여다보면 안쪽에 높낮이를 조절할 수 있는 롤러가 보입니다. 창짝 밑면 모서리에는 구멍이 있는데, 그 구멍 안에 있는 나사를 십자드라이버로 돌리면 바퀴 높낮이가 조절됩니다. 나사를 오른쪽으로 돌리면 바퀴가 올라가고, 왼쪽으로 돌리면 바퀴가 내려가면서 창짝 높낮이가 바뀝니다.

창짝 롤러를 떼어서 살펴보면 오른쪽 그림과 같습니다. 롤러 측면 속을 들여다보면 나사가 보이는데, 드라이버로 나사를 돌리면 바퀴가 올라가거나 내려와 창짝의 높낮이가 조절되는 구조입니다. 좌우 구멍에는 창짝에 고정하는 나사를 박을 수 있습니다. 롤러를 교체하려면 기존 롤러와 같은 제품으로 사거나 호환 제품을 사야 합니다. 제품명은 창호 스티커에 표시되어 있고, 제품 앞면에도 새겨져 있습니다.

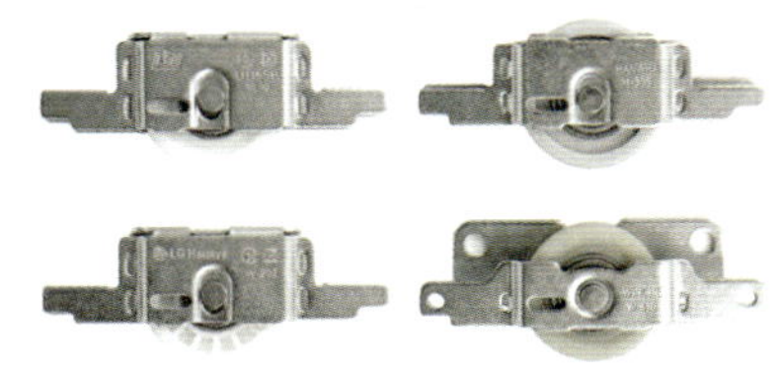

다양한 브랜드의 롤러

창짝 높낮이는 창짝을 창틀에서 분리하지 않아도 쉽게 조절할 수 있습니다. 직접 해보겠습니다.

 창짝 높낮이 맞추기

step 01

그림을 보면 안쪽 창짝의 왼쪽 아래는 살짝 내려가고, 오른쪽 아래가 살짝 들뜬 상태입니다. 이런 경우라면 오른쪽 롤러 바퀴를 살짝 내려주면 됩니다. 십자드라이버를 창짝 오른쪽 아래 구멍에 넣으면 어느 순간 나사가 걸립니다. 이 상태에서 왼쪽으로 돌리면 바퀴가 점점 내려옵니다.

step 02

높낮이를 확인하려면 창문을 살짝 닫습니다. 위쪽은 틈이 없고, 아래쪽은 틈이 넓습니다.

창짝 오른쪽 아래를 살짝 내려야 하므로 창짝 왼쪽 아래를 살짝 올려주면 해결됩니다. 십자드라이버를 창짝 왼쪽 아래 구멍에 넣으면 어느 순간 나사가 걸립니다. 이 상태에서 오른쪽으로 돌리면 바퀴가 점점 올라갑니다.

완전히 닫았을 때 오른쪽 위와 아래가 모두 빈틈없이 닫힌 것을 알 수 있습니다. 이 정도라야 크레센트도 자연스럽게 잠깁니다.

반대로 오른쪽 아래에 틈이 벌어진다면 오른쪽 아래를 조절해서 높낮이를 맞추면 됩니다. 중요한 사실이 하나 더 있습니다. 양쪽 롤러를 너무 많이 내려 창짝을 높이면 양쪽 높낮이가 같아도 문이 뻑뻑하게 열리거나 창짝을 뺄 때도 잘 빠지지 않습니다. 창짝 윗면과 창틀이 만나는 지점에 틈새가 없이 딱 붙어서 생기는 문제입니다. 즉, 문이 너무 뻑뻑하게 열리거나 창짝이 잘 빠지지 않는다면 롤러를 살펴보는 것도 좋은 방법이겠죠?

롤러를 너무 많이 올리면 높낮이가 같아도 창틀과 창짝 틈이 너무 떠버릴 수 있습니다. 물론 이 경우는 시공자가 창틀 밑부분 프레임을 튼튼하게 고정하지 않아서 생기는 문제이므로 하자입니다. 이런 하자가 생겼다면 창틀 밑부분을 전부 뜯고 창틀 전체를 올리는 공사를 해야 합니다. 오래된 건물에서 간혹 보이는 하자인데 요즘은 드뭅니다. 이 정도만 알아도 창문 사이로 들어오는 매서운 바람과 안팎을 넘나드는 소음을 어느 정도 해결할 수 있습니다.

창짝 높낮이를 조절해도 문을 여닫을 때 여전히 **빡빡**하거나 덜컹거린다면 창짝 롤러와 창틀 레일을 점검해야 합니다. 창짝 롤러와 레일은 창문이 클수록 쉽게 손상되고 수명도 짧습니다. 문을 여닫을 때 계속 거슬린다면 교체하길 권합니다.

창틀에서 창짝을 뗀 다음 드라이버로 롤러 양쪽 피스를 제거하면 롤러가 쉽게 **빠집니다**. 기존 위치에 새 롤러를 넣고 양쪽에 피스를 박으면 간단히 끝납니다. 단, 롤러는 창호에 맞는 제품으로 사야 합니다. 기존 제품과 같은 것이 가장 좋지만 단종되었거나 찾기 어렵다면 호환되는 제품을 사기 바랍니다(바퀴가 1개인지 2개인지, 매립형인지 비매립형인지, 롤러 크기와 매립 두께가 같은지 등).

기존 롤러

새 롤러

창짝 롤러를 교체하는 방법은 그 자체로는 매우 간단하지만, 창이 크면 어려움이 따릅니다. 창틀에서 창짝을 떼고 끼우기가 힘들어서입니다. 창문이 깨지면 큰일이므로 주의해서 작업하고 웬만하면 2명이 함께 작업하길 권합니다.

창틀 레일이 휘거나 깨져도 문이 매끄럽게 열리지 않습니다. 창틀 레일 역시 창짝 롤러처럼 창이 크고 무거울수록 더 쉽게, 더 자주 휘고 깨집니다. 레일이 휘거나 깨졌다면 보수용 레일을 사 교체하길 권합니다. 보수용 레일의 종류에는 동그랗게 골이 있는 모양과 평평한 모양이 있습니다. 우리 집 창틀을 확인하고 맞는 걸로 삽니다. 실습에서는 골이 있는 레일을 사용하겠습니다.

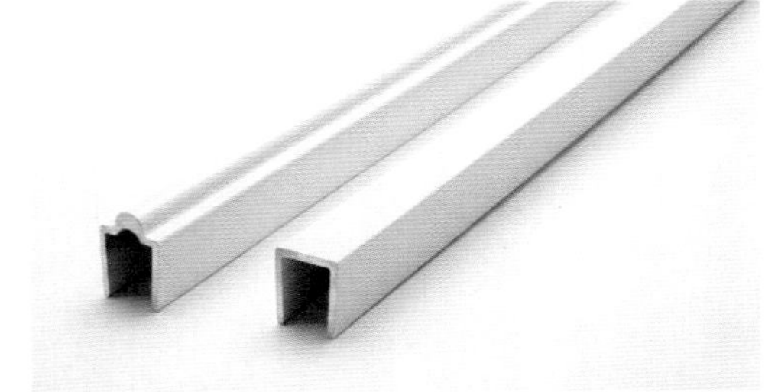

골형 레일과 평형 레일

step 01 깨진 부분만 보수 레일을 끼워도 될 것 같은데, 막상 그 부분만 보수하고 창문을 여닫으면 롤러가 보수 레일 위를 올라타면서 덜커덩하며 걸립니다. 따라서 레일 전체를 교체해야 합니다. 작은 창이라면 창틀에서 창짝을 떼어내고 전체 레일 크기에 맞춰 보수 레일을 자른 다음 끼워 넣으면 그만입니다.

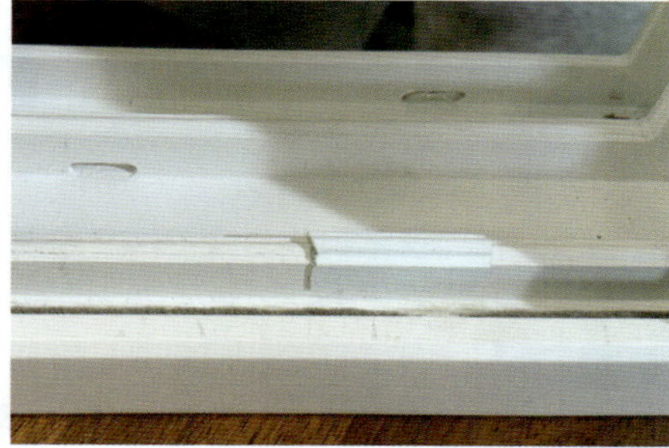

step 02 문제는 거실이나 베란다에 있는 큰 창문입니다. 창짝을 빼기도 힘들거니와 위험하기도 합니다. 창짝을 빼지 않은 채로 보수하는 방법을 찾아야 합니다. 먼저 깨진 레일을 지나야 하는 창문을 옆으로 끝까지 밀어놓습니다. 창짝 끝에서 창틀 끝까지 줄자로 거리를 잽니다. 실습에서는 대략 275mm입니다. 줄톱이나 그라인더로 보수용 레일을 275mm 길이로 자릅니다.

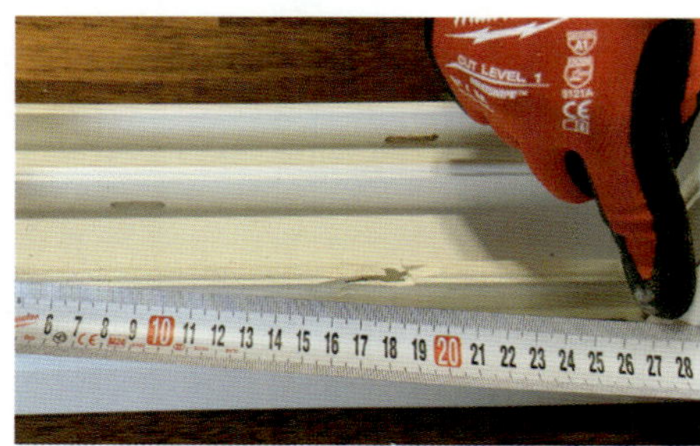

step 03 자른 보수용 레일을 손상된 레일에 끼웁니다. 고무망치가 있다면 한두 번 두드려 기존 레일에 보수용 레일을 밀착시킵니다.

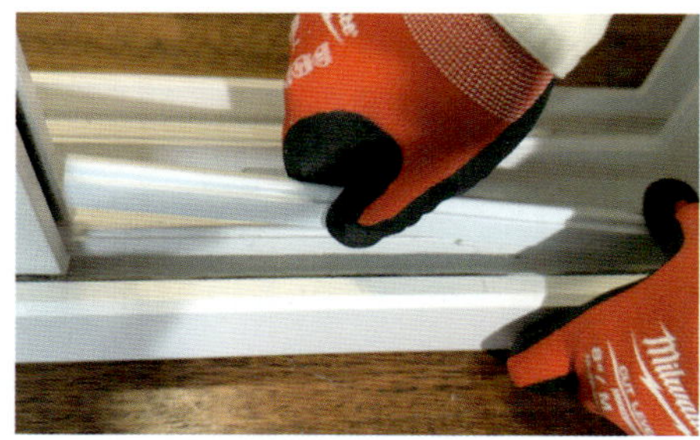

열어둔 창문을 닫고 반대편 레일의 길이를 잽니다. 실습에서는 300mm입니다. 300mm로 자른 보수용 레일을 창문 구멍 안쪽으로 밀어 넣습니다. 드라이버로 최대한 밀어서 앞에서 끼운 보수 레일과 맞닿도록 합니다.

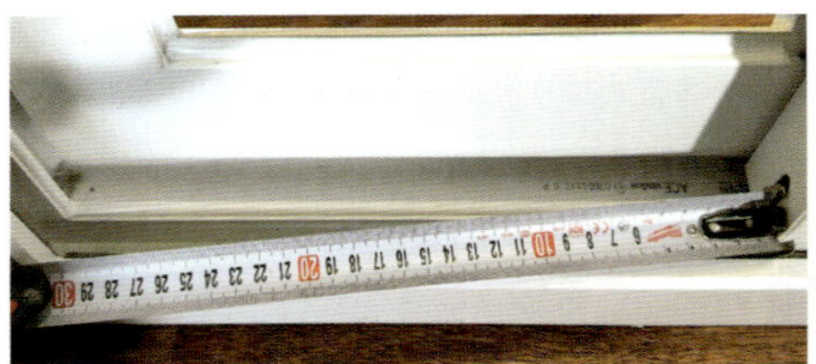

한쪽 끝에 보수 레일이 깔리지 않아도 괜찮습니다. 창짝 롤러가 레일 끝까지 가지 않아서입니다. 실제로 문을 여닫아보면 부드럽게 열리고 닫힙니다. 끼워둔 레일이 움직일까 봐 신경이 쓰인다면 레일을 끼우기 전에 접착제 또는 실리콘을 한 방울 발라줘도 좋습니다.

레일이 깔리지 않은 부분이 계속 거슬린다면 깔리지 않은 길이만큼 보수용 레일을 잘라서 끼워 넣어도 됩니다.

창틀 보수는 이 정도만 알아도 충분합니다. 창호 전체를 교체하고 싶은 분도 있겠지만 앞에서도 말했다시피 교체만큼은 전문가에게 맡기는 게 낫습니다. 일단 시작했으니 끝을 보겠다는 욕심도 나겠지만, 위험 부담이 크므로 권하지 않습니다. 이 정도만 해도 충분합니다. 이제 우리 집 창틀 보수도 내 손으로!

방화문 수리와 교체

03

방화문은 화재가 발생했을 때 불과 연기가 다른 공간으로 번지는 것을 막기 위해 설치하는 문입니다. 아파트 같은 공동 주택의 복도와 계단에 설치된 문과 더불어 세대별 입구 현관문이 모두 방화문입니다. 방화문은 대부분 철문이라 사용하면 할수록 무게 때문에 조금씩 틀어지기 마련입니다. 그렇다고 틀어질 때마다 방화문을 바꿀 수는 없습니다. 문 교체는 보통 일이 아니니까요. 수리할 수 있는지 점검하고 고쳐보는 게 먼저입니다. 지금부터 처진 방화문을 어떻게 수리해야 하는지 배워보겠습니다.

아래 그림은 방화문이 처져서 겨우 닫히는 경우입니다. 아래쪽 문틀을 보면 긁힌 자국이 확연합니다. 이럴 때는 방화문 높이를 올려줘야 합니다. 힌지를 살펴보면 위쪽에 문을 올릴 수 있는 공간이 약간 남아 있습니다.

문이 처져 닫힐 때 문틀에 닿는 상태

문틀에 생긴 긁힌 자국

문을 올릴 수 있는 공간

힌지는 여닫이문을 달 때 한쪽은 문틀에, 다른 한쪽은 문짝에 고정하여 문짝이나 창문을 다는 데 쓰는 철물 부속입니다. 경첩으로도 부르는데, 책에서는 나무에는 경첩, 철에는 힌지로 구분해서 썼습니다.

방화문 수리 키트에는 힌지축, 너트, 와셔가 담겨 있는데 3,000원이면 살 수 있습니다. 문을 올리는 데는 와셔만 있으면 되므로 힌지축과 너트는 따로 보관합니다. 와셔를 챙겼다면 실습해 보겠습니다.

 **방화문 높이 조절하기**

step 01 먼저 힌지 뚜껑을 엽니다. 힌지축을 고정하는 피스를 반만 풀고 축을 빼냅니다.

step 02　문짝을 완전히 옆으로 빼놓습니다. 문을 너무 많이 높이면 문짝이 위쪽 문틀에 닿을 수 있으므로, 문짝이 아래쪽 문틀에 닿지 않을 정도로만 와셔를 넣습니다. 문짝 아래쪽 힌지를 문틀 아래쪽 힌지에 끼웁니다.

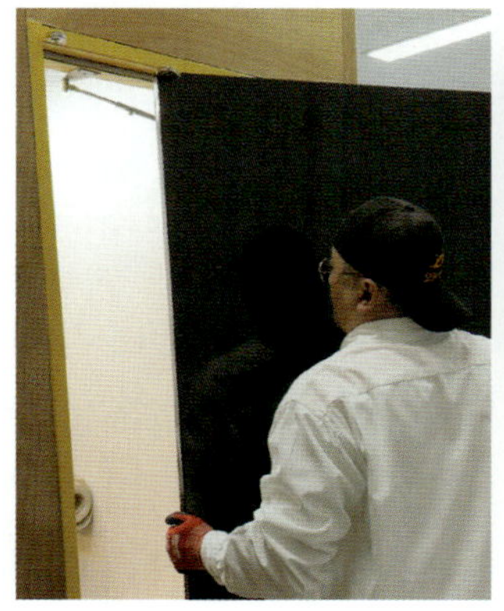

step 03　위쪽 문짝 힌지 구멍을 문틀 힌지 구멍과 맞물리게 한 후 축을 끼워 넣습니다. 축 고정 볼트를 조여 축을 고정합니다. 뚜껑을 끼워서 조이면 문이 고정됩니다. 이제 방화문을 열거나 닫을 때 문짝이 문틀에 걸리지 않을 겁니다.

이렇게 와셔 몇 개로 방화문을 쉽게 올릴 수 있습니다. 이외에도 여러 가지 이유로 방화문이 틀어지곤 하는데, 여기서는 가장 자주 일어나는 상황만 점검해 보았습니다.

방화문을 교체하고 싶을 수도 있습니다. 이왕 바꾸는 거 문틀과 문짝을 모두 바꾸면 좋겠지만 기존 문틀을 제거하고 새 문틀을 끼우는 작업은 꽤 어려운 작업이므로 초보자에게는 권하지 않습니다. 대신 문짝만 교체하는 작업은 시도해 볼 만합니다. 방화문은 설치 위치, 재질과 구조, 자동 닫힘 장치 등 설치 기준이 매우 엄격합니다. 법령이 개정될 때마다 조금 더 세부적인 내용이 들어가고 안전을 강화하는 추세이므로 관련 내용도 숙지해야 합니다.

도어록으로 교체하고 나니 구멍이 계속 거슬린다거나 철문이 찌그러져서 또는 녹이 슬어서 거슬린다면 문을 교체하는 게 마음이 편합니다. 시중에 파는 기성 방화문은 폭×높이가 900 ×2100mm(문짝은 832×2030mm)와 1000×2100mm(문짝은 932×2030mm)로 통일되어 있습니다. 문 크기가 기성 방화문 크기보다 크다면 따로 주문 제작해야 합니다. 기성 방화문을 교체하는 것이 기본이므로 책에서는 기성 방화문을 기준으로 설명하겠습니다.

사용하던 방화문을 교체할 때 두 가지를 주의해야 합니다. 먼저 문틀을 그대로 쓸 거라면 힌지를 확인해야 합니다. 힌지가 같아야 문짝만 교체할 수 있습니다. 다음은 문 크기를 바르게 재야 합니다. 크기가 통일된 기성 방화문이라 해도 사용하다 보니 문틀에 변형이 생겼을 수 있습니다. 이럴 때는 변형된 크기 내로 주문서를 넣어야 문을 교체한 후에도 제대로 닫힙니다. 힌지를 확인했다면 실측부터 시작하겠습니다.

방화문 교체하기

step 01 문을 닫고 내부에서 문 크기를 잴 준비를 합니다. 문틀까지 교체하는 경우라면 문틀을 포함해서 재고, 문짝만 교체하는 경우라면 문틀 안쪽을 잽니다. 문틀이 틀어진 경우가 있으므로 너비와 높이는 각각 상단·중앙·하단, 왼쪽·가운데·오른쪽을 재서 가장 작은 길이로 정합니다. 단, 세 길이가 5mm 이상 차이가 난다면 제조사에 따로 문의해야 합니다.

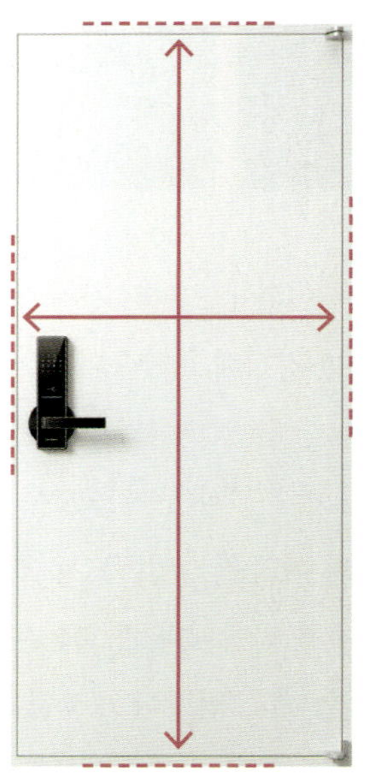

문틀을 포함해 재는 경우

문짝만 재는 경우(너비)

문짝만 재는 경우(높이)

문짝 맨 아래부터 맨 위까지 잰 후, 전체 길이에서 10mm씩 빼줍니다. 폭도 마찬가지입니다. 실습에서는 높이와 폭이 2030×830mm입니다.

step 03 다음으로 문짝 중간에 달아야 하는 잠금쇠 몸체의 길이를 잽니다. 실습에 사용한 잠금쇠 길이는 110mm입니다. 다음으로 문짝 맨 아래부터 잠금쇠 몸체가 들어갈 구멍까지 길이를 잰 다음 잠금쇠 몸체 길이의 절반을 더합니다 (970mm+(110/2mm)). 실습에서는 1025mm로, 이 위치가 손잡이 구멍의 중심입니다.

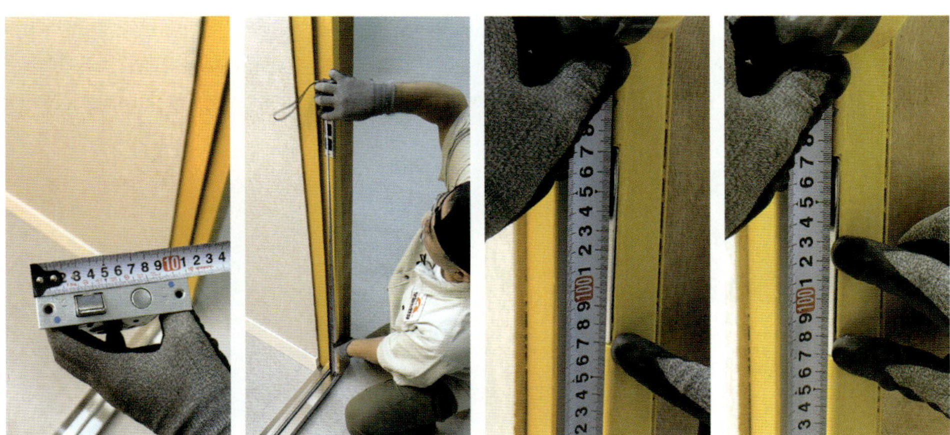

방화문이 당기는 문인지 미는 문인지 확인하고, 손잡이 위치가 왼쪽인지 오른쪽인지도 기록합니다. 이 부분을 엉뚱하게 주문하면 밖에서 열리는 문인데 안쪽으로 열리는 문이 올 수도 있습니다.

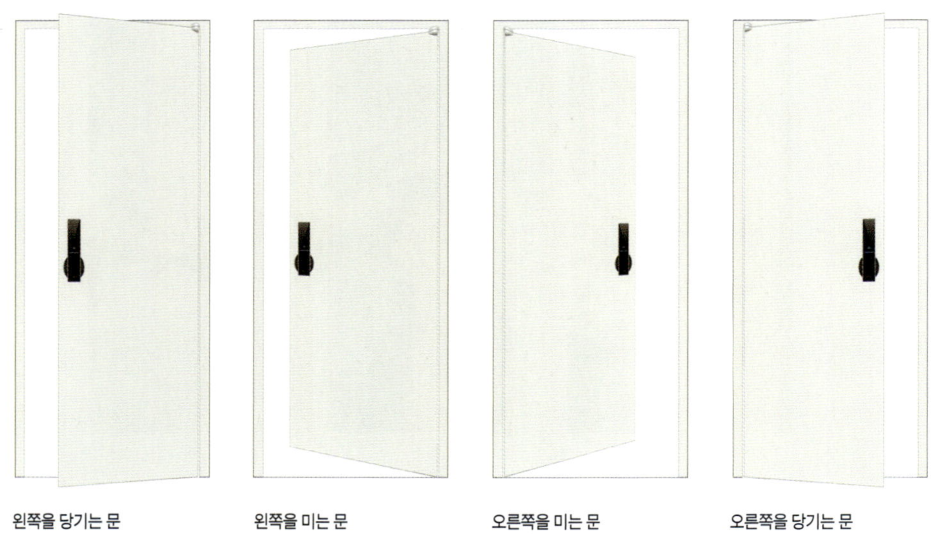

| 왼쪽을 당기는 문 | 왼쪽을 미는 문 | 오른쪽을 미는 문 | 오른쪽을 당기는 문 |

온라인 스토어에서 주문해도 됩니다. 이때는 문 크기와 문 방향, 손잡이 위치를 옵션에 넣어야 합니다. 손잡이나 도어락 등은 추가 옵션으로 구입할 수 있습니다.

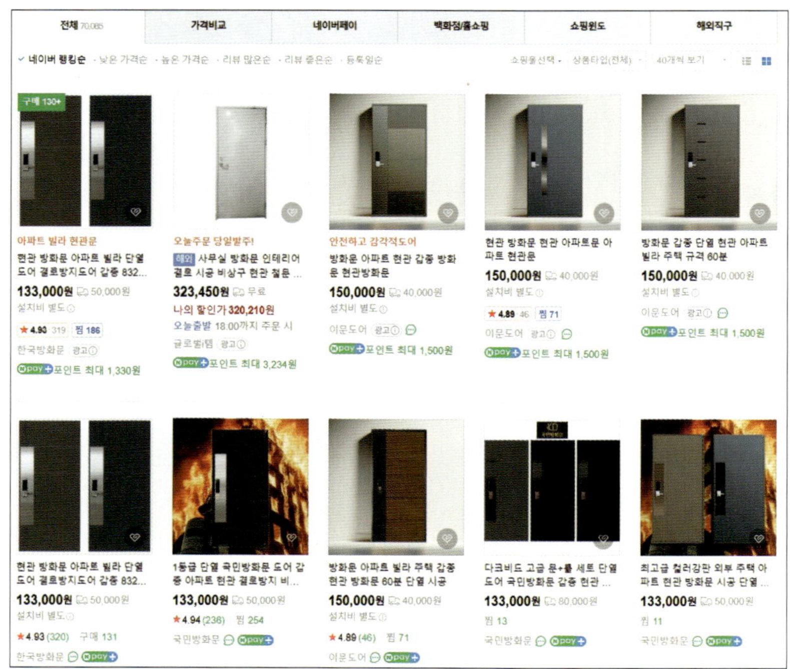

앞서 적어둔 문짝 크기와 문 방향, 손잡이 위치를 주문서에 입력하여 주문하면 그대로 제작되어 집 앞까지 배달해 줍니다.

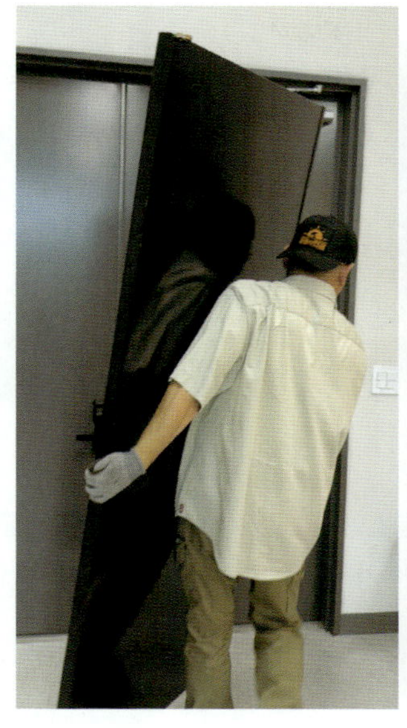 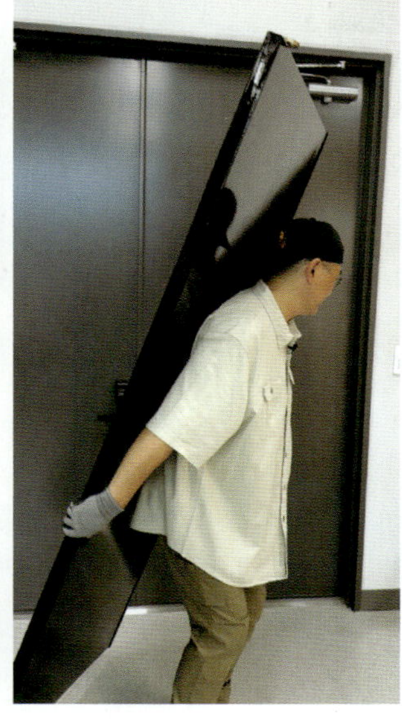

한창 방화문을 시공할 때는 하루에 200개를 단 적도 있습니다. 방화문은 설치도 설치지만 옮기는 게 보통 일이 아닙니다. 방화문을 정면으로 들어 올리면 허리와 등에 무리가 옵니다. 방화문은 항상 등으로 지고 들어서 옮겨야 건강하게 오래 삽니다.

방화문이 도착했다면 문을 달아보겠습니다. 위쪽 힌지 뚜껑을 분해한 후 축 고정 나사를 돌려 축을 뺍니다. 이때 축 고정 나사는 축이 빠질 정도로만 돌립니다.

축 고정 나사는 꼭 축이 빠질 정도로만 돌리세요. 축 고정 나사를 아예 뺐다가 잃어버리는 경우가 많습니다.

**   아래쪽 힌지에 새로 산 문을 끼웁니다. 위쪽 힌지와 문짝 힌지의 구멍을 맞추고 딸깍 소리가 날 때까지 축을 밀어 넣습니다. 축 고정 나사를 조인 다음 뚜껑을 끼워서 돌립니다.

step 09   실린더 조립은 더 쉽습니다. 자물쇠 뭉치를 먼저 넣고 피스를 조입니다. 간혹 이때 자물쇠 뭉치를 달아두고 문을 닫는 경우가 있는데, 곤란합니다. 일자드라이버 없이 혼자 시공하다가 갇힐 수 있습니다. 닫히지 않도록 반 정도 열어둔 채로 작업하기 바랍니다.

step 10   실린더는 잠금 부분이 내부로, 열쇠가 있는 부분이 외부로 가도록 놓고 조이기만 하면 조립이 끝납니다.

 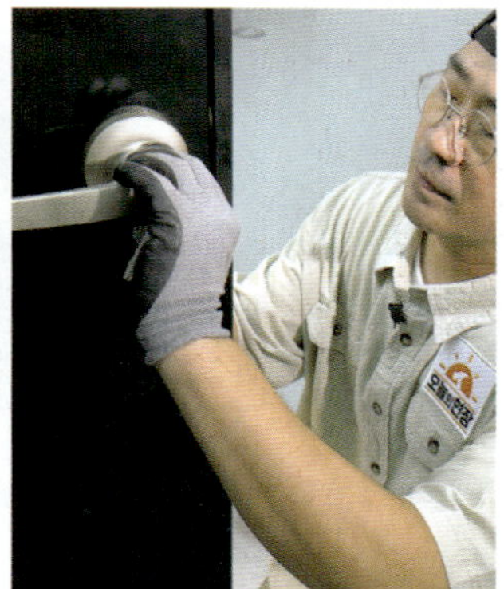 

스트라이커 부분은 검은 플라스틱을 넣고 마개를 끼운 다음 피스를 조이면 끝입니다.

개스킷은 불이 났을 때 연기 유입을 막기 위한 용도로 설치하는데, 개스킷이 들어가는 방향이 중요합니다. 그림처럼 골이 난 부분이 안쪽으로 가게 해서 끝까지 밀어 넣으면 됩니다. 이 개스킷이라는 자재가 연기를 얼마나 잘 막아주는 지는 화재를 겪어보지 않은 사람은 실감할 수 없습니다(물론 평생 실감하지 않고 살아야겠죠). 이제 방화문을 닫아보면 잘 닫힙니다.

방화문은 건축 법령에 따라 자동으로 닫히도록 설계해야 합니다. 그러려면 도어체크를 달아야 합니다. 도어체크를 시공하는 방법은 바로 이어지는 실습에서 설명합니다.

도어체크는 문이 열리고 닫히는 속도를 제어해 문이 덜 닫히거나 세게 닫히지 않도록 하는 장치입니다. 보통 현관문처럼 무겁고 큰 문에 설치합니다. 문을 여닫을 때 평소처럼 부드럽게 닫히지 않거나 도어체크에서 기름이 샌다면 도어체크를 교체할 때입니다. 도어체크는 사용자가 문을 어떻게 여닫느냐에 따라 수명이 정해지는데, 너무 세게 열거나 강제로 닫는 일이 오랜 시간 자주 반복되면 1년도 안 돼 망가지기도 합니다.

도어체크의 부품은 다음과 같습니다.

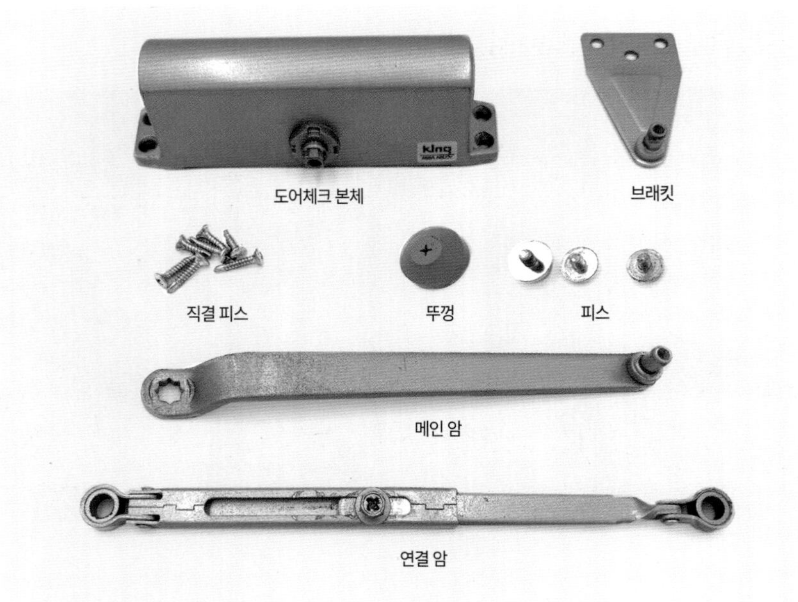

- **본체**: 문을 열 때 스프링을 압축하여 오일을 한쪽으로 옮기고, 문을 닫을 때 오일이 다시 반대쪽으로 천천히 흐르게 하여 닫히는 속도를 제어합니다. 측면에 있는 속도 조절 밸브로 유압 오일의 흐름을 제어하면 문이 닫히는 속도를 미세하게 조절할 수 있습니다.
- **메인 암과 연결 암**: 메인 암은 본체에 직접 연결되고, 연결 암은 메인 암과 브래킷을 연결합니다.

- **뚜껑과 피스**: 뚜껑은 본체를 덮어 내부 부품을 보호하고, 피스는 본체와 브래킷 등을 고정합니다.
- **브래킷**: 연결 암을 문틀에 고정하는 부품입니다. 문틀에 턱이 있다면 一자 브래킷, 문틀에 턱이 없다면 ㄱ자 브래킷과 ㄷ자 브래킷을 씁니다. 책에서는 현관문에 주로 쓰는 一자 브래킷을 기준으로 설명합니다.

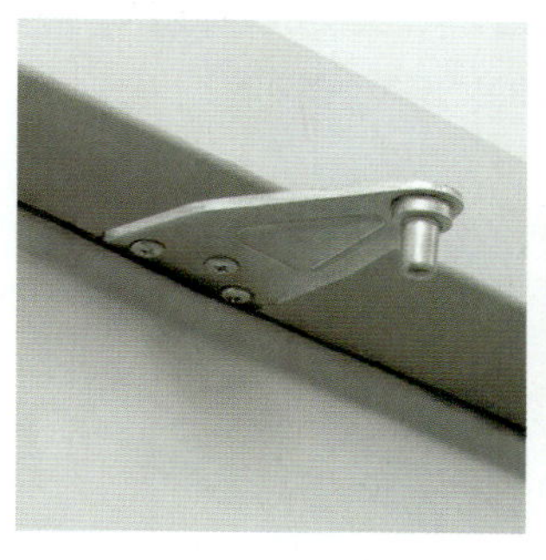

一자 브래킷

ㄱ자 브래킷

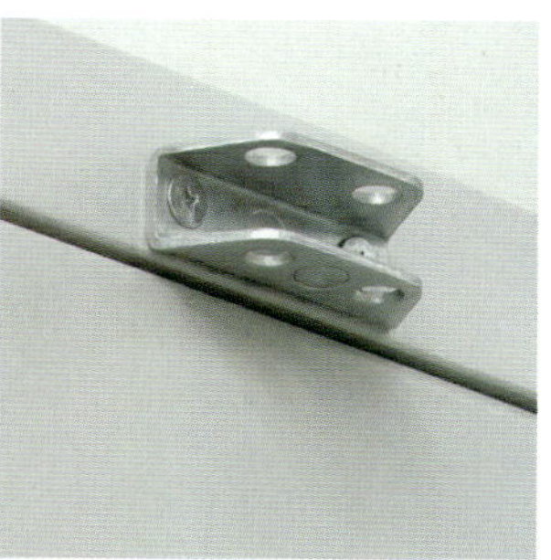

ㄷ자 브래킷

새 제품 상자를 열었는데 도어체크가 아니라 우주선 설계도가 잘못 온 게 아닌가 싶을 정도로 복잡한 시공 안내서에 놀랄 수 있습니다. 그럴 줄 알고 준비했습니다. 기존 시공 안내서는 무시하세요. 왼쪽 QR 코드를 스캔하여 시공도를 다운로드해 주세요. 시공도가 준비되었다면 직접 설치해 보겠습니다.

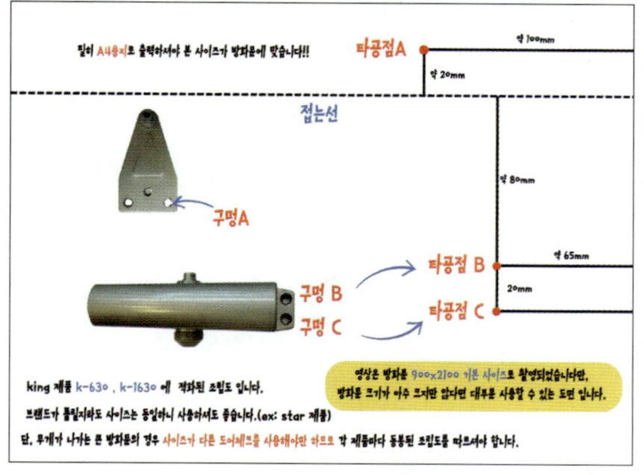

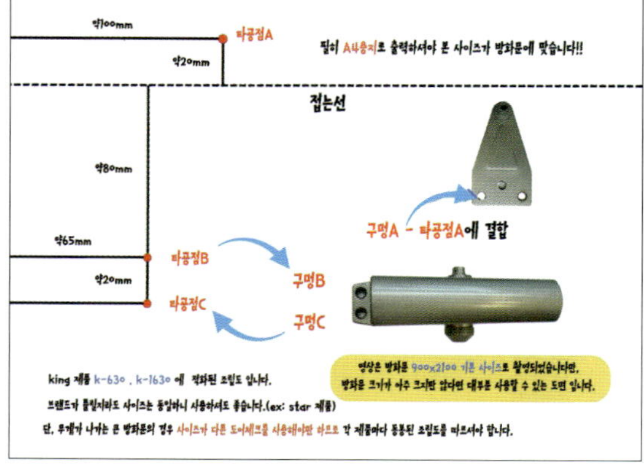

QR 코드를 스캔해서 파일을 다운로드한 다음, 이왕이면 인쇄해서 쓰길 권합니다. 다만, 인쇄 크기는 A4 용지 100% 비율이라야 합니다. 시공도는 시중에서 가장 많이 쓰는 king 사의 k630과 k1630 모델을 기준으로 했지만, star 제품 등 다른 브랜드 제품도 크기는 동일하므로 사용할 수 있습니다. 단, 일반 현관문 방화문보다 크고 무거운 방화문이라면 크기가 다른 도어체크를 써야 해서 이 시공도를 쓸 수 없습니다. 그런 경우라면 해당 제품에 동봉된 조립도를 따라야 합니다.

실습 도어체크 교체하기

step 01

도어체크 본체와 암을 미리 조립하겠습니다. 문손잡이가 왼쪽에 있다면 도어체크 본체의 속도 조절 밸브도 왼쪽으로 오도록 둡니다(문손잡이가 오른쪽에 있다면 본체의 속도 조절 밸브도 오른쪽으로 오도록 둬야겠죠). 문손잡이와 속도 조절 밸브가 마주 보는 구조라야 합니다. 책에서는 왼쪽 손잡이를 기준으로 설명하겠습니다.

문 손잡이 위치 확인하기

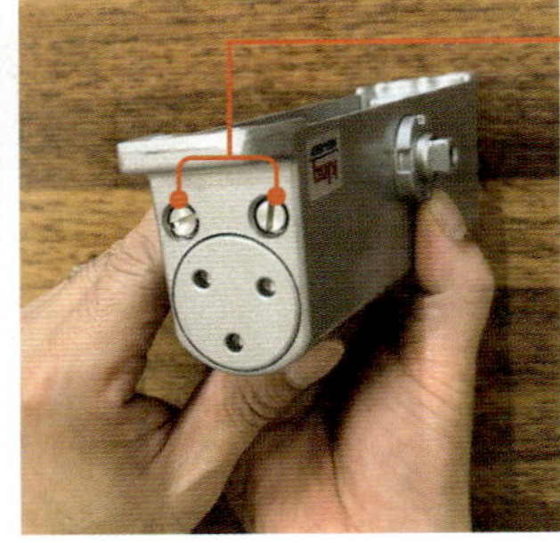

도어체크 본체

step 02

메인 암 역시 손잡이 방향에 맞춰서 왼쪽에 오도록 본체 중앙에 끼웁니다. 이때 메인 암은 본체와 평행이 되도록 꽂고 고무망치가 있다면 쳐서 고정하면 좋습니다. 육각 모양 십자 피스 중 가장 긴 것을 끼워서 조립합니다.

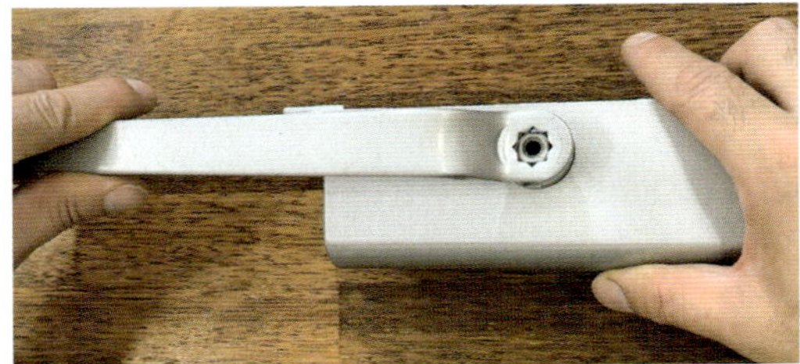

피스는 여분이 없으므로 잃어버리면 곤란합니다. 흘리지 않도록 주의합니다.

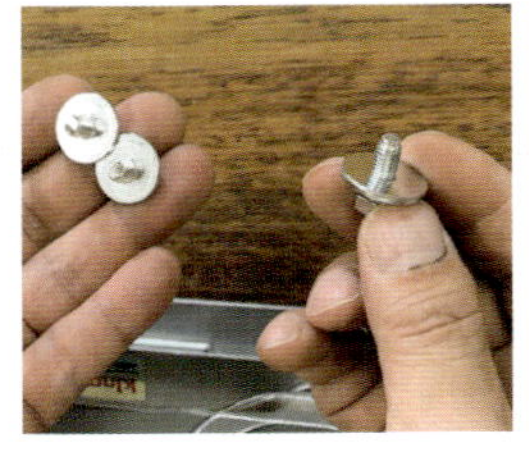

step 03

연결 암을 메인 암에 뒤집어서 끼운 다음 나머지 피스 중 하나를 끼우고 돌려서 고정합니다.

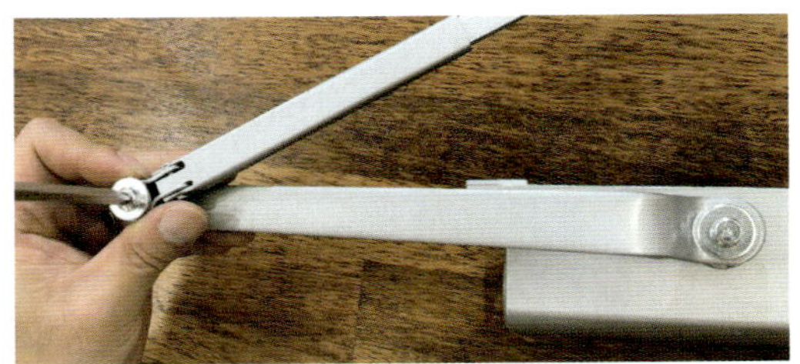

시공도 종이에 표시된 빨간색 타공 점 3개에 구멍을 뚫고, 점선에 맞춰 종이를 접어둡니다.

step 05

문을 완전히 닫고 시공도를 붙인 다음 화이트 마킹 펜으로 타공 점 위치를 표시합니다. 시공도를 떼고 타공 점을 표시한 부분에 해머 드릴로 구멍을 3개 뚫습니다.

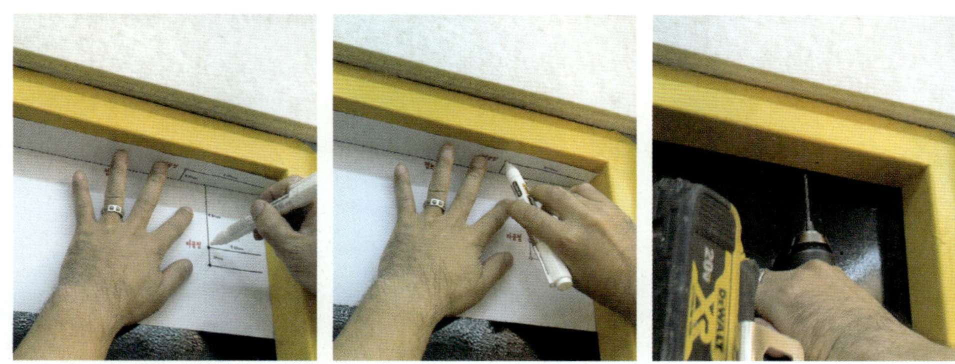

step 06

속도 조절 밸브가 문손잡이 방향과 같은지 확인합니다. 앞서 문에 뚫어둔 구멍 2개에 본체 구멍이 위치하도록 고정하고 직결 피스 7개 중 2개를 박습니다. 수평을 맞추고 반대쪽 본체 구멍에도 직결 피스 2개를 박습니다. 임팩트 드라이버가 있다면 뚫으면서 박아도 됩니다.

브래킷의 맨 오른쪽 구멍과 문틀에 뚫어놓은 구멍을 일치시킨 다음 직결 피스를 박습니다. 브래킷 본체를 수평에 맞춰 고정한 후에 남은 구멍에 직결 피스를 박습니다. 연결 암의 길이를 조절하고 앞으로 당겨서 브래킷에 끼워 연결합니다. 연결한 부분에 일반 피스를 박아서 고정합니다.

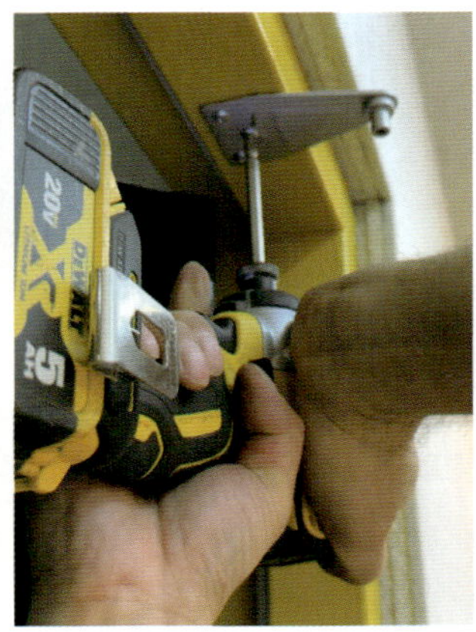

주먹 1개가 들어갈 만큼 틈이 생기도록 암을 앞쪽으로 당깁니다. 이 상태에서 연결 암의 피스를 조이면 도어체크가 고정됩니다. 1차 조립이 끝났으므로 본체 중앙에 뚜껑을 끼웁니다.

속도 조절 밸브를 아주 조금씩 돌려가면서 문이 닫히는 속도를 확인합니다. 사람마다 느끼는 적정 속도가 다릅니다. 내가 원하는 속도로 부드럽게 닫힐 때까지 조정합니다.

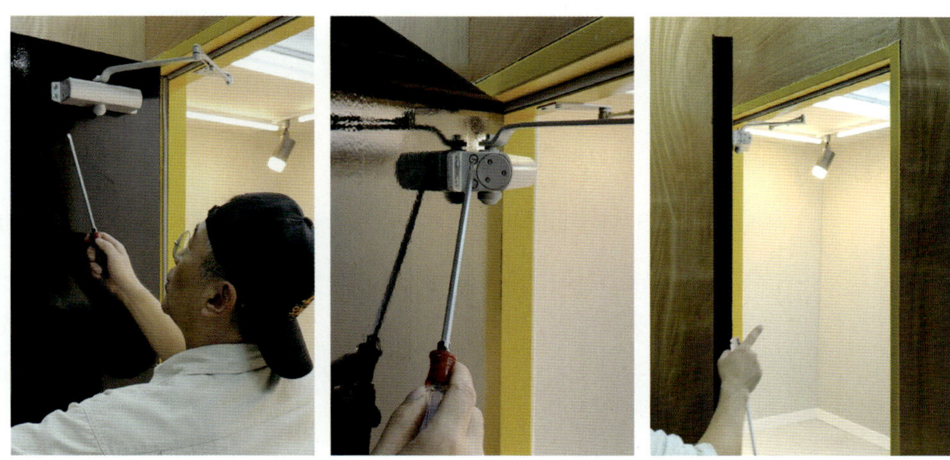

도어체크 본체의 측면을 보면 속도 조절 밸브가 보입니다. 대개 2개인데 각각 1번과 2번이 표시되어 있습니다. 1번 속도 조절 밸브는 문이 완전히 열린 상태에서 약 15~20도 지점까지 닫히는 속도를, 2번은 문이 완전히 닫힐 때까지의 속도를 조절합니다. 시계 방향으로 돌리면 느려지고, 시계 반대 방향으로 돌리면 빨라집니다.

속도 조절 밸브를 완전히 조이거나 풀지 않도록 주의합니다. 오일이 빠져나와 도어체크가 망가질 수 있습니다. 천천히 조금씩 돌리고 한 바퀴 이상 돌리지 않도록 합니다.

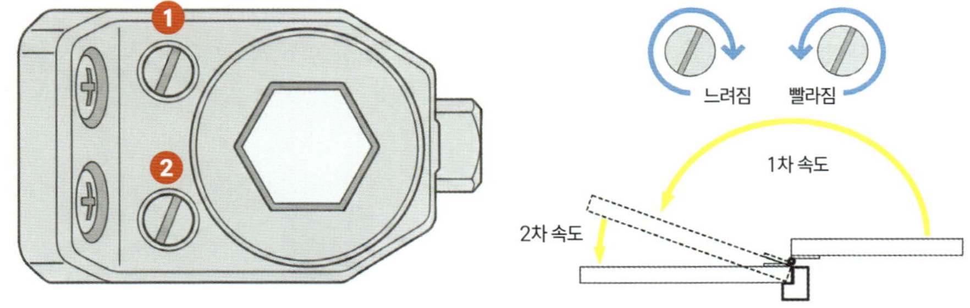

사실 간단한 기술이지만 이 정도만 알아도 우리 동네 기술자로 대접받을 겁니다. 여기저기서 방화문 닫히는 속도를 조절해 달라는 요구에 시달릴지도 모릅니다.

도어록 교체 05

디지털 도어록은 열쇠 없이 비밀번호, 지문/얼굴 인식, 스마트/카드 키, 스마트폰 연동 등으로 문을 열고 잠글 수 있는 전자 잠금장치입니다. 열쇠형 도어록을 쓰고 있거나 기존 디지털 도어록이 마음에 들지 않는다면 쉽게 교체할 수 있습니다. 특히 문에 추가로 구멍을 뚫지 않고 부착시킬 수 있는 무타공 도어록이라면 더욱 쉽습니다.

다만 타공이든 무타공이든 문에 도어록을 설치하려면 문 규격이 제품에 맞아야 합니다. 대개 표준 방화문이어야 하고, 문 두께가 4.5cm 내외여야 하며, 모티스가 들어갈 사각 홀 높이가 10~12cm 이내여야 합니다. 새시문·나무문·유리문·양개문, 문 두께가 4.5cm 이상인 방화문, 모티스 사각 홀이 없거나 홀 높이가 12cm 이상인 문은 시중에 파는 무타공 도어록을 시공하기 어렵습니다. 이외에도 제품마다 원하는 문의 규격이 다를 수 있으니 꼼꼼하게 확인하고 사기 바랍니다.

책에서는 무타공 도어록 설치 방법을 다룹니다. 도어록 부품은 다음과 같습니다. 부품이 준비되었으니 이제 도어록을 설치해 볼까요?

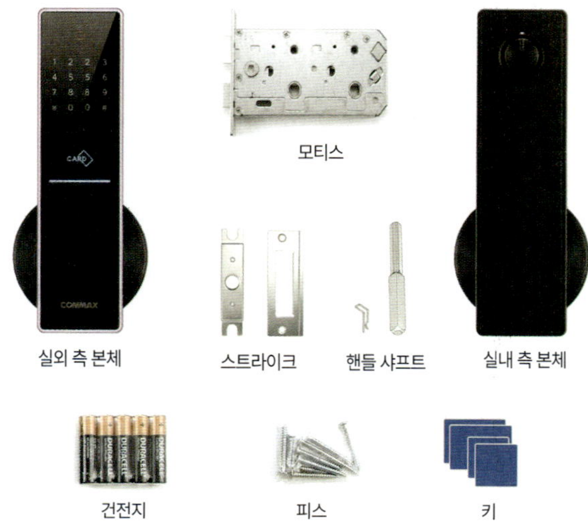

step 01　기존 도어록을 모두 제거합니다.

step 02　새 스트라이크 박스를 문틀 홈에 끼워 넣습니다. 도어록 스트라이커 스페이서에는 자석이 달려 있습니다. 스페이서를 안쪽에 밀어 넣고 스트라이크를 댄 다음 피스를 박아 고정합니다.

모티스의 래치볼트 방향을 문을 여닫는 방향에 맞게 조립하고 모티스를 문에 끼워 넣습니다. 모티스의 전선을 문 안쪽으로 빼주고 커버의 위아래 표시에 따라 각각 피스를 박아 고정합니다.

모티스는 도어락의 핵심 부품으로, 문짝 안쪽으로 들어가는 잠금장치의 본체입니다. 데드볼트는 문이 완전히 잠겼을 때 문틀에 걸리는 빗장입니다. 래치볼트는 손잡이를 돌리거나 문을 닫을 때 딸깍 소리를 내며 문을 고정하는 부품입니다.

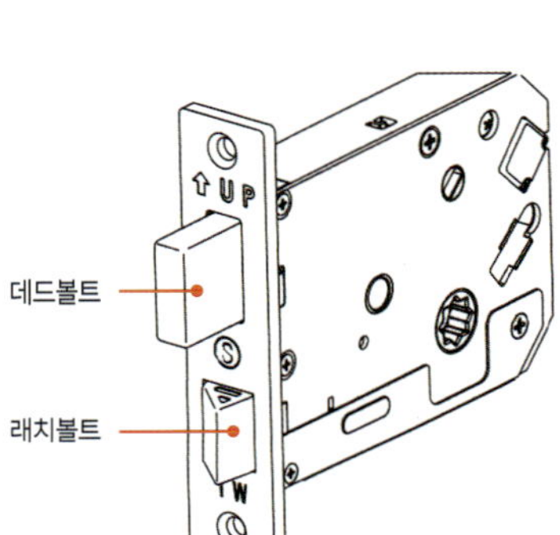

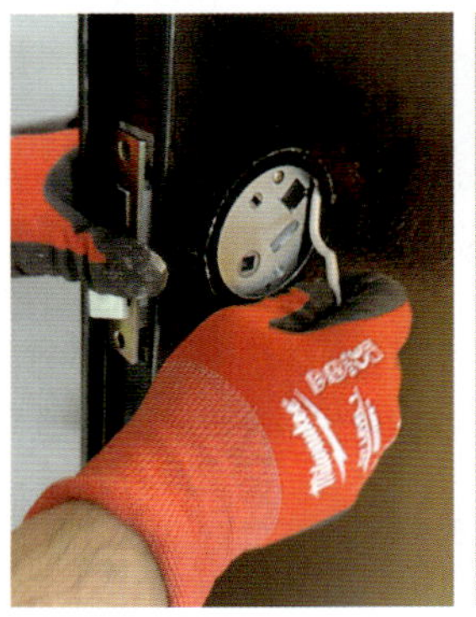

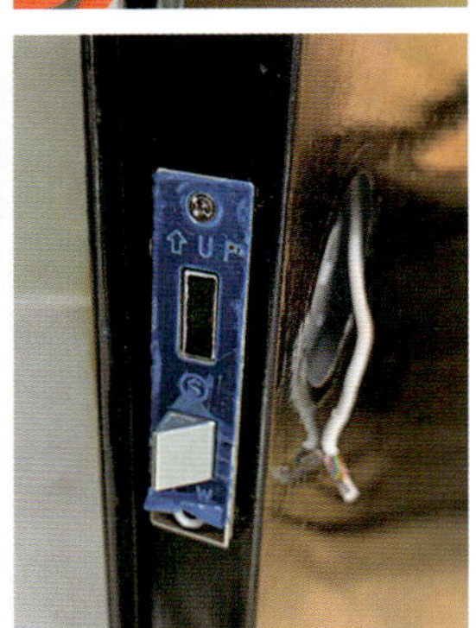

문밖에서 문 안쪽으로 모티스에 핸들 샤프트를 꽂습니다(핸들 샤프트에서 IN이 표기된 부분이 문 안쪽, OUT이 표기된 부분이 문밖으로 와야 합니다). 문 안쪽에서 핸들 샤프트 중앙에 보이는 구멍에 고정핀을 꽂습니다.

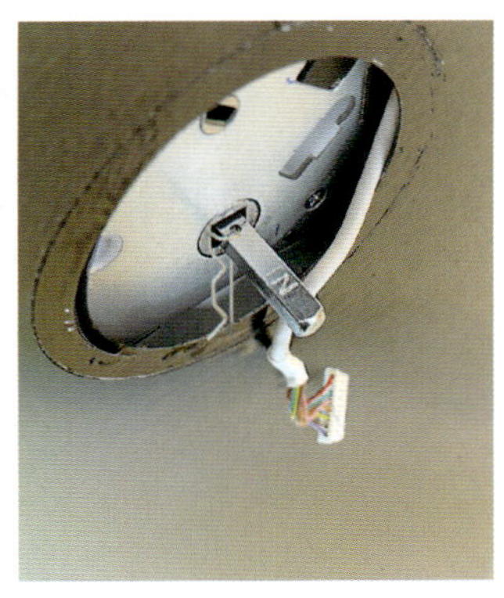

핸들 샤프트 표면에 OUT과 IN이 표기된 경우가 많습니다. 핸들 샤프트에 표기가 없을 수 있는데, 대개 굵은 쪽이 OUT이고, 가는 쪽이 IN입니다. 핸들 샤프트에 고정핀 꽂는 작업을 잊지 마세요. 가장 중요합니다.

문밖에서 도어락 바깥쪽 몸체를 밀착시키고 전선을 꽂아 문 안쪽 모티스의 길쭉한 구멍으로 뺍니다.

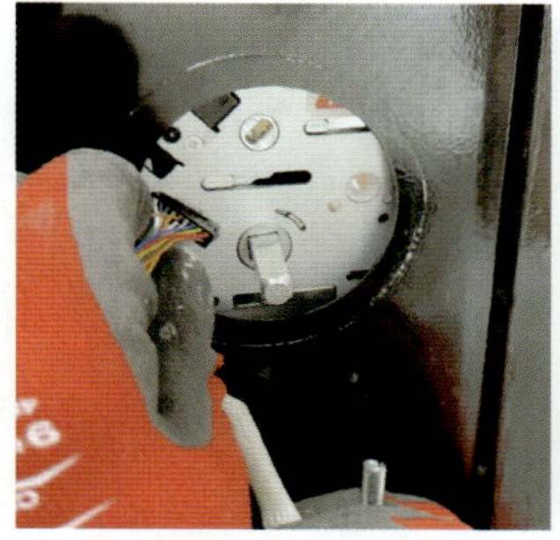

바깥쪽 문의 길쭉한 구멍에 전선 넣기

안쪽 문으로 나온 전선

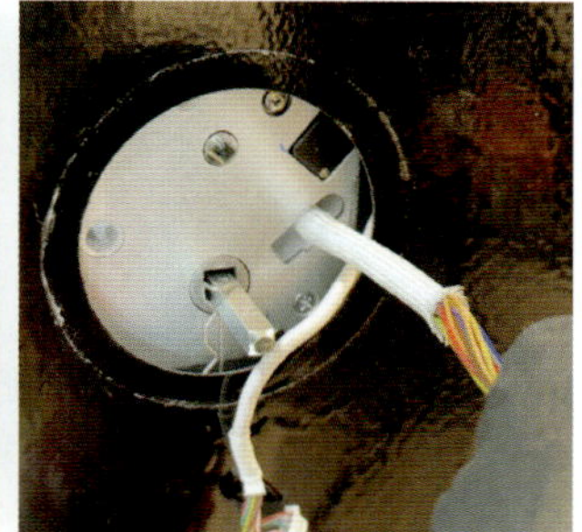

안쪽 문에서 전선 잡아당기기

전선 2개를 모두 도어락 안쪽 몸체에서 방수 고무가 달린 고정 플레이트 구멍까지 통과시킵니다.

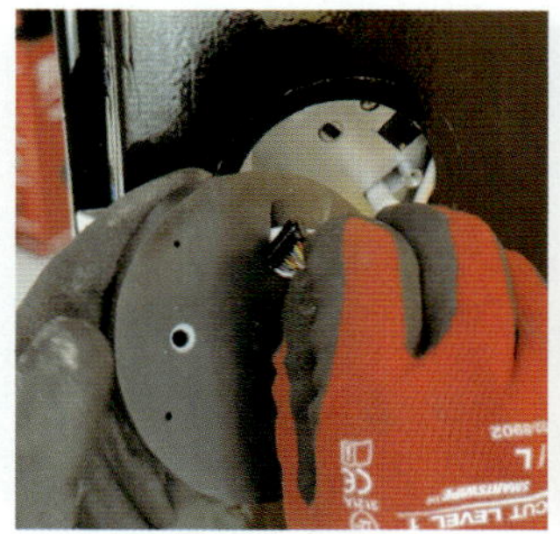
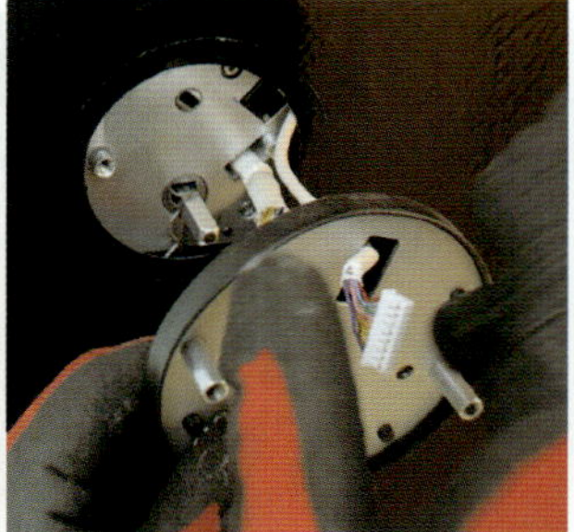

도어락 안쪽 몸체를 문에 밀착시킨 후 동봉된 피스를 박아 고정합니다. 구멍에서 빠져나온 전선을 각각 도어락 안쪽 몸체의 소켓에 끼웁니다. 연결 소켓을 반대로 조립해서 핀이 망가지지 않도록 꽂는 위치를 하얀색으로 표시해 둔 경우가 많습니다. 소켓이 조금이라도 떠 있는 상태로 조립하면 도어록이 오작동하므로 딱 맞게 잘 끼워 넣어야 합니다(설명서를 보고 위치를 잘 확인하여 헐겁지 않게 끼워주세요).

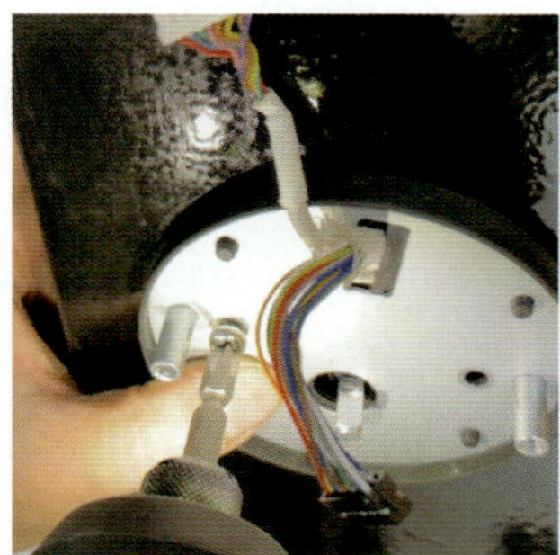
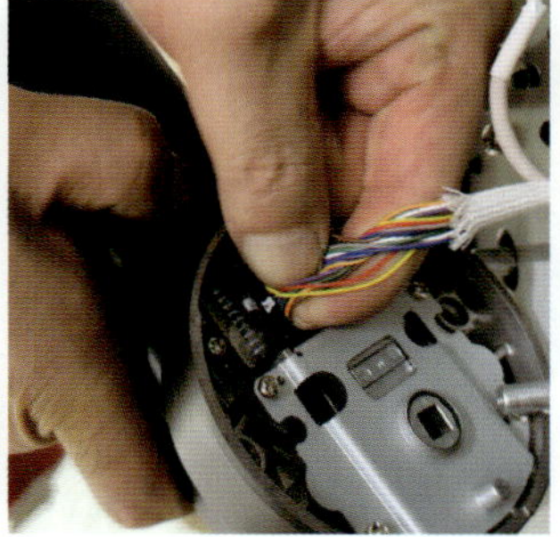

 선을 정리하고 도어락 안쪽 몸체를 문에 밀착시킨 후 피스를 박아서 고정합니다.

 건전지 뚜껑을 열고 건전지를 넣은 다음 뚜껑을 닫습니다. 설명서를 보고 비밀번호를 설정합니다. 문을 닫고 밖에서 비밀번호를 입력한 후 문을 열어봅니다.

혹시 문이 닫혀서 열리지 않는 상황을 대비해 안쪽에 사람이 있어야 합니다.

기존 문에 맞는 제품으로 잘 샀다면 실습에 나온 제품과 다르더라도 어려움 없이 시공할 수 있습니다. 디지털 도어록 가격은 10~70만 원으로 매우 다양한데, 출장비는 보통 5만 원 내외입니다. 직접 시공하면 출장비도 아낄 수 있지만, 나중에 도어록에 문제가 생겼을 때 두려움 없이 도어록을 열어 간단히 문제를 해결할 수도 있습니다. 그러니 꼭 도전해 보세요.

누군가는 타공형 디지털 도어록을 시공하고 싶을 수 있습니다. 타공형은 위쪽에 구멍을 뚫는 것을 제외하면 무타공 디지털 도어록과 시공법이 같습니다. 타공용 전동 공구를 능숙하게 다룬다면 타공형에도 도전해 보길 권합니다. 이 정도만 알아도 사무실 현관이나 집 현관 도어록은 혼자 설치할 수 있겠죠?

강화유리문 수리 06

가게를 운영하는 분이라면 알아야 할 강화유리문 수리 방법을 알려드리겠습니다. 강화유리문은 개방감이 뛰어나 공간이 넓어 보이는 효과를 내므로 사람들이 많이 드나드는 상가와 사무실 등에서 주로 쓰입니다. 일반 유리보다 강도가 높고 깨지더라도 콩알만 한 조각으로 깨져 다칠 위험이 조금 덜합니다.

강화유리문 자체는 내구성이 높아 수명이 긴 편이지만, 부속품은 5년만 지나도 문제가 생기곤 합니다. 그래서 강화유리문을 사용하다 문제가 생겼다면 먼저 주요 부속품인 플로어힌지와 상하부 피벗을 살펴봐야 합니다. 강화유리문을 쓸 때 가장 흔하게 볼 수 있는 문제는 문짝이 문틀에 닿아 문을 여닫을 때 끽끽 소리가 나는 경우입니다. 이럴 때 어떻게 해야 하는지 살펴보겠습니다.

문짝 상부 프레임이 문틀 윗면 또는 옆면에 닿는 경우

문짝 하부 프레임이 문틀 왼쪽 면에 닿는 경우

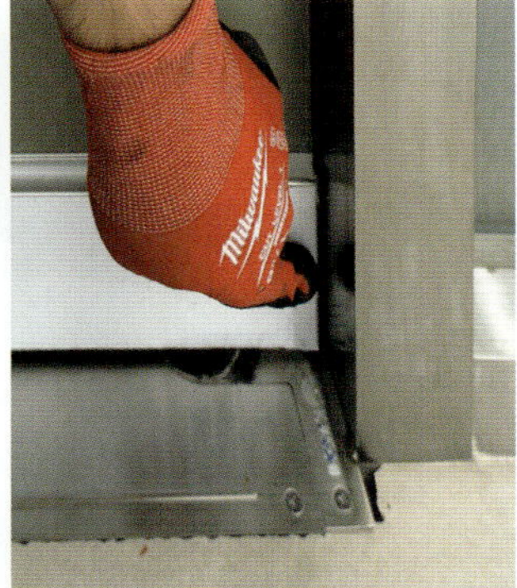

문짝 하부 프레임이 문틀 오른쪽 면에 닿거나 바닥에 끌리는 경우

강화유리문은 크게 프레임이 있는 것과 없는 것으로 구분됩니다. 현장에서는 문짝 상부와 하부에 프레임이 있는 문을 일반 강화도어, 문짝 사방에 프레임이 있는 문을 가마찌도어, 프레임이 없는 문을 가네모도어라고 부릅니다. 이 중 가네모도어는 유리로만 구성되어 있어 가장 깔끔하고 세련된 디자인이지만, 프레임이 있고 매립형 힌지를 쓰는 문에 비해 수리하기가 까다롭습니다. 따라서 이 책에서는 상하 프레임이 있고 매립형 힌지를 쓰는 일반 강화도어를 기준으로 설명합니다.

먼저, 문짝 상부 프레임이 문틀에 닿는 경우는 문의 위치를 살짝 옮겨주면 해결됩니다. 그러려면 상부 피벗의 나사를 풀거나 조여야 합니다. 상부 피벗은 프레임 위쪽에서 문틀과 연결되는 부품으로 문의 회전축 역할을 합니다. 이해하기 쉽게 매립된 상부 피벗을 꺼내 구조를 살펴보겠습니다. 아래 그림에서 위치 조절 나사를 오른쪽으로 돌리면 고정쇠가 오른쪽으로 이동합니다. 반대로 왼쪽으로 돌리면 고정쇠가 왼쪽으로 이동합니다. 구조를 알았다면 직접 실습해 보겠습니다.

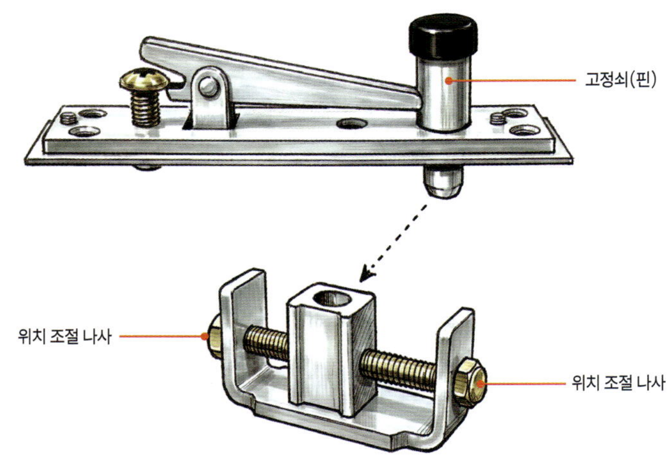

상단 문틀 모서리 안쪽에 매립된 상부 피벗(위)과 문짝 상단 프레임 안쪽에 매립된 U자형 상부 피벗(아래)

실습 상단 문짝 위치 조정하기

문짝의 상단 프레임 측면을 보면 구멍이 하나 있습니다. 구멍에 십자드라이버를 넣고 나사를 오른쪽으로 돌립니다. 문짝 위쪽이 왼쪽으로 이동합니다. 반대로 나사를 왼쪽으로 돌리면 오른쪽으로 당겨집니다.

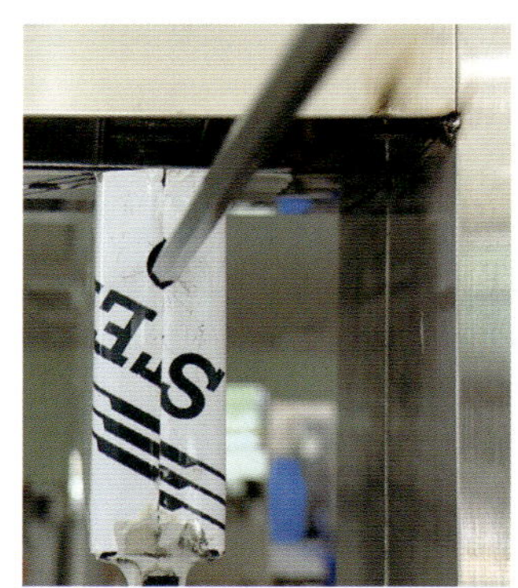

문짝 상단 프레임 측면에 뚫린 구멍

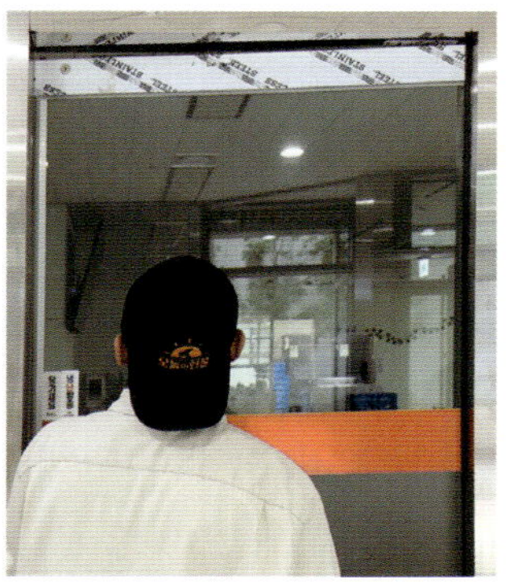

나사를 오른쪽으로 돌린 상태

나사를 왼쪽으로 돌린 상태

문제는 위쪽 구멍의 나사는 문짝 상단 위치만 옮겨준다는 점입니다. 문짝 하단이 문틀에 닿을 때는 플로어힌지를 열어서 해결해야 합니다. 플로어힌지는 강화유리문이 자동으로 부드럽게 닫히도록 바닥에 설치한 부품으로 문을 움직일 때 축 역할을 합니다. 이번에도 이해하기 쉽게 매립된 플로어힌지를 꺼내서 구조를 살펴본 다음 실습해 보겠습니다.

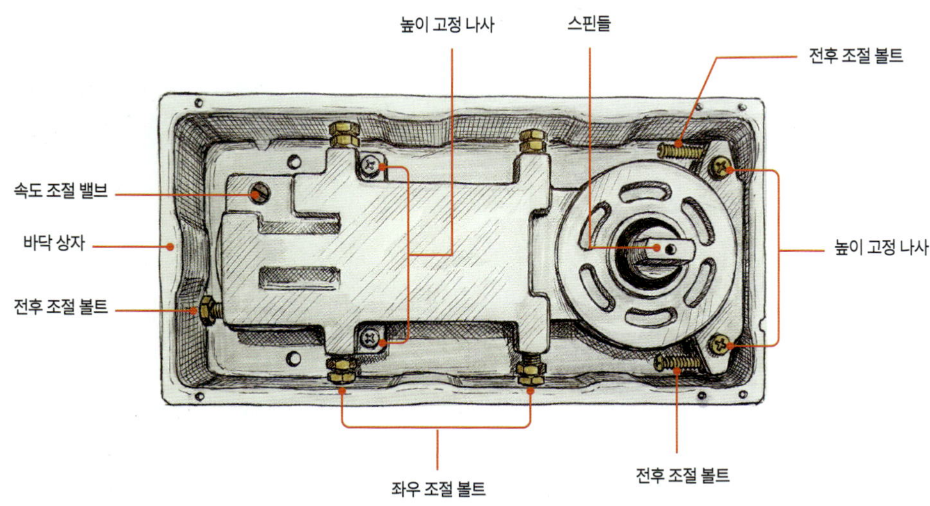

하단 문틀 모서리 안쪽에 매립된 플로어힌지

- **스핀들**: 문을 잡아주고 회전시키는 핵심 부품입니다. 문이 열리고 닫힐 때 함께 돌아갑니다
- **속도 조절 밸브**: 문이 닫히는 속도를 조절합니다. 시계 방향으로 돌리면 유압이 뻑뻑해져 문이 천천히 닫히고, 시계 반대 방향으로 풀면 문이 빨리 닫힙니다. 밸브는 아주 조금씩 천천히 돌리며 확인해야 합니다. 시계 반대 방향으로 너무 많이 풀면 기름이 샐 수 있습니다.
- **높이 고정 나사**: 힌지 본체의 높낮이를 고정합니다. 문이 바닥에 끌리거나 너무 떠 있을 때 조절합니다.
- **전후 좌우 조절 볼트**: 힌지 본체의 위치를 미세하게 움직입니다. 문이 문틀에 닿거나 양쪽 문의 중심이 맞지 않을 때 볼트들을 풀거나 조여서 본체 자체를 이동시켜 중심을 맞춥니다.
- **바닥 상자**: 바닥에 매립되어 힌지 본체를 담는 그릇 역할을 합니다. 상자가 녹슬어 삭으면 힌지가 흔들려 문이 고장 나는 원인이 됩니다.

하단 문짝 위치 조정하기

step 01   플로어힌지 사방에 박힌 피스를 풀면 뚜껑이 열립니다. 상자 안에 힌지가 보입니다.

step 02   힌지 위치를 움직여 문짝 위치를 조절해 보겠습니다. 전후 좌우 조절 볼트 7개를 여유 있게 풀고, 일자드라이버를 지렛대 삼아 힌지를 밀거나 당겨 위치를 정합니다.

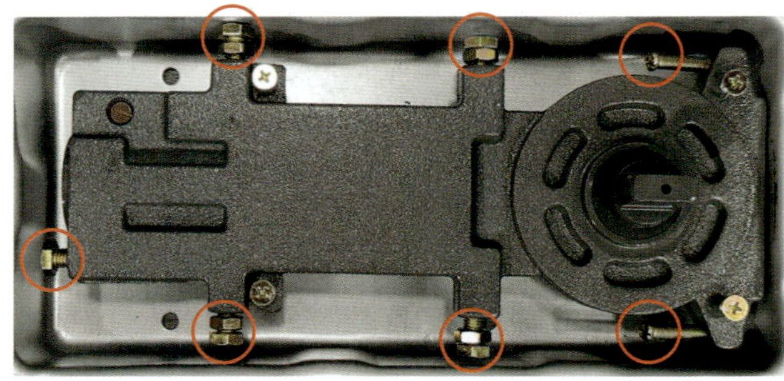

step 03   문짝 하단이 문틀에 닿는 문제를 해결해보겠습니다. 높이 고정 나사는 총 4개인데, 높이를 각각 5mm 정도 올릴 수 있습니다. 문 전체 높이를 5mm 정도만 올려도 된다면 굳이 문짝을 떼지 않고도 문제를 해결할 수 있다는 뜻입니다. 원하는 높이만큼 나사를 돌리고 문짝이 올라갔는지 확인합니다.

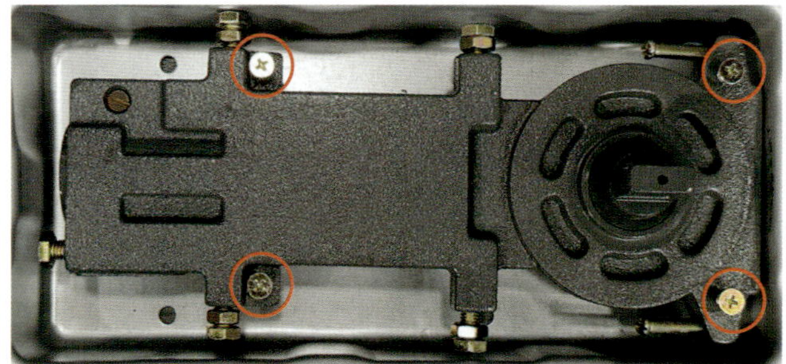

 문짝의 위치와 높이가 잡혔다면 전후 좌우 조절 볼트를 조여 힌지를 고정합니다. 힌지 뚜껑을 닫고 피스를 박으면 모든 작업이 끝납니다. 이렇게 하면 문틀과 문짝이 부딪히는 문제, 문 높이를 조절해야 하는 문제를 쉽게 해결할 수 있습니다.

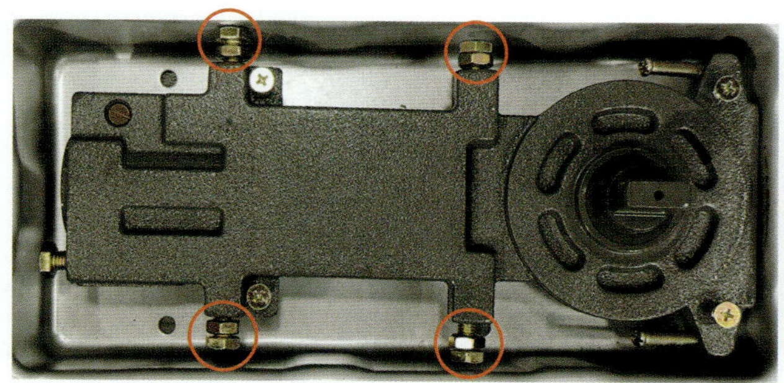 

이외에도 문이 열리고 닫히는 속도를 조절하고 싶을 수 있습니다. 이럴 때는 속도 조절 밸브를 조금씩 돌려 조정합니다. 단, 속도 조절 밸브를 세게 돌리면 유압 실린더가 터져 기름이 빠져나올 수 있으니 주의해야 합니다. 문을 열 때 힌지 박스 자체가 덜컥거린다면 전후 좌우 조절 볼트가 풀렸는지 확인하고 꽉 조여줍니다.

문이 부드럽게 열리거나 닫히지 않고 벌컥 열리거나 쾅 닫힐 수도 있습니다. 이런 경우 플로어힌지를 열어보면 대개 본체 위로 검은 기름이 배어나와 있습니다. 유압 실린더가 터져 기름이 새는 경우입니다. 문이 아래로 축 처지는 일도 생깁니다. 바닥 상자가 녹슬어 무너진 경우입니다. 두 경우 모두 문짝을 떼어내고 플로어힌지 또는 플로어힌지 상자를 교체해야 합니다.

다만 이 책에서는 플로어힌지나 플로어힌지 상자를 교체하는 내용은 다루지 않습니다. 교체하려면 강화유리문을 떼어냈다 붙여야 하는데, 이 과정은 초보자가 하기에는 너무 위험한 작업이기 때문입니다. 강화유리문 자체가 너무 무거워 잘못 분리할 수도 있고 옮겼다가 파손될 수도 있습니다. 강화유리문 교체 작업은 물론이거니와 플로어힌지 교체 작업 역시 전문가를 부르라고 하는 이유입니다. 집수리를 꾸준히 잘하려면 내가 손볼 영역과 전문가가 손볼 영역을 구분하는 지혜도 필요합니다. 오늘은 내 가게 강화유리문 수리도 내 손으로!

목문 수리와 교체 07

최근에는 실내 방문에도 목문(멤브레인 도어, 원목 도어 등)보다 ABS 도어를 많이 씁니다. ABS가 플라스틱 합성수지라 가볍고 충격에 강하며 온도나 습도 변화에도 틀어짐이 덜하기 때문입니다. 또한 습기에 강해 물에 노출되어도 부식되지 않습니다. 상대적으로 목문은 무거울 뿐 아니라 온도나 습도 변화에 취약해 조금씩 틀어지고, 습기에 약해 물을 많이 쓰는 욕실 문으로 쓰면 도장이 벗겨지거나 아예 부식되기도 합니다.

멤브레인 도어(왼쪽), 원목 도어(가운데), ABS 도어(오른쪽)

목문이 틀어지거나 도장이 벗겨진 경우라면 수리하거나 필름을 붙여서 보수할 수 있지만, 부서지거나 부식되었다면 교체해야 합니다. 다행히 문짝만 부식된 경우라면 어렵지 않게 교체할 수 있습니다. 하지만 문틀까지 부식된 경우라면 전문가에게 맡기길 권합니다. 문틀은 제거와 시공이 모두 힘든데, 작업 도중 도배나 타일까지 망가트릴 수 있어서입니다.

지금부터 틀어진 목문을 바로 잡는 방법, 경첩과 손잡이를 교체하는 방법, 문짝을 교체하는 방법을 배워보겠습니다.

step 01

오래된 목문은 시간이 지나면 조금씩 틀어집니다. 문틀에 닿아서 매끄럽게 열리지 않다가 아예 안 닫히는 일도 생기죠. 문틀에 닿는 부분을 사포로 갈아내고 싶겠지만 추천하지 않습니다. 살짝만 갈아내면 될 것처럼 보여도 막상 갈아보면 한나절입니다. 경첩이 휘어서 문짝이 내려앉는 경우가 많으므로 경첩을 조절해 주는 편이 쉽고 빠릅니다.

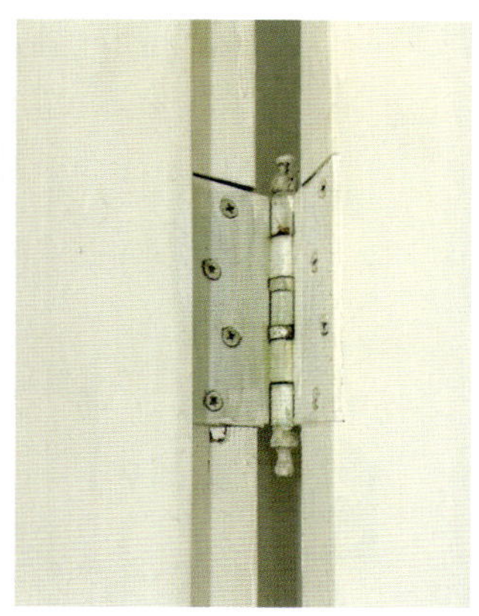

step 02

이럴 때는 경첩을 떼어서 망치질해도 되지만 경첩축을 감싸는 고리만 조여줘도 바로잡힙니다. 문을 닫고 바깥쪽 윗부분에 달린 경첩의 축에 경첩 조정 렌치를 끼웁니다. 경첩이 휘어 있어 잘 들어가지 않으므로 망치로 살살 쳐야 합니다. 렌치가 다 들어가면 렌치를 당겨 고리를 조입니다. 경첩의 중간과 아래쪽도 같은 방법으로 조여줍니다. 경첩 내부가 오므라들면서 넓어진 문 간격이 좁아집니다.

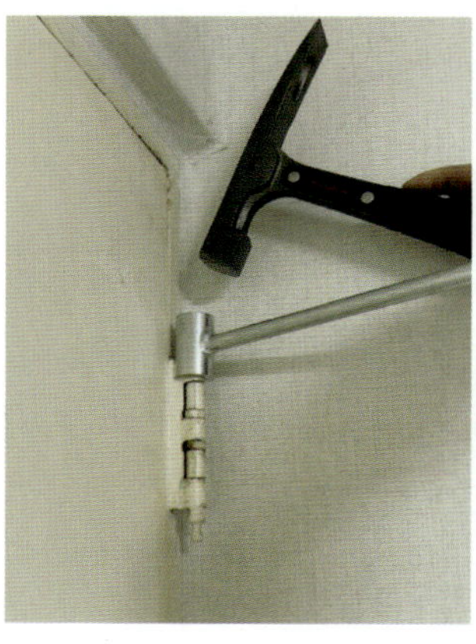
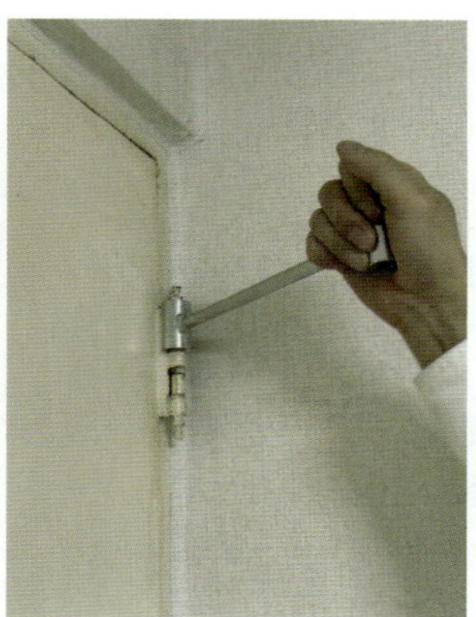
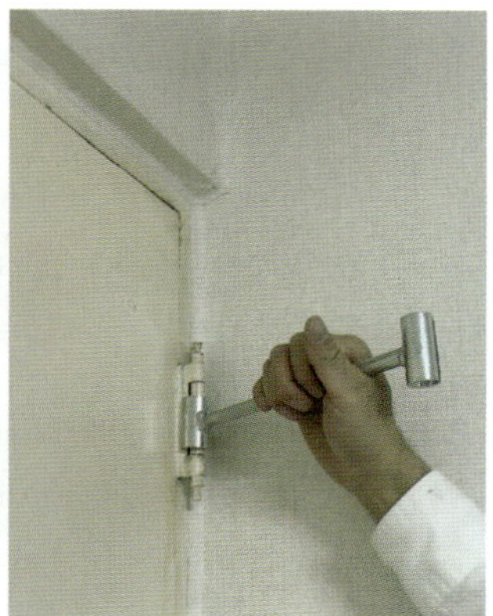

중간 경첩도 같은 방법으로 고리를 조여서 문 간격을 좁힙니다. 문을 열었다 닫아보면 걸리지 않고 부드럽게 닫힙니다. 눈으로 봐도 문틀과 문짝의 간격이 일정하고 여유 있습니다.

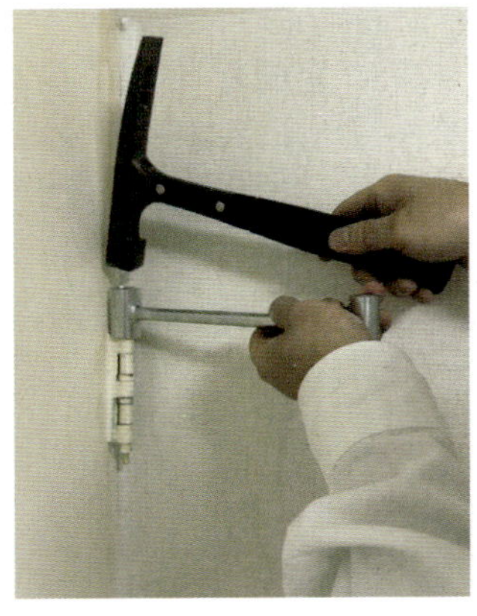
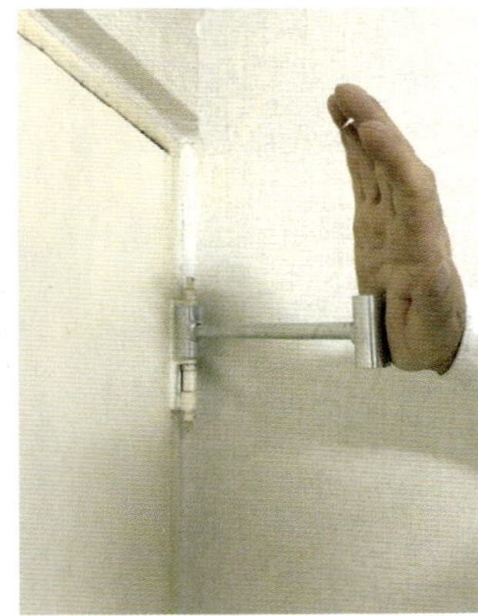

경첩 바꾸기

경첩을 바꾸고 싶을 수 있습니다. 목문에는 일반 경첩을 주로 쓰고 ABS 도어에는 일반 경첩과 이지 경첩을 모두 씁니다. 일반 경첩은 문짝과 문틀에 경첩 두께만큼 홈을 파내고 그 안에 경첩을 매립하여 설치합니다. 문을 닫았을 때 틈새가 덜해 깔끔해 보이고 홈 덕분에 문과 문틀이 경첩에 단단히 고정되어 안정적으로 지지됩니다. 이지 경첩은 홈을 파지 않고 바로 피스를 박기만 하면 되므로 이름 그대로 설치하기가 매우 쉽습니다. 다만 홈이 없어서 단단히 고정되지 않으므로 목문처럼 무거운 문에는 쓰기 어렵고, 상대적으로 가벼운 ABS 도어에 사용합니다. 경첩을 단순히 바꾸는 경우라면 기존 경첩을 확인하여 같은 것으로 사야 합니다. 문틀은 그대로 둔 채 문짝만 목문에서 ABS 도어로 바꾸는 경우라면 일반 경첩을 써도 되고 이지 경첩을 써도 됩니다. 단, 이지 경첩으로 바꾸는 경우라면 기존 문틀에 파인 경첩 홈을 메운 다음에 작업합니다.

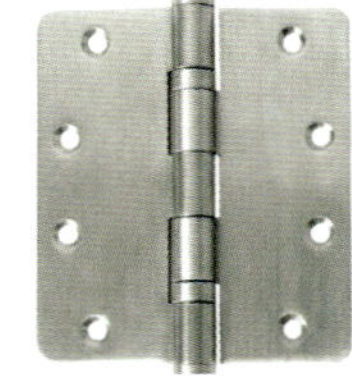
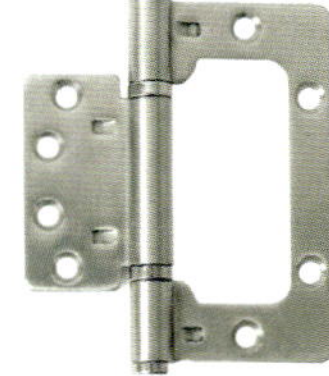

일반 경첩   이지 경첩

원형 손잡이를 막대형 손잡이로 바꾸기

원형 손잡이를 막대형 손잡이로 바꿔보겠습니다. 원형 손잡이는 안쪽 손잡이 쪽 구멍에 못이나 송곳을 꽂고 누르면 볼이 쏙 빠집니다. 커버를 돌려서 빼냅니다.

본체를 고정한 피스를 빼고 본체를 당겨서 빼냅니다. 잠금장치도 피스를 빼면 쉽게 빠집니다.

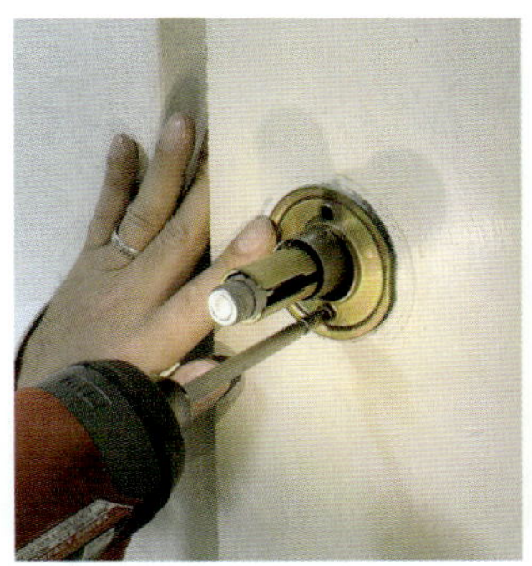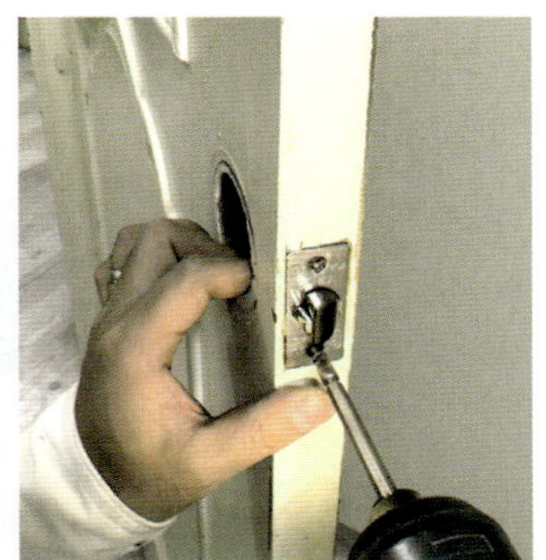

새로 산 잠금장치를 걸쇠 방향에 맞게 끼우고 피스를 박아 고정합니다.

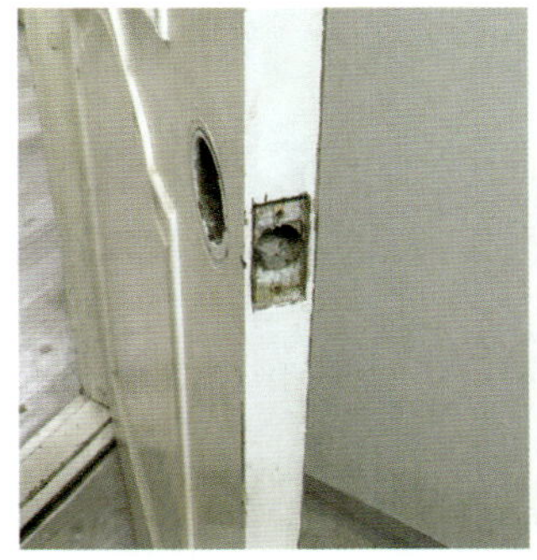

잠금장치가 있는 손잡이를 방 안쪽에서 끼웁니다. 바깥쪽 손잡이도 조립한 다음 방 안쪽 손잡이에 피스를 박습니다.

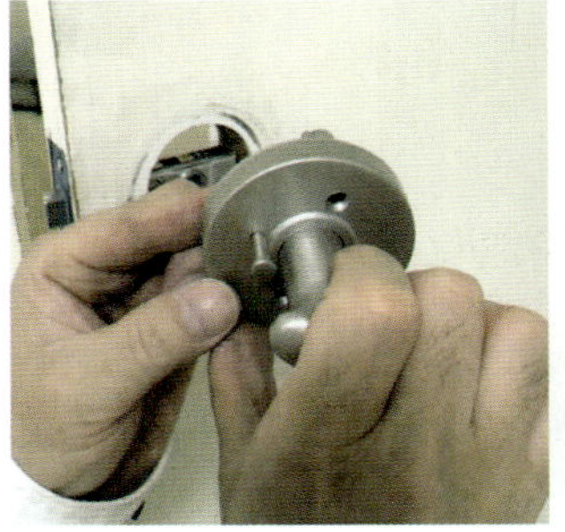

문이 오래돼 교체 말고는 방법이 없을 수 있습니다. 목문을 ABS 도어로 교체해 보겠습니다. 다만 여기서는 문짝을 바꾸는 실습만 합니다. 앞서 말했듯 문틀은 제거와 시공도 어렵지만 자칫 잘못하면 도배와 타일을 망가트릴 수 있기 때문입니다.

목문을 ABS 도어로 교체하기

step 01

문을 교체할 때 가장 중요한 일은 '크기를 제대로 재서 주문하기'입니다. 문 크기는 단순히 문짝 길이가 아닌, 왼쪽·가운데·오른쪽, 상단·중앙·하단 길이를 각각 재서 가장 작은 길이로 정합니다. 단, 세 길이가 5mm 이상 차이가 난다면 따로 문의해야 합니다. 가장 짧은 너비와 높이에서 6mm씩을 빼면 새로 주문할 문짝의 너비와 높이입니다.

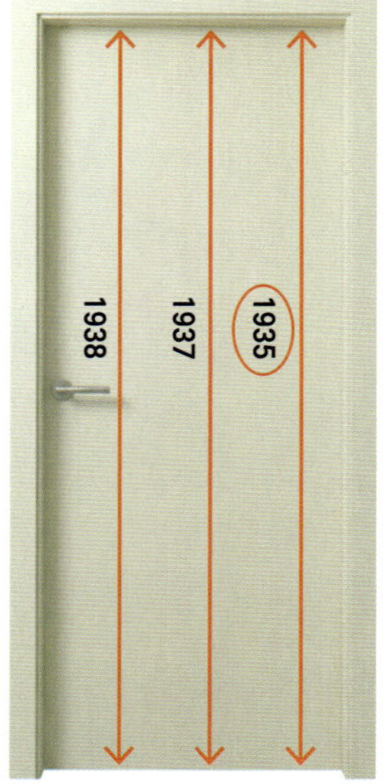

책에서는 6mm를 빼주지만, 문짝 제조사와 경첩 종류에 따라 다르게 제안할 수 있습니다. 문짝을 주문할 때 제조사의 상세 페이지를 꼼꼼하게 살펴보고 주문해 주세요.

step 02   손잡이에 이르는 길이도 재야 합니다. 문틀 안쪽의 상단부터 손잡이 렛지까지의 길이를 잰 다음, 마찬가지로 6mm를 빼줍니다.

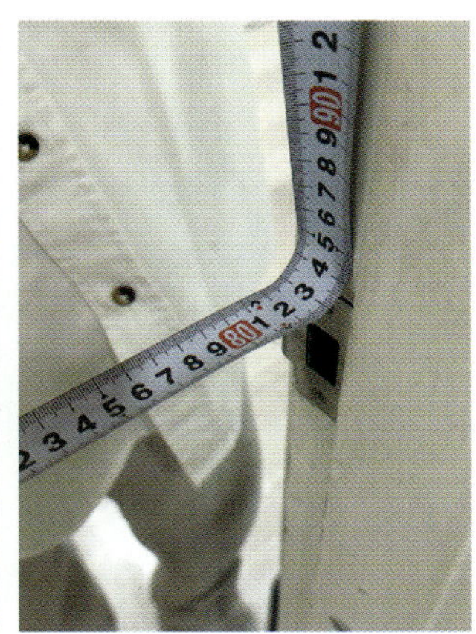

step 03   문짝을 주문할 때 경첩과 손잡이도 함께 주문해 주세요. 손잡이는 취향에 맞게 바꿔도 되지만, 경첩은 기존 경첩과 동일한 모양을 쓰는 게 좋습니다. 목문에는 문틀과 문짝의 홈을 파고 피스를 박는 일반 경첩을 주로 씁니다. 문, 경첩, 손잡이가 도착하면 경첩에 피스를 박아 문을 달아줍니다.

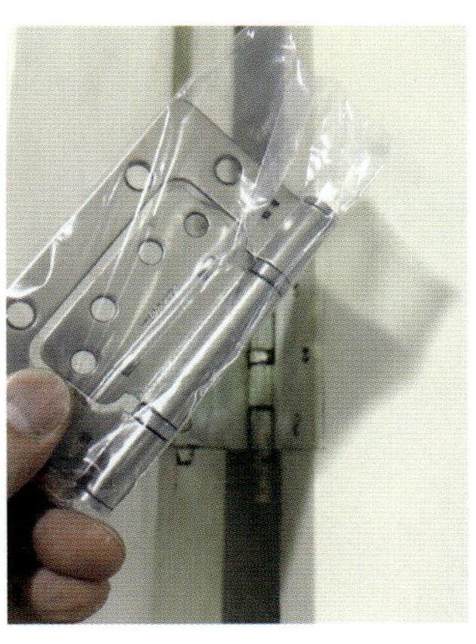

step 04   229쪽 '원형 손잡이를 막대형 손잡이로 바꾸기'의 **step 03~step 04**와 같은 방법으로 손잡이를 달아줍니다.

집수리는 얼핏 아무것도 아닌 것 같지만, 수리 방법을 모르면 불편하고 알면 기술입니다. 우리 집 목문 수리를 한번 하고 나면 지금 당장 부모님 댁 목문도 고쳐드리러 갈 수 있습니다.

작은 부품 교체부터 굵직한 부분 수리까지  3000만 원 아끼는 혼자 하는 집수리

7장

페인트 도장

페이트 종류   01

최근 건축 현장에 가보면 예전보다 여성 페인트공이 눈에 띄게 늘었습니다. 페인트 공정이 특별히 편하거나 페인트 시공 기술의 난도가 낮은 것도 아닌데 말이죠. 용접을 많이 해야 하는 금속공이나 위험한 공구를 많이 쓰는 목수보다 진입 장벽이 낮다고 여기기 때문입니다. 물론 겉보기에는 그다지 어려워 보이지 않습니다. 하지만 페인트 공정에 대한 전문 지식 없이 페인트칠을 했다가 엉망이 된 현장을 자주 봅니다. 페인트공만큼은 아니지만 집수리하는 데 필요한 페인트 지식을 익혀보겠습니다.

페인트는 크게 수성·유성·특수 페인트로 나뉩니다. 흔히 수성은 내부용, 유성은 외부용으로 알고 있는데, 유성 페인트는 유독성과 환경 호르몬 문제가 부각되면서 사용을 줄이는 분위기입니다. 당장 북미나 유럽에서는 사용과 생산을 금지하는 국가도 늘고 있습니다. 상황이 이렇다 보니 기업에서는 유성 페인트를 대체할 수 있는 수성 페인트를 만드는 데 힘을 쏟고 있고, 실제로 수성 페인트의 단점으로 꼽혔던 내구성도 많이 보완되었습니다. 현장에서도 수성 페인트 사용처를 점점 더 늘리고 있습니다. 그만큼 수성 페인트 품질이 개선되고 있다는 증거입니다.

책에서는 수성 페인트와 함께 특수 페인트의 일종인 바닥 페인트, 옥상 방수 페인트를 다룹니다. 세 가지 모두 DIY가 가능하므로 도전하기 좋습니다. 페인트를 바르는 데 필요한 부자재인 붓, 롤러, 트레이 등은 실습할 때 하나씩 살펴보겠습니다.

페인트 도장
사전 작업

페인트 도장은 사전 작업이 반입니다. 고된 작업이라 인내심이 많이 필요하고, 조심성과 꼼 꼼함도 더해져야 합니다. 사전 작업을 대충하면 이후 과정에서 손이 훨씬 많이 가고 도장 결 과도 썩 좋지 않습니다. 주의를 기울여 꼼꼼히 해내기를 바랍니다.

가장 먼저 할 일은 '페인트칠할 벽을 평탄하게 만들기'입니다. 집마다 상황은 달라도 퍼티를 바르고 보수하는 방법은 같습니다. 퍼티는 페인트 도장을 할 때 바탕을 고르게 하려고 바르 는 물질로, 현장에서는 핸디코트 또는 빠데라고도 부릅니다.

벽이 평탄해지도록 구멍을 메꾸는 퍼티 작업을 시작해 보겠습니다. 준비물은 도장용 퍼티, 철 스크레이퍼, 메시(mesh) 정도면 충분합니다. 도장용 퍼티는 5kg 용량이 표준이지만 메꿀 범위가 넓지 않다면 300mL 소용량으로 사도 괜찮습니다.

| 도장용 퍼티 | 철 스크레이퍼 | 메시 |

수성 페인트를 바르는 법은 석고벽을 기준으로 배워보겠습니다.

벽면 평탄하게 만들기

step 01 군데군데 구멍이 나고 금이 간 벽면입니다. 파손되어 튀어나온 부분을 스크레이퍼로 긁어냅니다. 합판에 퍼티를 덜어 내고, 기포가 눈에 보이지 않을 정도로만 반죽합니다. 스크레이퍼로 퍼티를 조금 떠서 벽에 발라봅니다.

 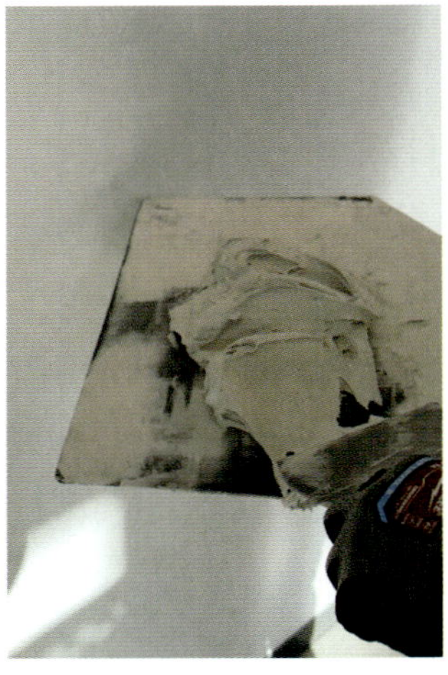 

step 02 살짝 묻힌다는 느낌으로 납작하게 각을 주면서 긁으며 바릅니다. 각각 다른 방향으로 한 번씩 묻혀서 긁어줍니다. 별 다른 기술이 필요하지 않습니다. 단, 한 번 더 발라야 하므로 가능하면 얇게 발라야 합니다. 두껍게 바르면 퍼티가 툭 튀어나와 보이거나 깨지는 일이 생길 수 있습니다.

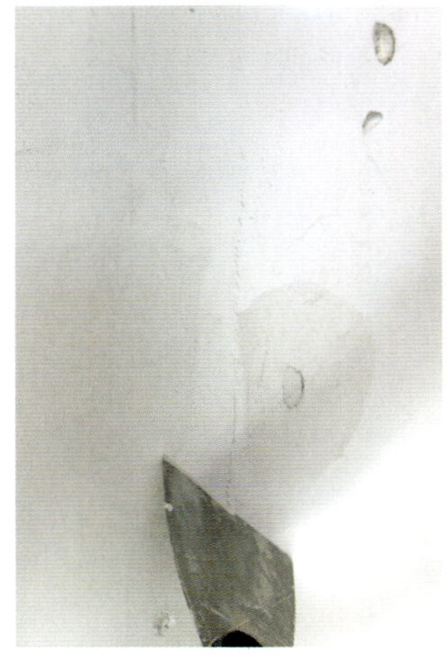 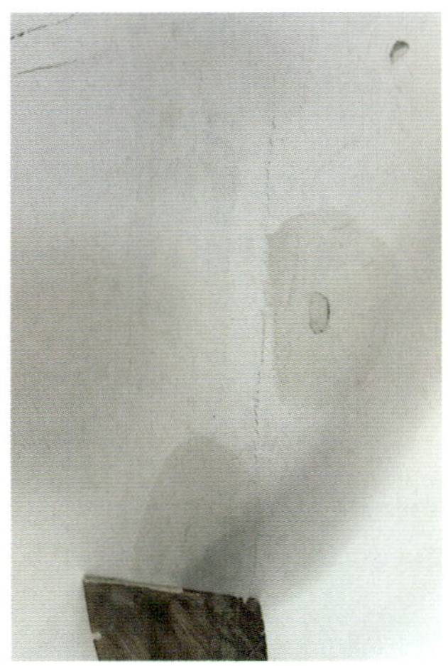

파손된 부위가 넓거나 긴 곳은 더 단단하게 퍼팅해야 하므로 메시를 붙입니다. 메시는 현장에서는 석고판 사이를 메꾸는 데 주로 쓰는데, 한쪽 면에 접착제가 붙어 있습니다. 메시를 벽에 붙인 뒤 그 위로 퍼티를 얇게 바릅니다. 퍼팅 방법은 **step 02**와 같습니다. 한 번에 하려고 욕심 내지 말고, 벽면을 평탄하게 만든다고 생각하며 긁어줍니다.

메시는 중국산도 많지만 이왕이면 국내산을 쓰길 권합니다. 국내산이 조금 더 두껍지만, 퍼티를 바른 후에 깨지는 현상이 덜하기 때문입니다.

step 04

퍼티를 나눠서 바르고, 스크레이퍼에 남은 퍼티는 판에 깨끗하게 긁어내면서 작업합니다. 두껍게 발라진 퍼티를 더 얇게 펴주면 스크레이퍼에 퍼티가 묻어날 수밖에 없습니다. 그때그때 스크레이퍼에 남은 퍼티를 판에 긁어내서 깨끗하게 해줘야 벽면이 평평해집니다. 처음에는 평평하게 발라지지 않지만, 하다 보면 어느새 익숙해지면서 잘 바를 수 있습니다. 메시가 드러나도 괜찮습니다. 이후에 퍼티를 한 번 더 바르기 때문입니다.

얇게 발랐으니 빠르게 마르지만, 작업 시간이 촉박하다면 열풍기를 이용합니다. 다 마르면 150~200방 사포로 퍼티를 갈아줍니다. 너무 많이 갈면 퍼티가 벗겨지므로 거친 부분만 없앤다는 생각으로 살살 밀어줍니다.

2차 퍼팅은 1차 퍼팅과 동일한 방법으로 합니다. 단, 메시를 길게 붙인 부분은 1차 퍼팅한 폭에서 5cm 정도 넓혀서 퍼팅합니다. 처음부터 깔끔하게 퍼팅되지 않습니다. 금방 익숙해지므로 너무 실망하지 마세요.

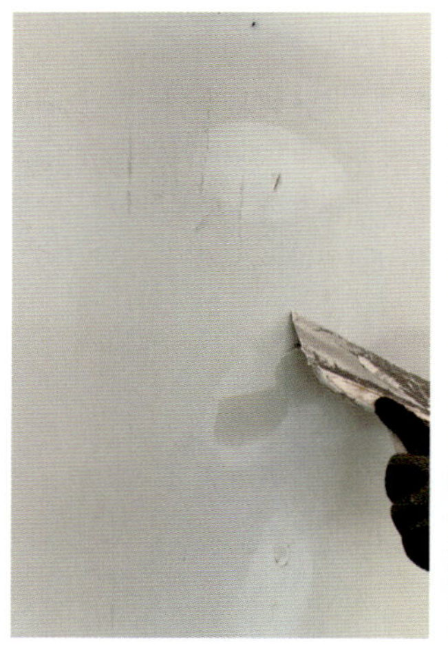

작은 구멍에는 메시를 굳이 붙이지 않아도 되지만 큰 구멍이라면 꼭 쓰길 권합니다. 구멍에 맞게 메시를 잘라 붙이고 바로 위에 2차 퍼팅을 합니다. 퍼티 작업 영상을 여러 번 봐주세요.

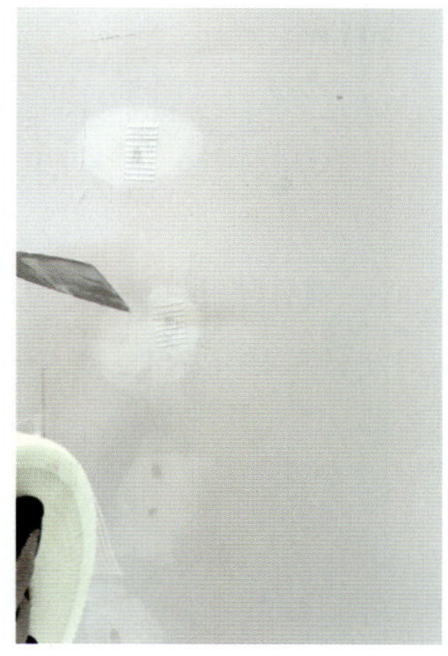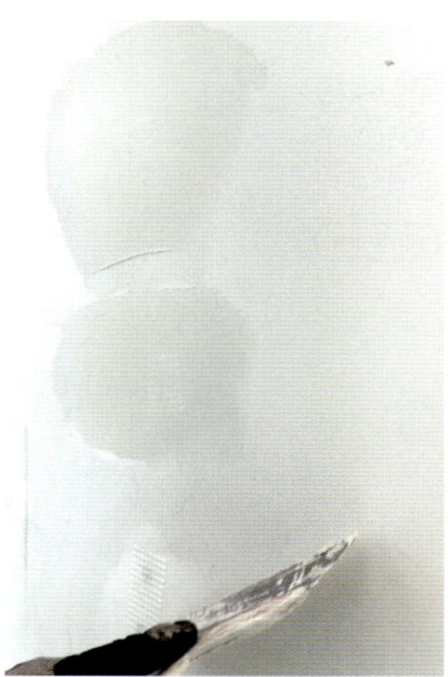

2차 퍼팅은 얇게 바르는 게 생명입니다. 힘을 주지 말고 스크레이퍼를 눕혀서 작업하고, 퍼티가 다 마르면 거친 부분이 없도록 사포로 밀어줍니다. 힘들어도 벽면을 최대한 평탄하게 만들어야 페인트를 칠할 때 행복합니다.

퍼티가 잘된 예

수성 페인트 도장 03

페인트 도장을 할 때는 페인트, 롤러와 붓, 보양 테이프가 필요합니다. 접착 스프레이가 있
다면 보양 테이프의 비닐을 붙이기에도 좋습니다.

보통 철제나 외부 목재에는 유성 페인트를 쓰지만, 실습에서는 철제와 목재는 물론 내외부
어디든 활용할 수 있는 삼화페인트의 '헤이레이'를 쓰겠습니다. 이 제품은 던에드워드나 벤
자민무어 같은 수입 페인트를 겨냥해서 만든 제품이라 색상 구현이나 품질력이 크게 향상
되었습니다. 다만 수입 페인트만큼 색상이 다양하지는 않습니다.

롤러는 크게 수성, 유성, 겸용으로 나뉩니다. 수성 롤러는 털이 길고, 유성 롤러는 털이 짧습
니다. 수성 페인트에 꼭 수성 롤러를 써야 한다는 법칙은 없습니다. 수성 롤러는 털이 길어
페인트가 고르게 스며들므로 벽돌처럼 면이 고르지 않은 소재에 적합합니다. 반면, 수성 롤
러를 석고벽처럼 평평한 면에 쓰면 페인트양을 조절하기 힘들어 페인트 자국이 남을 수 있
습니다. 실습에서는 평평한 벽에 페인팅할 거라 겸용 롤러와 유성 롤러를 사용합니다.

보양 테이프는 페인트가 주변으로 튀지 않게 막고 가장자리를 깨끗하게 칠할 수 있게 도와줍니다. 마스킹 테이프 아래쪽에 비닐이 연결된 형태입니다. 보양 테이프 길이는 20m가 주류인데, 비닐 폭은 40m부터 270m까지 매우 다양합니다. 조금 번거롭지만 마스킹 테이프와 비닐을 별도로 준비해서 보양 작업을 해도 됩니다.

아래 실습은 236쪽 '벽면 평탄하게 만들기'에 이어서 진행합니다. 2차 퍼팅까지 마친 벽에 수성 페인트를 칠해보겠습니다.

수성 페인트 도장하기

step 01 퍼팅과 사포 작업을 마친 벽면에는 퍼티 가루가 많이 묻어 있습니다. 블로어로 불어서 깨끗하게 제거해야 마감이 매끄러워집니다. 시공 부위가 크지 않다면 마른걸레로 쓸어내려도 괜찮습니다. 이제 보양 테이프를 페인트가 묻으면 안 되는 경계면을 따라 붙입니다.

step 02 주변에 페인트를 묻히지 않으려 애쓰기보다는 보양 테이프를 꼼꼼히 붙여 도장에 집중하는 게 정신건강에 이롭습니다.

보양 테이프의 비닐 끝부분을 테이프로 고정해도 되지만 3M 스프레이 접착제가 있으면 훨씬 편합니다. 비닐을 수월하게 붙일 수 있고, 다시 떼어도 자국이 남지 않습니다. 단, 3M 77번 스프레이는 강력 접착제라 나중에 비닐을 떼기 힘들므로 75번인 임시 고정 순간접착제를 쓰기 바랍니다. 콘센트나 문고리도 굳이 떼지 않고 그림과 같이 보양하면 도장하기도 쉽고 깔끔합니다.

3M 75번 스프레이로 비닐 붙이기

콘센트와 문고리 보양하기

step 03 새 제품에 동봉된 오프너로 페인트통 뚜껑을 돌려서 따고 큰 통에 덜어줍니다.

step 04 수성 페인트에 물을 5~10% 정도 섞으면 페인트가 묽어지면서 조금 더 잘 칠해집니다. 물 추가는 권장 사항일 뿐이므로 물을 섞지 않고 그대로 써도 됩니다. 물을 추가했다면 충분히 섞이도록 5분 이상 구석구석 섞은 다음 칠해야 합니다(전동 교반기가 있다면 금방 섞을 수 있습니다).

step 05   손잡이에 롤러를 끼우고, 잘 섞은 페인트를 트레이에 덜어냅니다. 롤러로 트레이 윗부분을 반복해서 밀어 페인트가 흐르지 않을 정도로만 돌려서 짜냅니다. 붓도 마찬가지입니다.

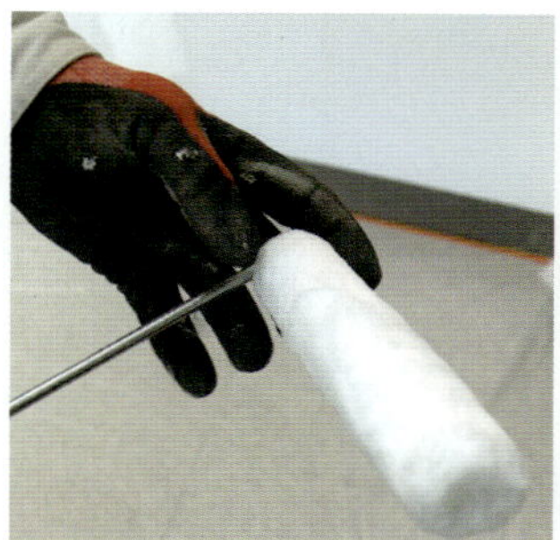  

step 06   롤러로 칠하기 힘든 구석을 붓으로 꼼꼼하게 칠합니다. 기포가 생기지 않도록 신경 써서 발라줍니다. 페인트 역시 두 번 칠하므로 초벌은 기존 칠이 안 보일 정도로만 칠해도 충분합니다. 이제 본격적으로 롤러 작업을 하겠습니다. 페인트양은 몇 번 칠해보면 감이 옵니다. 처음에는 페인트를 충분히 짜내고 칠해주세요. 한꺼번에 많은 양을 칠하면 롤러 자국이 남을 수 있습니다. 조심히 밀어내듯 칠하고, 페인트가 너무 많이 발린 부분은 여러 번 펴 바릅니다.

step 07   절대로 한 번에 다 칠하려 하지 마세요. 가능하면 한 방향으로 밀어내는 게 비법입니다. 일단 한쪽 부분을 칠하고 페인트를 다시 묻혀서 바로 옆을 칠합니다. 이때 처음 칠한 부분과 바로 이어서 칠한 부분은 색이 다를 수 있습니다. 괜찮습니다. 색을 맞추려고 다시 바르지 마세요. 페인트는 마르면서 색이 자연스럽게 바뀝니다. 고르게 칠하는 데 집중하세요. 높은 곳을 칠할 때는 각목 손잡이를 연결하고 피스로 고정해서 쓰면 편합니다. 칠하다 보면 시간 가는 줄 모릅니다. 물론 다 칠하고 나면 슬슬 허리가 아파옵니다. 집중해서 한 결과입니다.

 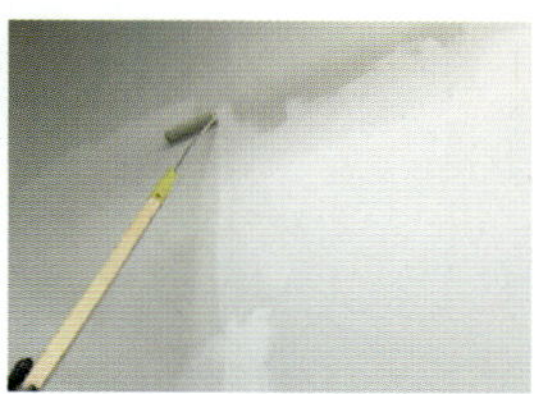 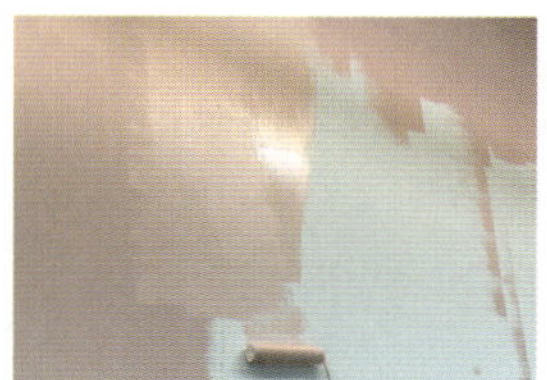 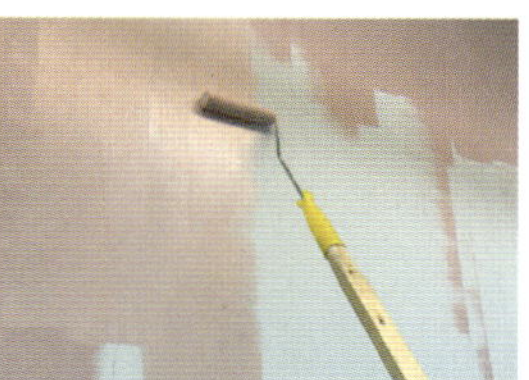

특별한 경우가 아니라면 초벌은 시간차를 두지 말고, 한 번에 모두 칠해주세요. 수성 페인트는 보통 2시간이면 완전히 마릅니다. 손으로 벽을 만져보면 말랐는지 바로 알 수 있습니다.

step 09

재벌 페인팅을 시작해야 합니다. 재벌 페인팅 역시 붓, 롤러 순으로 바릅니다. 초벌 페인팅한 곳은 마르면서 색이 확연히 달라져 있을 겁니다. 구분이 잘돼 재벌 페인팅하기 쉬울 겁니다. 같은 부위를 너무 여러 번 칠하면 페인트 두께가 달라집니다. 덧입히는 정도로만 칠해주세요.

step 10

다 칠하고 마르면 오른쪽 그림과 같습니다. 깔끔하게 칠해졌습니다.

저는 이번 페인팅 실습 영상을 찍느라 꽤 고생했습니다. 실습 과정을 따라온 여러분도 힘드셨을 겁니다. 하지만 고생한 만큼 잘 나오는 게 페인트 도장이기도 합니다.

규조토 페인트
도장

아파트 발코니처럼 외벽과 맞닿는 내벽에는 곰팡이가 생기기 쉽습니다. 외부와 내부의 온도 격차가 클수록 습기가 잘 서려 곰팡이가 증식하기 좋은 환경이 됩니다. 젖고 마르기를 계속 반복하면서 곰팡이가 페인트 안쪽까지 파고들면 벽지는 있으나 마나입니다.

결로는 근본 원인을 제거해야 재발하지 않지만, 보수 공사가 만만치 않습니다. 결로가 생기는 벽은 단열재가 덜 들어갔거나 창호 시공을 하면서 우레탄폼을 덜 넣은 경우가 대부분이라, 막상 보수 공사를 하려고 하면 공사 규모도 크지만 비용도 꽤 큰 편입니다. 내 집이라면 그나마 나은데 임차인이라면 난감합니다. 일단 임대인에게 문제를 알려 수리해 달라고 요구해야 합니다. 그런데 입주 후에는 나 몰라라 하는 임대인이 적지 않습니다. 그렇다고 수리해 줄 때까지 손 놓고 기다릴 수도 없습니다. 어린아이가 있는 가정이면 더 그렇습니다. 곰팡이를 방치하면 하루가 다르게 번지고, 호흡기 질환과 피부 질환을 일으키는 원인이 되기 때문입니다.

단열재와 우레탄폼으로 단열 보강 작업을 하는 게 최우선이지만, 당장 어렵다면 규조토 페인트 도장이 차선책입니다. 규조토 페인트는 규조토(규조류 유해가 바다나 호수 바닥에 퇴적되어 만들어진 천연 광물)를 주성분으로 하는 친환경 페인트입니다. 규조토는 다공성 구조라 습도 조절, 탈취, 항균 기능 등이 뛰어나다고 알려져 있습니다. 실제로 요즘 나오는 규조토 페인트는 한 번 칠하면 4~5년은 곰팡이가 잘 피지 않는다고 합니다.

그렇다 해도 규조토 페인트를 비롯한 결로 페인트는 결로 현상을 근본적으로 해결하지 못한다는 사실을 명심해야 합니다. 실습에서 쓸 페인트는 삼화페인트의 '아이럭스 결로스탑 규조토 백색' 페인트입니다. 시중에 나온 규조토 페인트 중 규조토 함유량이 높은 제품으로 습도 조절, 탈취, 항균 기능이 뛰어나다고 알려져 있습니다.

곰팡이 핀 발코니 벽을 규조토 페인트로 도장하기

step 01 기존 페인트를 벗겨내지 않고 바로 위에 페인트를 칠하면 두 달도 안 돼 곰팡이가 올라옵니다. 쇠 스크레이퍼로 기존 페인트는 물론 곰팡이까지 최대한 많이 벗겨내야 합니다. 손이 상당히 많이 가고 힘도 듭니다. 구석구석 손이 닿는 데까지 스크레이퍼로 싹싹 긁어냅니다.

가루와 곰팡이가 많이 날리는 일이라 마스크를 쓰고 작업해야 하는데, 여름이라면 이보다 힘든 일이 없습니다. 다른 공정보다 페인트공의 작업비가 높은 이유도 사전 작업이 그만큼 고되기 때문입니다.

step 02 다 긁어내면 바닥에 흩어진 페인트, 곰팡이, 먼지 등을 깨끗하게 쓸어냅니다. 바닥에 보양 테이프를 붙여야 하기 때문입니다. 스크레이퍼로 긁는다고 긁어도 기존 페인트가 덜 벗겨진 부분이 또 나옵니다. 그대로 두지 말고 경계면을 사포로 곱게 갈아냅니다.

프라이머로 벽과 천장을 한 번씩 칠해줍니다. 프라이머는 칠하는 면을 고르게 만들어줄 뿐 아니라 이후 칠하는 페인트와의 결속력도 높여줍니다. 그만큼 더 단단하게 칠해집니다.

락스와 물을 50:50으로 희석하고, 분무기에 담아 곰팡이가 피었던 부분에 뿌려줍니다. 이 상태로 하루를 둬야 하는데, 그걸 기다리지 못하고 덜 마른 벽에 페인트를 칠하면 모든 게 헛고생입니다. 이왕 하는 김에 곰팡이 뿌리까지 없애려면 열풍기로 곰팡이가 핀 자리를 태워줍니다. 화재 위험만 없다면 가스 토치로 완전히 구워내도 좋습니다.

보양은 모든 페인트 작업의 기본입니다. 수성 페인트를 바를 때와 같은 방법으로 꼼꼼하게 보양 테이프를 붙입니다. 규조토 페인트에는 물을 섞지 않길 권합니다. 물을 섞으면 발림성은 좋아지지만, 기능성 페인트이므로 제조사가 안내하는 시공 방법을 그대로 따르는 것이 바람직합니다.

 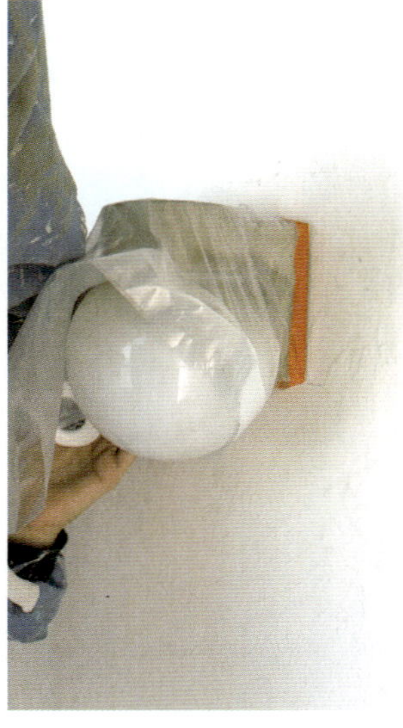 

페인트를 큰 통에 덜고 초벌 페인팅을 시작합니다. 수성 페인트를 도장할 때와 마찬가지로 기존 페인트 색이 살짝 덮일 정도만 칠합니다. 롤러가 들어가지 않는 부분이라면 붓으로 칠하는 것도 같습니다.

step 07

천장을 바를 때는 목이 아프지만, 지나칠 수 없습니다. 곰팡이가 가장 많이 피는 부분이므로 더 꼼꼼히 칠해야 합니다. 곰팡이가 피지 않았던 부분까지 칠해야 색깔이 통일됩니다. 규조토 페인트도 2~3시간 정도면 완전히 마릅니다. 페인트가 마르면 수성 페인트를 도장할 때와 같은 방법으로 재벌 페인팅을 시작합니다.

step 08

드디어 곰팡이와 안녕입니다. 한동안 어디서도 곰팡이를 마주할 일이 없길 바랍니다.

옥상 방수 페인트 도장

오늘의현장 SNS 채널에는 옥상 방수 관련 영상이 꽤 있습니다. 건축 시공 마감 공정의 기본을 다루는 매우 중요한 내용이기 때문에 삼화페인트의 연구진과 함께 고심해서 만들었습니다. 방수의 교과서 같은 영상이죠. 이번 기회에 영상과 책으로 방수의 이론부터 실제 시공까지 잘 배워둔다면 직업을 바꿔도 될 정도입니다. 물론 쉽지는 않습니다.

흔히 녹색으로 대표되는 옥상 방수는 의외로 전문 지식을 가진 사람이 시공하는 경우가 드뭅니다. 집수리 전문가라 해도 각자 전문 분야가 따로 있고 옥상 방수만 전문으로 하는 경우는 많지 않습니다. 노동 강도가 높고 시간이 오래 걸리다 보니 중간에 힘들어서 대충 시공하면, 얼마 안 가 누수가 생겨 큰일을 겪을 수 있습니다.

실제로 대충해도 문제점이 바로 드러나지 않으니 적당히 마무리하는 작업자가 가끔 있습니다. 제대로 작업하면 몇 년은 걱정 없이 지낼 수 있지만 대충 마무리하면 몇 달 만에 누수가 생기기도 하는데 말이죠.

콘크리트는 온도에 따라 지속적으로 수축과 팽창을 반복합니다. 결국 언젠가는 표면이 미세하게 갈라지고, 갈라진 틈 사이로 물이 들어갈 수밖에 없는 구조죠.

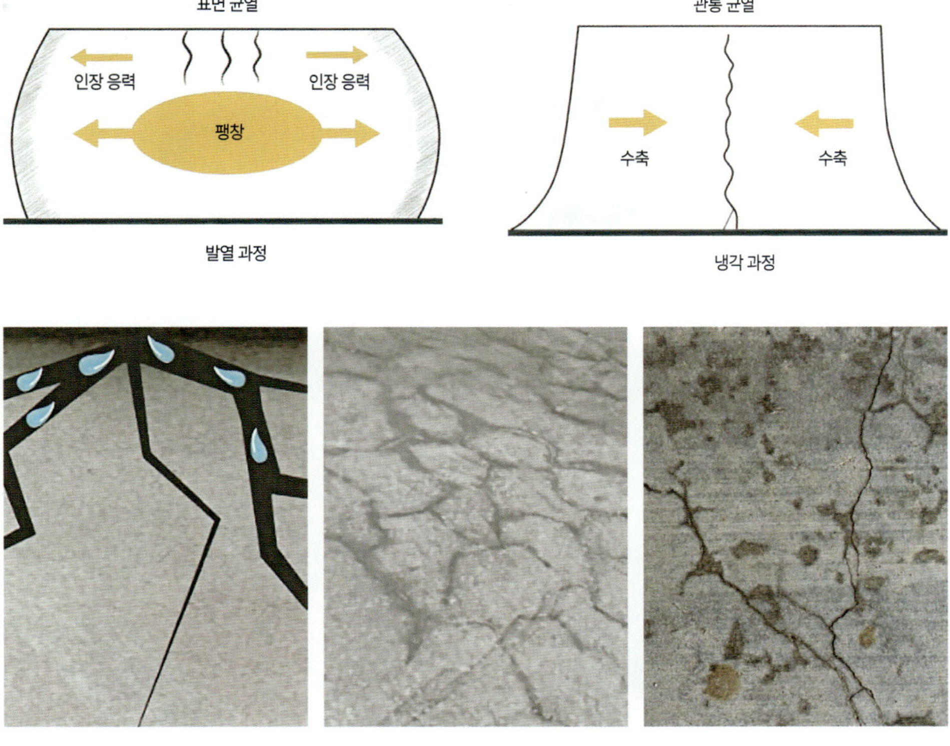

그나마 벽면은 물이 흘러 내려가는 구조라 덜하지만, 옥상은 물이 고이는 구조라 누수에 매우 취약합니다. 건물의 1차 누수가 옥상에서 시작되는 이유입니다. 이 말은 주기적으로 옥상 방수 작업을 해야 한다는 말이기도 합니다. 옥상 방수는 콘크리트 면에 방수재를 칠하여 두께가 일정한 방수막을 만들어줌으로써 누수를 막는 작업입니다. 도료를 칠해 막을 만들어 물이 새지 않도록 한다는 의미에서 도막 방수라고도 부릅니다. 옥상 방수에는 우레탄 방수 페인트를 가장 많이 씁니다. 아크릴·실리콘·탄성 방수 페인트에 비해 가격이 저렴하고 시공과 보수가 간편하기 때문입니다.

이번 실습에서 쓰는 페인트 역시 우레탄 방수 페인트인 삼화페인트의 '방수 에이스'입니다. 옥상 방수 페인트칠은 일반적으로 하도-중도-상도 작업 순으로 진행됩니다. 방수재는 하도(1액형), 중도(2액형), 상도(2액형)를 각각 따로 사야 합니다.

방수 페인팅 전에 바닥을 정리하려면 그라인더와 바닥 연마용 날이 필요합니다.

그라인더   바닥 연마용 날

중도를 바를 때는 톱니 고무 레기라고 부르는 긁개(높이 3mm), 붓(높이 10cm), 우레탄 실리콘(삼화페인트의 스피실), 우레탄용 넓은 헤라가 필요합니다.

우레탄 실리콘　　　　붓　　　　헤라

톱니 고무 레기

하도와 상도를 바를 때는 유성·수성 겸용 롤러를 준비해야 하고, 2액형 자재를 섞을 교반기(공구 대여 업체에서 대여 가능)나 교반용 해머 드릴 비트&해머 드릴 비트가 꼭 있어야 합니다.

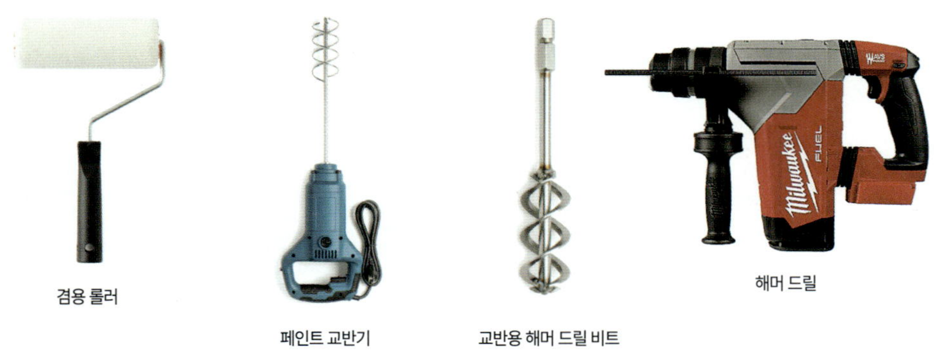

겸용 롤러　　　페인트 교반기　　　교반용 해머 드릴 비트　　　해머 드릴

준비물이 꽤 많아 부담스럽게 느낄 수 있습니다. 하지만 준비물을 모두 마련한 채로 전문가를 불러도 인건비만 33평당 700~800만 원이 드는 작업입니다. 인건비에 비하면 준비물 가격은 비싼 편이 아니므로 시공해 보기로 마음먹었다면 조금 편한 마음으로 준비해 주세요.

옥상 방수 페인트 시공 전에 할 일이 있습니다. 바로 옥상 바닥 정리입니다. 기존 방수층이나 이물질을 제거하여 옥상 표면을 깨끗하게 청소한 후, 균열이 있는 부분을 실리콘이나 퍼티 등으로 보수하여 평평하게 만드는 작업입니다. 흔히 옥상 방수 시공에서 가장 힘들고 지루한 작업으로 꼽히는데, 가장 중요한 일이기도 합니다. 이 작업을 허술하게 하면 전체 공정이 허사가 될 수 있기 때문입니다.

가장 먼저 바르는 하도는 투명한 색상으로, 옥상 바닥과 중도 페인트의 접착력을 높여줍니다. 또한 콘크리트의 미세한 공기층을 채워주며, 표면 강도를 올려줍니다. 하도는 얇고 균일하게 칠하는 게 핵심입니다. 간혹 하도 작업을 생략하거나 옥상 바닥 청소를 대충 하는 경우를 보는데, 그랬다간 시공한 지 1년도 지나지 않아 방수층이 다 들떠 재시공해야 할 수 있습니다.

중도는 본격적인 방수층을 만드는 역할을 합니다. 하도 페인트에 비해 두껍게 바르고 2~3회 덧칠할수록 효과적입니다. 중도 페인트는 간편하게 쓸 수 있는 1액형과 혼합해서 쓰는 2액형이 있습니다. 1액형은 얇게 발리고 2액형은 두께를 더 편하게 조절할 수 있습니다. 흔히 옥상 방수 페인트라고 하면 녹색을 떠올리는데 요즘은 회색을 더 많이 씁니다.

상도는 중도 면을 보호하고 오랜 시간 햇빛이나 추위에 잘 버틸 수 있게 해줍니다. 하도 페인트와 마찬가지로 투명한 색상으로, 얇게 칠해줍니다. 하도와 중도 작업이 잘되어 있다면 기존 방수막의 표면만 가볍게 정리하고 2년에 한 번씩 상도 페인트만 덧칠해도 방수 수명이 많이 늘어납니다.

이론은 이 정도만 살펴보고 직접 시공해 보겠습니다.

옥상 방수 페인트 시공하기

step 01

방수를 시작하기 전에 기존 방수층을 보수해야 합니다. 방수막이 벗겨져 콘크리트 표면이 드러났거나 크랙(금이 가거나 틈이 생겼거나 움푹 팬 곳)이 생긴 부분을 모두 손봐야 합니다. 먼지와 소음이 심한 작업이므로 일회용 방진복과 마스크가 필수입니다. 작업할 범위가 넓으므로 그라인더를 7inch 크기로 준비합니다. 그라인더에 콘크리트 연마 날을 끼우고 울퉁불퉁하거나 크랙이 생긴 부분을 모두 갈아 바닥을 평평하게 만듭니다. 전반적으로 바닥 상태가 나쁘다면 비용이 많이 들더라도 전문 장비를 써서 모두 벗겨내야 합니다. 하지만 바닥 상태가 아래와 같은 현장에서는 7inch 그라인더를 두 대만 돌리면 하루 안에 모든 작업을 마칠 수 있습니다.

그라인더는 방심하는 순간 부상을 일으키기 쉬운 공구입니다. 사용법과 주의 사항을 글로만 설명하기에는 부족한 부분이 있어 영상을 담아 두었습니다. QR 코드를 스캔해 영상을 확인해 주세요.

그라인더 사용법

step 02

크랙 면의 방수막을 모두 벗겨냈다면 5inch 그라인더에 석재 날을 끼우고 V자로 금을 내어줍니다. 흔히 V 커팅이라고 부릅니다. 이런 부분의 보수를 더 확실하게 해야 합니다. 작업하다 보면 바닥에 먼지가 쌓여 크랙이 숨겨질 수 있습니다. 눈으로 보이지 않는 크랙은 송풍기를 써서 끝까지 찾아내세요.

우레탄이 열에 녹아 옥상 주변에 들러붙어 있는 경우도 많습니다. 쇠 솔로 남김없이 다 긁어내지 않으면 우묵우묵하게 튀어나오거나 다시 공기가 차서 방수층이 들뜨게 됩니다. 그러니 놓치지 말고 꼼꼼하게 긁어냅니다. '무슨 옥상 청소를 이렇게까지 해야 하나' 싶을 정도로 깨끗하고 매끈하게 해야 합니다. 빗자루, 청소기, 송풍기를 모두 동원해서 먼지 한 톨 없이 청소해야 만족스러운 결과물이 나온다는 점을 명심하세요.

드디어 하도를 칠할 차례입니다. 하도를 작은 통에 덜어서 담은 다음, 붓으로 롤러가 들어가지 않는 가장자리와 가장자리의 테두리를 칠해줍니다. 크랙을 보수한 부분은 틈 사이에 하도가 충분히 스며들도록 촘촘하게 롤러를 눌러서 작업합니다. 그렇다고 하도를 너무 두껍게 칠하면 안 됩니다.

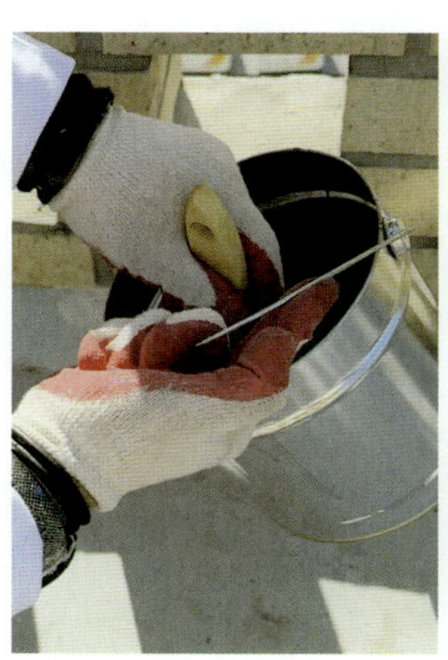

step 05 우레탄 실리콘은 가벼운 균열을 보수할 때 딱입니다. 크랙 난 부분을 처음부터 끝까지 충분히 도포한 다음, 넓은 고무 헤라로 밀어 바닥 면을 평평하게 만듭니다. 이때 헤라의 결이 남지 않도록 주의합니다.

실리콘은 건축용 실리콘을 쓰길 권합니다. 실리콘에 대한 자세한 내용은 3장을 참고합니다.

step 06 롤러로 전체 바닥을 다 칠합니다. 24시간 정도 지나면 하도가 모두 마릅니다.

step 07　중도는 A부(주제)와 B부(경화제)가 따로 담긴 2액형으로 쓰겠습니다. B부를 모두 A부에 넣고 교반기나 로터리 해머 드릴로 5분 이상 구석구석 섞어줍니다. 중도 역시 붓으로 옥상 가장자리와 가장자리의 테두리부터 칠해야 깔끔하게 마감됩니다. 두껍거나 얇아지지 않도록 신경 써서 붓질합니다.

주제와 경화제를 대충 섞어서 칠하면 마르는 속도가 방수 부위마다 달려져 이후에 상도를 칠해도 방수층이 터져버립니다. 교반기나 로터리 해머 드릴 같은 장비는 대여비가 비싸지 않으니 하루 단위로 대여해서 써도 괜찮습니다.

step 08　중도는 롤러가 아니라 톱니 고무 레기(톱니 모양의 고무 날이 달린 밀대)로 도포합니다. 중도 페인트를 붓고 레기로 밀어냅니다. 처음에는 레기질이 손에 익지 않아 제대로 하고 있나 싶지만, 하다 보면 점점 평탄화되면서 묘한 재미도 생깁니다. 레기는 높이가 다양한데 3mm로 구입하길 권합니다. 구입한 레기의 높이가 5mm 이상이라면 레기질을 할 때 바닥을 바짝 긁듯이 해야 합니다.

step 09 중도는 영상 15도 이상에서 24시간 정도 지나면 마르지만, 환경에 따라 차이가 날 수 있습니다. 손으로 만졌을 때 쑥 들어가지만 않으면 상도를 칠할 수 있습니다. 중도가 건조되면서 벌레나 이물질이 붙을 수 있는데, 칼로 모두 제거해야 합니다.

step 10 상도 역시 A부와 B부를 모두 섞어서 교반기로 5분 이상 섞습니다.

step 11 상도 역시 붓으로 가장자리와 가장자리의 테두리를 꼼꼼하게 칠합니다. 상도도 롤러로 마감하며, 너무 두껍지 않게 칠합니다.

 상도 역시 다 마르는 데 24시간 정도 걸립니다. 다 마를 즈음이면 표면에 광이 납니다. 중도를 잘 시공했다면 표면도 어느 정도 평탄화된 걸 확인할 수 있습니다.

옥상 방수 페인트 시공은 절대 쉽지 않습니다. 노동 강도도 세고 몇 날 며칠이 걸리는 일이라 상당한 인내심과 굳은 마음가짐이 필요합니다. 정말 큰맘 먹고 시작해야 합니다. 30평당 평균 시공비가 500만 원이 넘을 만합니다.

힘든 작업이라 전문가를 부르는 경우가 많은데, 비용을 너무 저렴하게 말하는 이들이 있습니다(예를 들면 30평당 200~300만 원 선). 이런 경우라면 저는 묻지도 따지지도 말고 거르라고 권합니다. 결코 저렴한 비용일 수 없어서입니다. 청소를 허술하게 하거나 하도·중도 양을 적게 바른다거나 할 수 있습니다. 완벽한 시공을 하는 데 싸고 좋은 건 절대 없습니다. 기억하세요.

처음부터 넓은 공간은 권하지 않습니다. 농막이나 창고 같은 작은 공간이라면 도전해 보길 권합니다. 작은 공간부터 시작해서 넓은 공간까지, 내 건물 옥상 방수도 내 손으로 할 날이 오길 바랍니다.

목재 가구 보수 06

오래 써서 낡았지만 정이 든 가구 또는 언제부터인지 싫증 난 가구가 있을 수 있습니다. 버리러니 아깝고 쓰려니 애매하다면 수리하거나 보수해 보면 어떨까요? 새 가구처럼 말끔해져 한동안 두고두고 쓸 수 있거든요. 그럼, 이번에는 목재 가구를 보수할 때 꼭 필요한 스테인(stain)과 바니시(varnish)에 대해 살펴보고 간단히 실습해 보겠습니다.

스테인은 목재 내부에 깊이 스며들어 색을 입히는 착색제입니다. 색상은 단순한 투명색을 비롯해 소나무·참나무·레드우드·티크 색 등 매우 다양한데, 모두 투명하거나 반투명하게 칠해지고 목재의 나뭇결을 자연스럽게 살리며 원하는 색상을 표현할 수 있습니다. 성분에 따라 유성과 수성으로 나뉘는데 현장에서는 각각 오일 스테인과 수성 스테인으로 부릅니다.

오일 스테인은 내구성이 강하지만 냄새가 심하고 건조가 느려 외부 바닥이나 데크에 주로 사용합니다. 내부에서 쓴다면 환기가 필수입니다. 수성 스테인은 내구성이 약하지만 냄새가 적고 건조가 빨라 가구와 벽면 등 내부용으로 많이 쓰입니다. 내구성을 높이려면 여러 번 덧칠해야 하는데 건조가 빠른 탓에 자국이 남을 수 있습니다. 또한 수성 스테인은 친환경 제품이지만 내구성이 낮으므로 자주 덧발라줘야 합니다.

바니시는 목재 표면에 투명한 막을 만들어 마찰, 습기, 오염 등으로부터 목재를 보호하는 코팅제입니다. 예전에는 '니스'라고도 불렸는데, 최근에는 친환경성을 향상시킨 제품이 많이 나오고 있습니다. 목재에 바로 바르거나 스테인 위에 덧바르면 목재의 광택도 살리고 내구성도 높일 수 있습니다. 바니시도 성분에 따라 수성과 유성으로 나뉘는데, 수성은 냄새가 거의 없고 건조가 빨라 여러 번 덧칠할 수 있습니다. 친환경 제품이라 실내 가구와 소품 등에 주로 씁니다. 유성은 내구성이 높지만 냄새가 심해 외부 바닥과 데크에 주로 씁니다.

이번 실습에서는 소파 사이드 테이블의 상판을 멀바우 목재로 바꿔보려 합니다. 교체 작업은 다루지 않고 상판을 오일 스테인과 수성 바니시로 칠하는 과정을 보여드리겠습니다. 목재, 오일 스테인, 수성 바니시, 사포, 붓, 폼 브러시를 준비합니다.

오일 스테인   수성 바니시

목재   사포   붓   폼 브러시

사이드 테이블 상판을 멀바우 목재로 바꾸기

step 01 톱이나 직소기를 사용해 목재를 원하는 크기로 자릅니다. 샌딩기로 목재 표면을 곱게 다듬습니다. 샌딩기를 사용할 때는 나뭇결 방향으로 반복적으로 밀어내는 게 포인트입니다. 날카로운 모서리를 다듬을 때도 살살 힘을 줘서 부드럽게 만듭니다. 샌딩기가 없다면 사포로 샌딩질을 해야 합니다.

 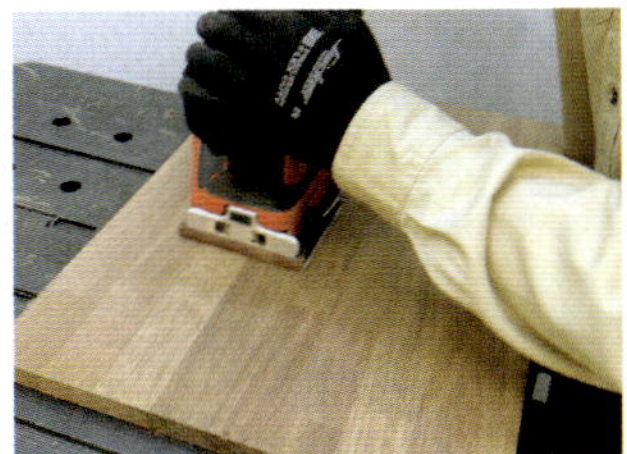 

목공을 시작하려면 직소기가 필수이지만 집수리할 때 자주 쓰는 공구는 아닙니다. 있으면 좋지만 없어도 괜찮습니다. 대신 목재를 주문할 때 크기를 정확히 재단해서 주문서를 넣도록 합니다. 직소기가 있으면 날카로운 모서리를 둥글게 만들 수 있습니다. 다만 직소기도 익숙하게 쓰기까지 시간이 걸리고, 작업 시 주의해서 써야 합니다.

step 02 가장자리가 매끄러워지도록 사포로 갈아줍니다. 면적이 넓은 경우라면 이 작업도 꽤 고생스럽습니다.

 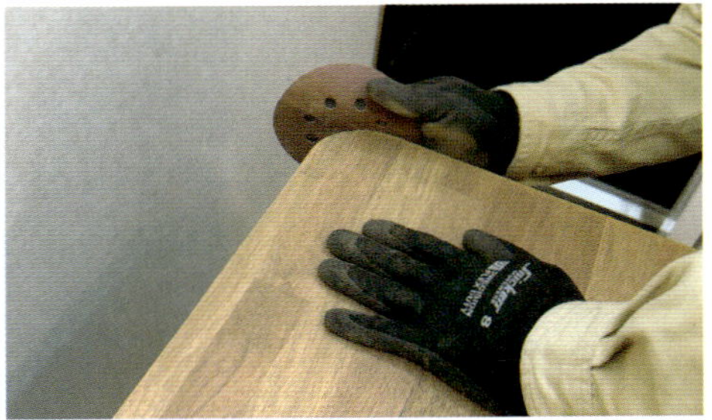

step 03 오일 스테인 뚜껑을 열고 충분히 섞어줍니다. 잘 섞지 않고 칠하면 스테인이 말랐을 때 얼룩이 생깁니다. 염료가 빠르게 가라앉으므로 많은 양을 바를 때는 수시로 섞으면서 칠합니다.

step 04 칠할 면적이 넓으면 롤러, 칠할 면적이 좁으면 붓으로 칠합니다. 붓이 스테인을 너무 많이 머금지 않도록 신경 쓰면서 목재 표면을 칠합니다. 비슷한 양으로 빠짐없이 칠합니다. 다 마르기 전에 헝겊이나 수건, 일회용 행주로 닦아냅니다. 그래야 말랐을 때 색이 고르게 나옵니다.

step 05 오일 스테인을 바른 면과 바르지 않은 면이 확연히 차이 납니다. 이 상태로 2시간 정도 지나면 다 마릅니다.

step 06

이대로 바니시를 발라도 되지만 한 번 더 칠해주면 내구성이 높아집니다. 다 바르고 나서 마르기 전에 헝겊으로 닦은 다음 충분히 말립니다.

step 07

스테인을 바르지 않고, 바니시를 바로 목재에 발라도 됩니다. 바니시만 칠해도 색이 더 짙어지고 목재도 보호할 수 있기 때문입니다. 다만, 스테인을 바른 상태에서 바니시를 바르면 상판을 오염에서 더 잘 보호할 수 있습니다. 붓으로 발라도 되지만 자국이 신경 쓰인다면 스펀지 브러시가 낫습니다.

step 08

나뭇결대로 꼼꼼하고 촘촘하게 바릅니다. 바니시 두께가 일정하지 않으면 자국이 생기므로, 자국을 없애면서 바릅니다. 바니시를 칠한 부분의 색상이 진해지고 광택이 돕니다.

스테인은 나무 내부에 흡수돼 색을 자연스럽게 끌어 올리지만 나무 표면을 보호하는 데는 역부족입니다. 이럴 때 바니시가 필요합니다. 단, 바니시는 내구성이 높지 않으므로 외부 데크를 칠할 때는 권하지 않습니다. 외부 데크라면 스테인만 바르는 게 낫습니다.

사이드 테이블의 상판만 바꿨는데 테이블 분위기가 확 바뀝니다. 가구 수선과 리폼도 어렵지 않습니다. 도전해 보세요.

이놈의 페인트는 온몸을 색투성이로 만든다

다른 기술들보다 상대적으로 쉬워 보이는지, 일반인도 꽤 많이 도전하는 기술이 페인트 도장이다. 그런데 막상 해보면 전문가들의 기술이 얼마나 대단한지 바로 깨닫게 된다. 아무리 조심해도, 아무리 좁은 부위를 작업해도 마찬가지다. 일단 도장을 시작하면 내 몸은 온통 색투성이로 변하고, 온 집 안은 난장판이 되기 일쑤다.

'오늘의현장' 채널의 인기몰이는 페인트 영상을 게시한 순간부터였다. 수성 페인트의 종류와 바르는 방법을 잠깐 소개한 영상이었는데 너무 많은 사람이 관심을 보였다. 그 영상 하나로 팔로워가 2만 명이 되었을 정도다. 그 후로도 페인트 관련 영상은 꾸준히 인기가 높다.

페인트 도장은 도전 의식을 한껏 불러일으키는 작업인데, 한마디로 끝없는 밑 작업과 참을성의 싸움이다. 타고나길 참을성과 거리가 먼 나로서는 페인트 도장이 잘 맞지 않는다. 그렇지만 세상을 살면서 성격에 맞는 일만 할 수는 없다. 여러 계기로 페인트 도장도 자주 하게 되었다.

페인트 도장은 처음 시작할 때의 집중력이 마지막 마감 수준에 큰 영향을 끼친다. 페인트 도장을 하다 보면 어느 순간 우주에 나 혼자 있는 게 아닌가 싶은 고요의 순간을 맞는다. 그 순간이 너무나 매력적이다. 게다가 어떤 작업보다 Before & After가 확실해 결과물을 보고 나면 그동안의 고생스러움이 한 번에 씻기기도 한다.

결코 부인할 수 없을 만큼 힘들고 고된 작업이지만 분명 매력이 넘치는 작업이다. 누가 알았겠나? 페인트 도장은 참을성과의 싸움인데, 참을성과는 거리가 먼 내가 지금 삼화페인트 신제품 영상을 전담하다시피 제작하고 있을 줄을 말이다. 그러니 여러분도 시작해 보자.

시작도 하지 않았는데 벌써
색투성이가 될 몸과 엉망이 될 집이 걱정스러운 분들을 위해

안전장치로 알고 갈 팁을 전해 드리려 한다. 수성 페인트와 유성 페인트 종류, 페인트 도장을 망쳤을 때 보수하는 방법, 오염된 옷을 되돌리는 팁을 남긴다.

마지막까지 힘내자!!

목재 소품과 방문용 페인트 추천

페인트 도장에 처음 도전한다면 소품에 먼저 시도하고 다음 단계로 방문을 추천한다. 방문까지 할 수 있다면 바닥과 벽도 도전해 볼 수 있다. 소품과 방문을 칠하려면 '목재/목공용/가구용'이라고 써진 제품을 고르자. 단, 가구용 페인트라 해도 철제 가구나 필름으로 시공된 가구에는 사용할 수 없다. 철제 가구용과 필름 가구용 페인트는 따로 나오는데, 초보자가 쓰기에는 어려울 수 있어서다.

국내용 제품 중 소품과 방문용으로는 홈스타파스텔OK+와 아이생각수성목재를, 콘크리트나 석고 같은 내부 벽면용으로는 아이생각수성내부프로를 추천한다.

국내 제품: 홈스타파스텔OK+, 아이생각수성목재, 아이생각수성내부프로(삼화페인트)

수입 제품은 국내 제품보다 비싸지만, 색상과 광도의 선택 폭이 넓다. 광도를 고를 때 벽체는 무광 또는 에그 셸, 문과 가구와 몰딩은 반광택, 싱크대는 유광이 좋다. 소량(벤자민무어는 약 3L, 던에드워드는 약 1L)으로도 살 수 있고, 무독성이라 초보자가 쓰기에 부담이 적다.

소품과 방문용으로는 리갈, 천장이나 벽면에는 벤과 슈프리마(아크릴 라텍스 계열)를 추천한다. 조금 더 안전하고 황변 현상이 덜한 제품을 원한다면 네츄라(아크릴 계열)와 에버레스트(아크릴 계열)를 추천한다. 냄새도 거의 없고 아토피나 알레르기도 덜 일으킨다고 알려져 있다.

수입 제품: 리갈(벤자민무어), 벤(벤자민무어), 슈프리마(던에드워드), 내츄라(벤자민무어), 에버레스트(던에드워드)

실패한 페인트 보수법

페인트를 칠하고 났더니 다음과 같은 현상이 나타날 수 있다. 보수법을 살펴보자.

블리스터링(물집) 현상: 페인트층 일부가 표면에서 떨어져 나와 물집처럼 볼록하게 부풀어 오르는 현상으로, 물기나 먼지를 깨끗하게 제거하지 않고 페인트를 바르면 나타난다. 덧바르면 더 심해진다. 스크레이퍼로 페인트는 물론 프라이머까지 완전히 제거한 뒤, 다시 도포하자.

블리딩(색 배어 나옴) 현상: 밑바탕 색이 새로 칠한 페인트 색 위로 스며 올라와서 표면을 변색시키는 현상으로, 어두운 색 위에 밝은색을 덧칠하면 나타난다. 역시 덧칠한다고 해결되지 않는다. 프라이머를 초벌로 칠하고 원하는 색깔로 2회 이상 도포하자.

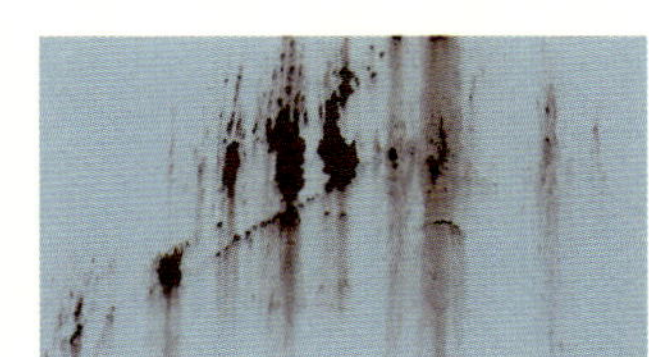

시싱(오렌지 껍질) 현상: 페인트가 표면에 고르게 묻지 않고 기름 위에 물을 뿌린 듯 동그랗게 말려 바탕이 드러나는 현상이다. 표면에 기름, 왁스, 실리콘 등이 묻어 페인트의 표면 장력이 맞지 않을 때 나타난다. 덧칠해도 소용없다. 완전히 말린 후에 방수 사포(500방)로 표면을 긁은 다음 다시 도포하자.

퍼티 자국 현상: 퍼티를 바른 부위와 바르지 않은 부위가 구분되는 현상으로, 퍼티 작업을 깔끔하게 하지 않은 상태에서 페인트를 바르면 나타난다. 완전히 말린 표면을 매끈하게 사포질하자. 이때는 샌딩 블록을 추천한다. 초벌은 물을 10% 섞어서 재도포하고, 재벌은 원액으로 도포하자.

필링(박리) 현상: 페인트층이 표면에 붙지 못하고 껍질처럼 일어나거나 벗겨지는 현상으로, 표면이 깨끗하지 않거나 습기가 많은 곳에서 건조가 덜 된 표면에 도장했을 때 나타난다. 결로가 심한 곳은 십중팔구 나타난다.

표면이 잘 건조되지 않는다면 열풍기를 사용하고, 벗겨진 표면 전체를 퍼티 칼로 긁어낸다. 깨끗하게 벗겨지지 않는 부분은 그대로 둔다. 사포로 표면을 깨끗하게 한 번 더 샌딩한다. 완전히 마른 상태에서 수성 프라이머를 1회 도포한다. 프라이머 역시 완전히 마른 것을 확인하고 재도장하자.

유성 페인트가 옷에 묻었을 때 지우는 방법

물파스: 마른 천이나 걸레에 물파스를 적당히 묻히고 페인트가 묻은 부분을 살살 문지른다. 굳어 버린 페인트를 지우기가 좋다. 옷에 사용할 때는 페인트가 안쪽 면에 번질 수 있으므로 옷 안쪽 면에 키친타월이나 휴지를 덧대고 물파스를 톡톡 두드린다.

아세톤: 화장솜에 아세톤을 충분히 부어 적신다. 페인트가 묻은 부위에 화장솜을 올려 두었다가 문지른다. 단, 섬유의 종류에 따라 원단이 손상되거나 탈색될 수 있으므로 주의한다.

에탄올: 기름을 잘 녹이고 휘발성이 뛰어나 페인트를 녹이기에 좋다. 페인트가 묻은 부분이 촉촉하게 젖을 정도로 뿌린 다음 닦아내면 아주 쉽게 제거된다. 다만 원단에 따라 탈색되는 경우가 많다.

클렌징오일(또는 버터): 페인트가 묻은 부분에 클렌징오일을 바르고 천으로 살살 닦아내면 기름 성분이 지워진다. 다 지워지면 남아 있는 기름 성분을 따뜻한 물로 제거한다.

에프킬라: 페인트가 묻은 부분에 에프킬라를 뿌리고 두드린 다음 칫솔로 문지른다.

※ 페인트 도장을 하려고 마음먹었다면 애초에 작업복으로 버려도 되는 옷을 입자. 제발!

수성 페인트가 묻었을 때 지우는 방법

마르지 않은 수성 페인트는 물에 녹는다. 따라서 페인트가 묻은 즉시 물티슈나 젖은 수건으로 문지르면 생각보다 쉽게 지워진다. 옷에 묻었다면 묻은 즉시 중성세제(주방세제 등)로 빨자. 페인트가 마른 다음에는 지우기가 힘들다. 그나마 아세톤을 솜에 묻혀 살살 문지르면 조금은 지워진다.

오래된 수성 페인트를 지우는 방법

양파즙: 양파를 갈아서 자국 위에 두껍게 바르고 10분 정도 뒀다가 헹군다.

식초: 자국 위에 식초를 뿌리고 잠시 후에 톡톡 두드린다.

우유: 칫솔이나 천에 우유를 묻히고 자국을 문지른다.

※ 이래도 안 지워지면 새 옷을 사자!

한 방에 정리하는 현장 일본어

일본어	우리말
바라시	해체
나라시	평탄화 작업 혹은 자재 배열이나 배치
노바시	높임 작업
데나우시	작업 오류 혹은 재작업
다루끼	30mm 나무 각재
오비끼	81mm 나무 구조재
빠루	지렛대
시다	조수
도끼다시	다짐 작업
아시바	발판, 비계
젠다이	돌출 선반
메지	줄눈, 틈새
빠데	퍼티
고데	흙손
냉가 망치	벽돌용 각 망치, 벽돌 망치
시다지	초벌질
후끼칠	스프레이 총을 이용한 페인트칠
함바 또는 함바집	건설 현장에 있는 식당
하스	콘크리트를 부스거나 다듬는 작업
야리끼리	협의하여 정한 할당량을 끝내면 바로 퇴근
오사마리	마무리 작업
보루	걸레 헝겊
데나오시	재시공 혹은 재손질
노미	정 또는 끌
기리바리	버팀목, 버팀기둥
기레빠시	토막 난 조각 또는 자투리
시뽀도	지지대
덴조	천장 구조물
기리	드릴 앞에 끼우는 여러 가지 날의 종류
가베	가벽, 벽체를 만들 때 사용되는 것
쓰미	조적공 또는 쌓는 것
우마	사다리(자동차라는 뜻이지만 사다리로 쓰임)